# 天然橡胶林生态系统养分循环研究与应用

赵春梅　曹建华　刘以道　著

中国农业出版社
农村读物出版社
北　京

　　天然橡胶作为一种世界性的大宗工业原料，具有工业品和农产品的双重性质，是国防建设和经济发展不可或缺的战略物资。我国既是天然橡胶主产国之一，也是天然橡胶最大的消费国，自引种橡胶的一百多年来，天然橡胶产业在维护国家安全、边疆稳定及经济繁荣方面作出了突出贡献。在新的发展格局下，国际天然橡胶供应链持续扩展，高品质天然橡胶市场的竞争越发激烈，而国内对天然橡胶需求日趋增加，供需矛盾日益凸显。为了防范国际市场风险，提升产业国际竞争力，保障国内天然橡胶资源供应稳定，我国在海南、云南和广东三地设立了天然橡胶生产保护区，为巩固和提升国内天然橡胶生产能力提供了坚实的保障。当前在国家大力推进农业绿色发展的战略背景下，发展环境友好型生态橡胶园显得尤为重要，我国植胶业迫切需要探索出一条既能增强天然橡胶综合生产能力，又能确保天然橡胶产业健康的可持续发展道路，以应对未来市场的机遇与挑战。

　　天然橡胶林是最典型的人工林生态系统类型之一，也是热带地区农业的重要支柱产业，对热带地区生态与经济的协调和可持续发展有重要作用。橡胶林生态系统受胶乳收获和人工施肥等因素干扰，比传统生态系统更具有特殊性和复杂性。在植胶业发展的大背景下，我国的橡胶品种、割胶制度、土壤肥力和生态环境等要素较以往发生了很大改变，橡胶林生态系统的原有平衡及循环过程也发生了变化。植胶长期以来存在的养分利用效率低、土壤性状退化、胶乳品质下降和生产成本过高等问题制约了天然橡胶产业发展。为此，天然橡胶的可持续发展迫切需要解决这些难题。研究团队经过长达十

1

年的观测与分析，积累了主栽品系橡胶树在不同生长阶段、物候期及割制条件下养分含量等海量数据，并在橡胶林生态系统养分循环规律与应用等方面开展了大量研究，取得了一系列研究成果和应用效果，不仅为当前胶园科学生产管理提供了理论依据和技术支持，也为今后探索天然橡胶产业健康发展道路和天然橡胶产业升级提供了有力支撑。

本书分为三篇，共十三章。全书系统总结了近十几年天然橡胶林生态系统养分循环研究现状与成果。第一篇（第一至四章）阐述了森林养分循环研究进展、养分动态模拟发展历程、养分循环与决策施肥管理应用以及橡胶林养分研究现状；第二篇（第五至十章）重点介绍了我国不同品系、不同割制下橡胶林养分循环研究内容以及$^{15}$N示踪技术在养分循环中的初步应用；第三篇（第十一至十三章）系统介绍了橡胶林养分循环模型建立和施肥决策诊断系统平台构建过程，最后比较分析了橡胶林精准施肥决策系统在生产上的应用效益。

本研究得到了国家自然科学基金（31171505）、海南省重点研发计划（ZDYF2023XDNY047）、中央级公益性科研院所基本科研业务费专项资金（1630092022002）、国家天然橡胶产业技术体系项目（CARS-33-ZP-2）的支持和资助，在此深表感谢。衷心感谢曾经指导、支持、帮助和积极参与相关研究工作的人员。本书撰写过程中借鉴和参考了国内外学者有关森林养分循环和橡胶养分方面的大量文献资料和研究成果，在此对书中引用文献的作者表示诚挚的感谢。本书编写和出版过程中，中国农业出版社给予了大力支持和精心指导，在此致以最真诚的感谢！由于笔者水平所限，本书难免存在不足与疏漏之处，诚请读者谅解，不吝批评指正。

著　者

2024 年 5 月

# Contents / 目录

# 第一篇

## 森林生态系统
## 养分循环

# 第一章　森林生态系统养分循环研究

森林生态系统养分循环是陆地生态系统中功能最为复杂的养分循环，包括矿物质养分元素在环境与不同结构层次植物中的交换、吸收、运输、分配、利用、归还、固定、分解等整个循环过程。在时间尺度上，一般可将其划分为年循环、季节循环和日循环；在空间尺度上，通常包括地球化学循环（Geochemical Cycles）、生物地球化学循环（Biogeochemical Cycles）和生物化学循环（Biochemical Cycles）。地球化学循环是一个开放式的循环过程，是发生在不同生态系统之间养分输入和输出的物质交换和循环利用过程，反映森林生态系统的发展与演替、物种的生存与进化功能。生物地球化学循环是发生在森林生态系统内部的养分循环，具体过程为生物群落（通常指植物）与物理环境之间的矿质养分流动，决定森林生态系统养分循环的速度与流量。生物化学循环过程与植物生长发育密切相关，确保植物在可获得养分有限的情况下，能够获得各阶段生长发育所需要的养分，从而维持生态系统中各种生物得以生存和发展。因此，森林生态系统养分循环是一个非常复杂的过程，虽在每个森林生态系统中都存在着这三种循环，但不同研究对象（包括森林、植物类型和立地类型）之间养分循环规律各不相同。森林养分循环研究内容主要涉及森林生物量与生产力，不同季节森林养分吸收、存留、归还、分解和迁移等各部分之间的数量和比例关系、养分分配格局、森林水文中养分循环规律、养分在森林生态系统各组分间的循环移动规律，以及与林木生长的关系等。

## 第一节　研究概况

森林生态系统养分研究在国外启动较早，其研究历史可追溯到20世纪初。早在1876年，德国学者Ebermayer率先测定了德国巴伐利亚地区阔叶林和针叶林的养分含量，并在其著作中介绍了森林枯落物在养分循环中的重要性。1930年，Albert发表了关于欧洲松林和欧洲山毛榉林养分循环的研究成果。自此，森林生态系统养分循环研究成为植物界热门的研究领域之一。尤其是

Bazilevich 等人首次提出将枯落物及其转化水平作为植被类型中养分循环分类标准，推动了养分元素循环由某一生态系统扩大到生物地球化学景观的范畴。20 世纪 60 年代至 80 年代，在国际生物学计划（IBP）、人与生物圈计划（MAB）、国际地圈和生物圈计划（IGBP）的推动下，养分领域的研究再次进入了活跃期，各国土壤学家、营养学家、生态学家纷纷投入大量精力，其中美国、德国、苏联、日本等国家在这方面取得了显著成果。在接下来的研究中，全世界又广泛展开了关于森林生态系统养分循环的研究，人们进一步确定了生物循环与地球化学循环间的定量关系，特别是在对土壤的可利用性、养分库、营养元素的输入输出过程以及人类活动对生态系统的影响等方面取得了重要进展。欧洲、美洲涌现出许多关于森林生态系统的养分循环方面的研究论著和成果，由此将矿质养分循环研究推向了全球生物化学循环研究阶段。

我国关于养分循环的研究起步较晚。20 世纪 50 年代，侯学煜首次对我国 1950—1966 年主要植被化学成分分析工作进行了全面总结。20 世纪 70 年代后期，我国开始陆续进行森林生态系统养分循环的测定和研究工作，直到 80 年代初，潘维侍等学者在人工林养分循环研究方面做了大量研究，由此推动了养分循环研究在国内的快速发展。随着养分循环研究的不断深入，20 世纪 90 年代后，养分循环研究达到了新的高度，研究内容拓展至树龄、林分密度、人类活动对林地养分循环产生的影响等。刘世荣等人通过对养分循环和土壤肥力的研究，发现在落叶松人工纯林中存在地力衰退的趋势，并提出根据养分循环原理，增加林下物种多样性、加强生物自肥以缓解这种趋势。进入 21 世纪后，国内森林养分循环研究成果已经相当丰富，主要内容包括不同立地条件、不同树种、不同组织器官中养分元素的含量测定，养分元素在植物与土壤中的积累量与分布情况，林下植被以及林下枯落物等。尤为重要的是，学者们深入研究了不同林分养分循环的参数，如生物量的估算方法、养分吸收系数和利用率、养分归还率、土壤养分平衡指数等。在研究尺度上，我国已大范围开展森林生态系统定位研究，从寒温带到热带、天然林到人工林、用材林到经济林、纯林到混交林，涉及全国不同地域森林类型和大部分树种，并使我国森林生态系统研究迈向组织化、系统化、网络化的道路，为我国开展更为深入、更为广泛的森林养分循环研究和提高生产力起到了极大的推动作用。但与国外的同类研究相比，我国在实验设计、技术手段、数据处理和分析以及研究深度等方面仍然存在差距和不足，还需要学者们更全面、更深层次地开展研究，为该领域提供更多的研究成果。

# 第二节　森林水文循环

　　森林和水资源是人类生存与发展的重要物质基础，也是当今林学和生态学领域研究的核心问题。在森林植被与生态环境相互作用和相互影响中，水文过程是最为重要的体现之一，不仅体现在林冠层对降水的再分配过程中各水文分量的变化，还体现在水量分配时，以水为载体的营养元素所经历的吸收、淋溶、浓缩等过程，这些过程导致了养分通量的变化，因此养分循环和水文过程有着密切关系。森林生态系统的营养元素与水循环涉及诸多过程，它们之间存在着错综复杂的相互作用，会直接或间接影响森林生态系统的结构和功能。例如，大气降水不仅给森林生态系统提供植物生长所需要的水分，还会携带营养元素进入生态系统。在一些干旱和半干旱地区，降水所携带的养分输入甚至是该区域最主要的养分来源。同时，植物生物量和土壤有机质含量又会影响降水转化、土壤持水、蒸散耗水等。因此，了解和研究森林水文循环过程中的养分变化规律，对于维持森林生态系统结构稳定、促进养分平衡，以及提升森林生态系统的持续生产力具有重要作用。

## 一、森林水文中的养分输入

　　降水为森林系统提供的养分来源主要包括两个方面：一是大气中养分元素的沉降，其中的阳离子和阴离子来自几条不同的途径，如海洋雾、陆地灰尘、气态污染物和火山喷射物；二是降水对树干和树冠的淋溶作用，其中部分养分元素还参与分泌物的化学作用过程。据报道，降水对土壤氮、磷、钾、钙、镁的输入量分别为 $25 \, kg/hm^2$、$1.6 \, kg/hm^2$、$5.8 \, kg/hm^2$、$24 \, kg/hm^2$ 和 $4.3 \, kg/hm^2$。但在不同的气候条件和森林类型的影响下，降水输入土壤的养分差异很大，其主要养分的年输入量为氮 $14 \sim 26 \, kg/hm^2$、磷 $0.6 \sim 4.0 \, kg/hm^2$、钾 $4 \sim 42 \, kg/hm^2$、钙 $42 \sim 53 \, kg/hm^2$、镁 $7 \sim 10 \, kg/hm^2$。

　　降水对植物的淋溶和淋洗，加速了养分循环，是天然林林地形成土壤肥力的重要因素。大气降水对林冠的淋溶过程，一方面是对植物组织分泌物的淋溶，另一方面是对未降雨期间林冠沉积物的冲洗。林冠穿透水、树干茎流水和一般水等水文中含有的养分元素，不仅有利于林木短期内的吸收利用，还进一步促进了林下有机质分解、调节土壤 pH、改善土壤肥力，进而影响生态环境的变化。林冠穿透水通过叶片和植株表面淋洗后，其养分含量比林外雨平均高 $80\%$，而且每年从植物叶片和树皮淋洗进入土壤中的钾含量，往往比枯落物归还到土壤中的量还要大。如英国栎树林降水（林冠穿透水与树干茎流水）中钾、镁和钠的含量高于枯枝落叶。深入研究发现，大气降水和林内雨水中养分含量的季节变化与养分浓度的变化相反，雨水多的月份，雨水和冠层穿透雨的养分浓度低，而养分总输入量高；雨水少的月份，养分浓度虽高，总养分量却较低。因此，人工林中降水尤其是林冠穿透水和树干茎流水的储蓄与利用，对于生态系统养分循环的作用也是不可忽视的。

## 二、森林水文中的养分输出

森林水文中养分输出的主要途径是地表径流和土壤渗漏水，但不同地域、不同森林生态系统类型及不同季节，养分的输出量均有较大的差异。地表径流和土壤渗漏水中的养分除来自大气降水和对林冠、树干的淋溶外，还有来自雨水对枯枝落叶腐解后的养分淋溶、淋洗补充。雨水经过枯枝落叶层淋洗流经土层时产生渗滤水，枯枝落叶层储存的养分通过土壤微生物和动物分解而释放，借助渗滤水淋溶到土壤中参与生物循环过程。由于枯枝落叶、根的腐烂及降雨，输入森林系统的养分总量大于输出量，森林生态系统处于养分的蓄积状态，而在无植被覆盖的坡地上，降水会造成土壤侵蚀，使土壤养分入不敷出。因此，全面了解水文养分的来源和动态变化过程，对于研究森林生态系统养分生物地球化学循环也具有重要作用。

## 三、水文循环对森林土壤肥力的影响

森林水分平衡过程对枯枝落叶的分解作用以及营养物质循环、地表径流等都极为重要。枯枝落叶和土壤表层水分含量的变化受水分渗透、渗漏和侧流等过程的综合作用影响。被淋溶出来的养分是水溶性的，不需要经过复杂的分解过程即可被植物直接吸收。土壤胶体会对养分离子产生吸附作用，在渗滤水流动过程中盐基离子与带净负电荷的土壤胶粒表面发生阳离子交换反应，从而改变其离子组成和浓度。土壤胶体的表面主要是由有机的交换基和无机的交换基构成，前者主要是腐殖酸，后者主要是黏土矿物，它们在土壤中互相耦合，形成复杂的有机胶质复合物，这些物质在土壤的渗漏水运动过程中对水中化学物质组成的影响是至关重要的。渗滤水既直接参与土壤的形成过程，又是植物营养以及水分供应的主要来源之一，它所携带的养分数量是养分循环的重要参数之一，对植物生长和森林结构具有重要的影响。

# 第三节　森林枯落物研究

森林枯落物是植物新陈代谢的产物，是森林生态系统的重要组成部分，反映植物代谢节律的同时，也是森林物质循环与能量流动的重要载体。枯落物作为森林生态系统第一性生产力的重要组成部分，每年有大量的有机质返回土壤，是土壤有机质的重要组成部分，在维持土壤肥力、促进森林生态系统正常的物质循环和养分平衡方面，有着特别重要的作用。

国外对森林枯落物的研究极为活跃。1876年德国学者Ebermayer首次开展枯落物在森林养分循环中的重要性研究，至1930年，森林生态系统营养物质循环的研究成为日益活跃的研究领域。我国从20世纪60年代初开展此项研究工作，80年代有较大的进展，王凤友曾对国内森林枯落物的研究做过综述。后来国内外对枯落物的研究有了很大的进展，有学者研究了森林枯落物量的影响因素、各种林型枯落物量、枯落物养分含量及其动态变化定量分析，也有学者研究枯落物对土壤物理化学特性的影响，以及枯落物分解引起养分归还等。如彭少麟等分析研究了区域气候条件、不同年份地表枯落物的营养元素含量及其对土壤物理性质的影响，同时对这些指标与枯落物分解速率进行了相关分析。结果表明，气候、枯落物自身性质、土壤微生物和土壤动物均影响枯落物的分解。代静玉等通过研究发现枯落物分解速率在初期较高，随着分解作用不断进行，易分解物质分解完毕，积累许多难分解的物质，从而抑制了枯落物的分解速率。以往关于矿质元素循环的研究，多侧重于枯落物而忽略了地下部分枯落物的研究，后来发现森林地下部分枯落物的数量大于地上部分枯落物的数量，但是由于根系新陈代谢的枯落物测定较困难，故至今研究仍不多。因此，目前森林枯落物的研究还主要集中在四个方面：枯落物的年枯落量、枯落量的动态变化及其组成成分；枯落物的元素含量及年归还量；枯落物的分解；枯落物的生态作用。

## 一、枯落物归还量

枯落物作为森林生态系统中连接植物与土壤的重要纽带，是森林土壤有机质与营养元素的主要来源。森林土壤养分中90％以上的氮和磷、60％以上的矿质元素都来源于枯落物的养分归还。森林枯落物归还量与林分类型、树种、树龄以及季节性变化有关。例如，阔叶林枯落物输入到土壤中的氮多于针叶林，混交林多于纯林，天然林多于人工林，热带雨林多于温带阔叶林，而温带阔叶林多于寒温带的针叶林。生长旺盛的林木归还土壤的养分，比生长衰弱的林木要多些。枯落物归还量因林型和树龄的不同而存在差异。据测定，树龄为4年的橡胶树，每公顷积累钾 188 kg、钙 168.2 kg、镁 83 kg，而树龄为 33 年的橡胶树，每公顷积累钾 1 233 kg、钙 2 119.1 kg、镁 417 kg；枯叶养分归还量为 147.4~498.6 kg/hm²，是枯枝的 6.8~37.0 倍。不同立地根系的养分归还量差别也较大，地上部分和地下部分的大量元素归还随养分种类和林分的不同而相差 0~4 倍。综合国内外众多关于不同森林生态系统枯落物研究结果表明，细根死亡后，向土壤输入养分量比地上枯落物多 18%~58%；细根死亡后归还的养分量占群落归还量的 49.5%，比地上枯落物高 3.1%。不同元素间，磷素比氮素保持量大，而归还到枯落物的数量较小。混交林和纯林细根的生物量仅分别占各自群落总生物量的 2.1% 和 23.0%，但其每年氮和磷养分归还量占群落总归还量的比例，混交林为 24.5% 和 28.5%，纯林为 22.6% 和 19.9%。由于植物细根的测量比较难，大多数学者在研究养分归还时只考虑了枯落物分解的归还量，有的学者也会考虑雨水淋溶树体的归还量，却很少有学者考虑土壤细根枯死的归还量。因此，将枯落物、降水、根系三者结合起来进行综合分析，对于摸清和评估土壤中养分的形成和分配格局具有很重要的科学意义。

## 二、枯落物分解释放

枯落物的数量及分解速率影响森林生态系统养分循环，枯落物分解过快或过慢都不利于养分循环正常过程。在一定范围内，枯落物分解速率提高，能够加快碳、氮和磷等元素释放，有利于森林生态系统养分循环，改善土壤质量；枯落物分解过慢可直接导致土壤养分循环功能下降，不利于植物吸收养分元素。枯落物分解过程中每年释放的养分元素可满足 69%~87% 的森林生长所需量。因此，枯落物分解对维护土壤肥力，以及保持森林生态系统物质循环和养分平衡都起到重要的作用。早期有关枯落物分解的研究主要从单一或不同树种分解速率变化与养分循环过程展开。随着时间的推移，人们开始关注林型的变化、生境的变化、温度的控制、积雪的覆被对枯落物分解的影响。尤其是随着全球大气 $CO_2$ 浓度升高，气候变化已成为世界关注的热点问题，多数学者开始转向研究气候变化对枯落物分解过程浓度的影响。

在人工林枯落物研究中，人们更多地关注枯落物组成、归还量、分解速率等方面的基础研究。枯落物分解是一个生物和非生物相互作用、相互影响的生态过程。枯落物自身物理和化学特性，林地土壤的通气性、温度和湿度等自然条件，以及土壤微生物和动物等生物活动，都将影响枯落物的分解速率。因此，枯落物分解率、养分含量、元素释放率以及影响枯落物分解的生物环境、非生物环境等因素，一直以来都是学者们关注的重要内容。研究表明，枯落物理化性质、枯落物组成、生物因子、环境因子等能够直接或间接作用于枯落物分解过程，进而影响土壤养分循环过程。由于土壤湿度和有效养分较高，橡胶林林下枯落物的分解速率较快，因而造成林下生物量与积累量相对较低。枯枝、落叶覆盖地表后减少了地表径流对土壤的侵蚀和水分蒸发，其分解过程影响养分循环的速率与周期。国外学者对橡胶林枯落物分解速率的研究表明，枯落物全年可分解92%，其中第6个月的分解速率最高，氮、钾和镁元素分解释放效率较快，而氮元素和钙元素是从叶片通过枯落物进入土壤最多的养分元素。国内对西双版纳橡胶多层林枯落物量的季节变化、林地残留物现存量及其分解进行了详细研究，结果表明橡胶林枯落物的年分解失重率分别为枯叶93%，枯枝49%。枯落物多样性的变化对枯落物分解过程中养分释放的作用十分复杂，除了受组成、元素间相互作用的影响之外，某些枯落物中的特殊成分（如多酚类、丹宁类物质）亦会导致其养分释放与富集的差异。在橡胶林枯落物研究中还发现，枯叶分解过程中有氮素净释放现象，枯枝分解则在不同月份会发生氮素富集的现象。研究发现，土壤中的微生物可使枯落叶分解速率加快，促进养分的释放。此外，枯落物分解不仅是土壤自然肥力的养分来源，还对调节土壤 pH 也有显著作用，尤其对热带地区森林生态系统养分循环利用具有重要意义。

## 第四节　森林生物化学循环

森林生物化学循环发生在植被-土壤亚系统内的养分迁移转化过程中，是由植物从土壤中吸收营养元素，再经由植物枯落物凋落腐化回到土壤的闭合循环，是一个复杂的生物地球化学过程。因此生物循环主要受植物自身的遗传特性和土壤内生物化学过程的共同控制。生物再循环通常包括发生在植物体内部的养分分布、运输、循环、利用、再回收等过程。因为这一过程是作为活跃生物代谢的一部分发生于植物体的内部，所以生物化学循环的时间、空间尺度比地球化学循环和生物地球化学循环都要小。但由于不同养分元素的化学性质不同，不同森林生物化学循环过程有着不同的特点。参与植物生物化学循环的矿质养分主要是那些能在韧皮部移动的元素，如氮、磷、硫、钾、镁和一些微量元素。其中氮、钾被吸收和从叶片中淋失归还可能只需几小时，而磷的循环则需要几十年甚至上百年，钙被贮存在树木木质组织中长达上千年才能再次参与循环。普遍认为生物循环是森林土壤和植物间养分元素的流动过程，并通过吸收、存留、归还三个不同的生理生态学过程维持生态系统的平衡。

## 一、土壤养分供应

土壤既是生物与水、气、岩石圈相互交接的重要地带，又是有机自然界与无机自然界相互结合的中心环节。土壤中各种生物与化学因素的相对作用强度也因生态系统类型、土壤风化程度、发育阶段、土壤剖面层次而不同。即使在同一生态系统中，由于环境因子的季节变化，生物与物理化学控制的相对强度也会呈现出不同规律的变化。保持土壤有效养分的循环，是提高森林生产力的物质基础。所谓土壤有效养分，需具备三方面能力：一是土壤对水、肥、气、热的协调能力；二是提供给林木生长所需各种营养元素的能力；三是土壤自身抵御各种不良因素的能力。生物化学循环主要通过土壤有效养分供应和植物自身养分吸收之间相互作用、相互影响来进行。土壤酶活性、根系活动引起的根际动态、根际 pH、氧化还原条件、根分泌物和根际微生物活性等直接影响土壤养分的有效性。土地的坡度、海拔、植被，决定了水土流失情况，从而影响土壤中养分的损失量。另外，土壤有机物、土壤温度和湿度、土壤动物和微生物等因子，也是影响土壤养分矿化的重要因子。

## 二、吸收与存留

森林养分的生物化学循环和再循环过程在植物的正常生长发育过程中普遍存在，与植物生长发育密切相关。森林生态系统养分元素的输入途径是"根—木质部—地上部—韧皮部—根"的循环过程。植物根系吸收的矿质养分，经木质部向地上部运输，其中一部分又经过韧皮部再次运输回到根中；从地上部运回到根中的矿质养分不会全部被根系利用，剩余部分可经木质部再次运至地上部，这一过程称为养分的再循环。养分的生物化学循环对植物生长发育的主要作用有：向根系提供地上部分同化的养分；维持植物体内的阴阳离子平衡；为木质部和韧皮部质流提供驱动力；向根系传递地上部分对养分需求的信息，并调节根系对矿质养分的吸收速率。

### （一）养分吸收

林木养分吸收受到森林类型、年龄、土壤和气候等条件影响。不同树种吸收的养分数量差异较大，阔叶树混交林吸收量较多，针叶树吸收量较低。对林木层而言，一般认为温带常绿林木的年吸收量较低，而赤道林木生物群落的年吸收量最高。林木的不同发育期对于养分吸收量也有影响，人工林在幼龄期吸收量逐年增加，当生理成熟期达到最大生长时吸收量保持大致稳定，养分吸收率则下降。此外，农林间作对养分元素的吸收有很大的促进作用，据押道橡胶与砂仁间作复合系统营养元素的年吸收总量是纯胶林的 2.1 倍。大量研究表明，植物体内养分的重新分配过程是普遍存在的，对林木而言，当年吸收的养分主要用于林木新生组织，只有超出需要的吸收量才会在老组织中积累下来。

**（二）养分存留**

养分存留量（即积累速率）可以认为是养分吸收总量和通过死根系、枯落物以及树冠淋洗等方式归还土壤养分数量的差额。它通过测算生态系统植物组分净生产力和分析各器官中的营养元素浓度得到。林木层净生产力的测定方法还不大一致，目前使用较多的公式：平均净生产力＝生物量/树龄。也有学者认为林木生物量的现存量与养分浓度随树龄变化不同步，用上述公式计算净生产力会有较大的误差，科学的方法是通过树木解析测算各器官的净生物增量。苏联学者对几种林分的研究表明，中龄林养分存留率较高，为 30%～50%，而老龄林养分存留率则低得多，仅为 2%～15%，并且在生理成熟龄以后林木的吸收量保持相对稳定，存留量也保持相对稳定。一些研究结果表明，存留的养分在树体各器官中的分配与生物量的分配存在明显差异。

### 三、归还与分解

植物吸收养分后经积累分配，又通过凋落及雨水淋溶归还给林地，其归还的养分数量因树种、立地与林木年龄而不同。不同元素间，磷素比氮素保存量高，而归还到枯落物的数量较少。虽然林下植物枯落物的数量不多，但是因为它们养分含量高，所以对总的养分归还仍起重要作用。

枯落物的养分最终会经过分解释放到土壤中。枯落物的物理和化学性质，死地被物的通气性、温度和湿度条件，以及现存土壤微生物和动物的种类、数量，都影响死地被物的分解速度。如新鲜枯枝落叶层的分解速度很快，其周转速度从温带和寒带的 1 至 3 年变化到热带的几个月。枯落物分解过程中，随着有机物的降解，各养分元素逐步被释放，所以枯落物中养分总量不断减少，但某种元素的相对含量在分解过程中可能变高，也可能变低。

## 本 章 小 结

养分循环是维持森林生态系统结构稳定和生产力的功能过程之一，是森林生态系统中生物得以生存和发展的基础。国内外学者在养分循环的静态特征方面做了大量研究工作，对推动森林养分循环研究有重要作用。随着生产、生活水平的提高，人们对森林砍伐、采收等干扰活动频繁，使森林生态系统的物质循环与系统代谢加快。森林生态系统的健康可持续发展不仅需要提高森林生态系统的生产能力，更要维持其物质循环和能量流动的平衡发展。在以往研究中，该领域静态分析已不能完全反映养分在森林生态系统中的循环过程与动态机制。随着科技的进步和学科的发展，未来更需要综合多种学科、方法的理论与原理，采用更先进的技术手段，对森林生态系统养分循环和生理化学过程以及与环境之间的相互关系展开深入的探索和研究。

# 第二章 森林生态系统养分动态模拟研究

随着对森林生态系统养分循环研究的深入，动态模拟研究逐渐成为人们关注的热点。森林生态系统模拟模型已经发展成为一门新兴的学科，其实现了养分循环研究由定性描述分析到定量模拟的质的飞跃，可以达到对森林养分循环动态过程解释和森林生态系统发展趋势预测、调控的目的。因此，森林养分动态模拟成为森林养分数字化管理的有效手段，在森林生态系统研究中具有重要价值，对于维持生态系统结构与功能的稳定，以及提高人工经济林生产能力更具有重要意义。

## 第一节 动态模拟模型发展历程

### 一、养分动态研究

进入 20 世纪中后期，全世界范围内的学者们开展了大规模关于森林生态系统养分循环的研究，内容涉及森林各组分养分含量的静态分布、动态特征、养分生物循环等，为该领域全面实现数字化精确动态模拟打下了良好的基础。20 世纪 80 年代初，对集约经营的人工林早期生长和养分动态的探讨已成为一个重要的研究领域。国内报道中，较早出现的林木养分动态研究是 1978—1979 年对杉木植株养分动态的测定。1979 年，在世界原始天然林急骤减少和造林规模日益扩大的背景下，国内开始研究杉木林养分循环动态规律，为建立速生丰产和稳定的人工林生态系统提供了可靠的科学依据。随后我国学者对油松人工林养分循环中林分各组分营养元素含量的静态分布、动态特征、养分生物循环等进行了较为系统、深入的研究。此外，《美洲黑杨人工林头四年的生物量与养分积累》一文，比较全面地研究了森林的生物量、养分积累和分布状况、养分的内部循环、林木生长，以及由于采伐所引起的林地养分损耗。

这一阶段，虽然森林领域养分动态研究已经发展得比较成熟，在方法上都使用了定性分析，但并未深入到养分动态机理的研究。为此将能够反映养分动态和变化机理的数学模型引入森林领域显得十分必要。

## 二、养分动态模型

早在 1963 年，国外学者 Olson 就提出了森林枯落物的分解模型，直到 20 世纪 80 年代，才正式出现森林养分动态模型的研究。Samela 在针叶松树和柳树养分动态模型探讨中，将数学模型应用到森林部分养分研究之中，实现了森林生态学与数学两学科之间的有机结合。正如马克思所说，一门科学只有当它达到了能够成功地运用数学时，才算真正发展了。数学模型在森林养分循环研究中的应用，标志着森林养分研究领域的进步和发展。虽然森林养分动态模型的研究开展比较早，但涉及的范围窄，且以各种林分枯落物分解、释放模型研究居多。这期间虽然森林养分动态模型研究有了一定的成果，能够结合森林系统的实际，揭示养分变化机理的动态，但是都属于理论性模型探讨，还不能应用到人工林的实际生产。

## 三、养分动态模拟模型

森林生态系统是一个结构和功能非常复杂的系统，若既要反映其动态机理，又要实现未来变化的预测，就需要综合养分动态模型和系统模拟的优点。近年来，模拟系统模型的建立，使人们更易理解生物与物理、化学环境的相互作用关系，这对生态系统环境管理至关重要。

养分循环模拟模型的建模机理是在深刻了解系统基础上把系统当成黑箱，用某种合适的数学关系描述系统的输入、输出关系，进而达到对整个森林养分动态过程的解释和森林生态系统的发展趋势预测、调控的目的，在森林生态系统研究中有着重要的价值和广泛的应用。20 世纪 80 年代中期，少数国外学者开始了对森林养分动态模型的探索。Kimmins 首次讨论了模拟技术在林木养分研究和立地养分管理中的重要作用。文章将以往的概念模型与现在的模拟模型进行了比较，说明了后者能够体现事物或系统内在的机理问题，同时介绍了使用计算机进行模拟的途径，推动了养分动态模拟技术的广泛应用。另外，文章还提及了系统各组分的养分模型，但未加以深入叙述。

# 第二节　养分循环分室模型

养分循环分室模型是森林生态领域里一种比较重要、典型的模拟模型。它实现了动态模型与系统模拟的有机结合，并且已广泛应用于生产实践当中。这在森林生态系统养分循环研究领域已经是一项伟大创新。最早的养分循环分室模型是国外学者Fassbender在哥斯达黎加农林系统咖啡研究中所建立的植物、枯落物、土壤之间养分与有机质循环模型。研究还得出施肥和枯落物是农林系统养分的重要来源、林木收割是主要的输出方式、植物凋落是系统养分转移的关键过程等结论。随后，Fassbender等再次对所建立的养分分室模型进行了实际模拟，并且在系统分析方法上有所更新，突破了原有森林系统养分分室的静态分析，构建了养分储存、养分转移、养分输入与养分输出之间的分室模型。后来这种养分系统分室建模思想在世界范围内得到广泛应用，这期间的养分动态模型研究也包括模型灵敏性分析。

我国在养分动态模型研究方面起步较国外虽晚些，但发展速度快。20世纪80年代末至90年代初，谭云峰提出了油茶林氮、磷、钾元素的循环局部动态模型；同年，谌小勇也建立了杉木人工林氮素动态数学模型并进行初步模拟；随后，彭长辉以我国南方亚热带杉木人工林为对象，在实测林分养分元素的输入、输出及生物循环的基础上，建立了动态数学模型，并进行了动态模拟分析；不久，傅懋毅也建立了毛竹林内降水输入中养分元素钾的年输入GM（1，1）预测模型。截至20世纪90年代末，国内才出现一些人工林养分分室模型的研究成果。刘世荣最早运用系统分室法在养分分布、积累、迁移和循环方面做了系统研究，根据系统分析的原理和方法，构建了养分流通框图和动态模拟模型；陈长青采用同样的分室建模方法，建立了中国红壤坡地不同林地养分循环动态模型，其研究意义在于，经试验资料验证表明该模型不仅具有较高精确度和实用价值，还可作为我国大多林地养分循环模型使用，对天然林和人工林养分循环动态研究起到了一定的促进作用。之后，国内学者开始对杉木、木麻黄、松木、刺槐、桉树等人工林展开了养分循环及模拟研究，并建立了不同林分生态系统分室模型。21世纪初，我国学者们又对养分循环模拟模型的研究内容进行了补充，尤其是对已有模型参数进行修正，模型广泛性、通用性的探讨再次推动了人工林养分动态研究进展。总体来说，自20世纪80年代以来，森林养分动态模拟模型研究经历了一个深度和广度渐趋成熟的成长过程。

## 第三节　养分动态模拟模型

20世纪80年代末到90年代末，计算机技术的日新月异，以及将计算机技术应用于该领域，使生态系统养分循环动态模拟研究发生了飞跃。森林生态系统养分循环模拟模型的更深层次发展就是通过计算机语言编辑程序，开发相关软件，进行模型的上机模拟，达到系统预测和控制的目的。虽然此阶段有众多生态系统模型相继发表，但与养分循环有关的寥寥无几。其中，具有代表性的养分循环模拟模型主要包括 FORCYTE、CENTURY、NuCM、NuCSS、ForNBM、PnET。FORCYTE 是一个以林分群体特征及林地养分循环为基础的森林生态系统管理模型，现已广泛应用于美国、瑞典、芬兰、巴西、印度尼西亚等十几个国家的森林系统中。国内虽然很早就有文章提及该模型，但到21世纪初才将其应用到国内作物生长发育过程的模拟研究中，而在森林生态系统研究领域内未见报道。此阶段，国内外学者正在积极探索将其他模拟软件（如 Stella、Simile、Simulink 等）引入森林生态系统养分循环研究领域。以Stella 为例，该软件研发于国外，是一种只需通过构建系统分室结构图，便可设定变量初始值或变量间关系式的系统动态模拟软件。其优点是用户不需要太多数学知识就能进行系统模拟，以及得出系统分室间的简单模型公式。

随着科技水平的提高，国外专家在前期养分动态模拟研究方面又进一步深入。一方面考虑到环境因子对森林生态系统养分循环的影响；另一方面，通过对养分动态模型再加工，构建能对系统进行更精确预测的生产模拟模型。如兰建容介绍了基于对林业数据处理和 VB 的统计分析软件在林业树冠截留模型中的应用，为我们开发养分数据管理软件带来了一定的启示作用。人工林施肥已与良种壮苗、适地适树、抚育间伐等措施结合，构成了完整的速生丰产林栽培体系，许多林业发达的国家均将施肥作为营建速生丰产林的重要手段。近年来，国内外在林分数据管理技术上有所突破。国外研究者们针对不同营林需求建立了不同的施肥模型。如 Ingestad 等提出了一种基于养分通量密度和养分生产力概念的施肥模型，该模型是应用一种基于计算机的灌溉系统来分配液体肥料的模型；Costanza 等建立了一种以控制理论为基础的人工林最佳施肥策略模型，可以在类似种植园里按特定时间施入定量的肥料；FORECAST 模拟模型是建立在森林生态系统的物质生产和养分循环规律的基础上，构建林分-土壤养分之间反馈关系，并具有良好的模拟人工林施肥效应的施肥软件，目前广泛应用于人工林生产决策管理。

# 本 章 小 结

养分循环与动态模拟已经发展成为了一种相对科学和成熟的研究方法。全世界学者们已在天然林和人工林中广泛开展了养分循环动态模拟研究，并结合计算机及软件技术开发了养分动态模拟系统。该系统能够系统地模拟生态系统养分的动态变化过程，从而构建了针对不同林木的施肥诊断与管理决策系统，实现了对人工林养分循环动态预测与调控。随着科学技术的进步，该领域的研究水平和技术还会不断提高。未来，通过养分循环与数学模型、遥感技术、地理信息系统和计算机模拟技术深度融合，建立起更加完善的林业生产计算机模拟和决策管理系统。这些技术和方法的应用，将极大地促进森林生态系统养分循环研究更加全面、科学、合理。

# 第三章　养分循环与农林施肥管理

　　土壤肥力为植被提供营养元素，其土壤养分循环与平衡，直接影响生产力水平和生态系统的稳定性、持续性。土壤肥力与土壤养分循环作为土壤学科中应用性较强的分支学科，主要研究土壤供给作物养分的能力、与土壤养分供应有关的土壤养分循环过程、农田养分以各种形态向环境的扩散过程及其驱动机制等。这些研究不仅优化了养分循环过程，在评价和利用土壤资源中发挥着重要的作用，还是未来林业和农业可持续发展的重要研究方向和内容。

## 第一节　土壤肥力与养分循环的关系

　　土壤肥力是土壤自身的基本属性和本质特征，与土壤的概念是密不可分的。欧美有些国家认为土壤肥力是土壤给作物提供养分的能力。我国将土壤肥力定义为"土壤为植物生长供应和协调养分、水分、空气和热量的能力，是土壤物理、化学和生物学性质的综合反应"。土壤物理性质决定了土壤的基本性状和运动过程，影响着土壤与植物之间的物质和能量交换；土壤化学性质影响着生态系统中养分循环与平衡；土壤微生物作为土壤隐形的管理者，直接参与土壤的形成、有机物降解和土壤养分循环等。因此，可以认为土壤肥力的形成、维持与提高是通过土壤物理、化学和生物作用引起的。

　　养分循环包括植物从土壤中吸收养分、植物残体归还土壤、植物残体在土壤微生物的作用下分解并释放养分，以及养分再次被植物吸收利用等。因此，土壤养分循环作为土壤肥力和作物生长的基础，在土壤养分动态平衡中，有助于土壤肥力的保持与提高。为了提高土壤肥力，人们一方面稳定土壤的养分库，提高土壤养分容量，另一方面对土壤中养分的输入和输出进行调节，以维持养分循环的持续性，最终使土壤生态系统中养分循环处于平衡状态。在生态系统养分循环中，人们希望养分能更多地向需要的物质（如农产品等）转移，从而尽可能减少或不向水体和大气环境迁移。因此，对这些过程及其调控途径的研究构成了今后土壤肥力与养分循环研究的主要方向。

## 第二节　土壤肥力与养分循环学科的发展趋势

　　土壤肥力作为土壤学中直接应用于生产的研究概念，一直受到研究工作者的高度重视。20 世纪 70 年代以来，对提高土壤肥力的生产需求推动了保护性耕作的研究与应用；20 世纪 80 年代末开始，对生态环境问题的广泛关注又促进了生态系统养分循环领域的研究工作；进入 21 世纪后，全球开始高度关注气候变化和农业面源污染，世界各国提出以提高养分利用率减少肥料施用量和保护生态环境的政策目标。因此，土壤养分循环仍然是土壤肥力研究的核心，而土壤肥力作为土壤持续提供植被营养元素的基础，将是林业和农业可持续发展的重要研究内容。

　　我国在养分循环与土壤肥力单项领域中取得了丰富的研究成果，在全球变化、生态环境保护和农业生产方面发挥了重要作用。但对于土壤肥力和养分循环综合学科的研究较少，尤其与国际先进水平相比，还存在较大差距。因此，国内学者针对我国面临的科学难题和生产要求，对当前土壤肥力与土壤养分循环分支学科中存在的问题和发展方向进行了分析与展望。一方面，土壤-作物相互作用与养分高效利用等方面研究不够深入，通过土壤肥力和养分循环研究土壤养分转化过程、产物及其速率等进而研究提高养分利用效率的技术还尚未成熟，而植物分子生物学技术将大大加快植物对土壤养分高效利用机理研究的进展。另一方面，对植物-土壤微生物相互作用影响植物健康和养分供应的认识仍然很不充分，对微生物在养分平衡供应中的作用认识几乎仍是空白。微生物分子生态学技术的发展将有助于我们深入理解土壤养分的生物学过程和养分循环规律，从而促进土壤生物肥力提升。与此同时，在农林业土壤肥力和养分循环学科中仍匮乏的定量化测定技术和模型模拟方法，也需要更多的新方法、新手段和新技术，如定位监测、遥感、光谱信息技术和模型的发展或将使区域土壤肥力管理更加便捷、有效、科学。

## 第三节　养分循环与农林决策施肥

　　土壤养分平衡被欧洲一些国家和美国等发达地区广泛作为农田养分管理与政府制定环境政策的依据。荷兰 MINAS 政策规定砂壤土氮素承载阈值为 60 mg/kg。以氮、磷为主的农业面源污染，导致许多地区的水体富营养化，成为制约农业可持续发展的严重问题，氮肥施用过量导致温室气体排放已成为国际关注的焦点。因此，强化对土壤肥力与养分循环的研究、培肥土壤、充分利用土壤养分资源、合理优化肥料养分投入、调控农林生态系统的养分循环、减少对环境的污染，是保障国家生态环境安全和可持续发展的迫切需要。

人工林是一个开放的系统，与人类生产实践活动及外界环境之间时刻进行着物质交换。养分循环研究不仅可以认识人工林的养分生态特征，还有助于提高人工林或天然林生态系统的生产力实践。经济林，采伐林木和果实等过程不仅会带走大量有机物质，影响到元素的循环。长期养分输出还会导致土壤肥力下降和生态系统养分失衡，施肥是人工林生态系统中养分补充的重要来源和管理措施。国外对林地施肥和水肥效应的研究始于第二次世界大战前后，当时的施肥对象并不是天然林，而是速生用材林以及有较高经济价值的树种。我国的林地施肥研究起步较晚，受林业经济战略发展的影响，我国的林地施肥对象主要是速生丰产林。自 20 世纪 70 年代中期，我国开始对林地进行施肥试验和施肥决策研究，目前已积累了大量数据和丰富经验，出现了诸如喷施叶面肥、营养诊断施肥、水肥耦合、测土配方施肥等施肥技术。但在以往人工林施肥管理中，大多以经验确定施肥种类和施肥量，施肥以传统方法为主，比如营养诊断施肥、配方施肥等，虽然在大田生产实践中切实可行，但是无法满足林业尤其是精确林业发展需要。特别是对珍稀树种或重要经济林，林地施肥更加追求精细化、有针对性。施建平所建立的农田生态系统 NPK 养分循环数据管理的概念模型，其建立背景虽然不是森林生态系统，但也可为森林养分循环数据管理提供参考。随着科技的发展，国内研究者们借助信息技术和软件，开展了人工林精准施肥的研究。胡曰利等基于立地养分效应原理提出了林木施肥的理论施肥模型，卢漫等对该施肥模型进行了验证，证实了该模型确定的实用性和可行性。近年来，在规模集约化管理的人工林中，通过测绘林分营养管理区域，实现了营林管理的高效化。韩欢等利用克里金插值法和地理信息系统（GIS）技术绘制了土壤养分空间分布图，陈帮乾等建立了与树龄相关且基于养分平衡的定点施肥模型。因此，人工林精准施肥技术已逐渐形成一门由多学科支撑的应用技术，并在指导林业生产实践中发挥着重要作用。

# 本 章 小 结

展望未来，通过土壤肥力与养分循环的研究，可以更好地认识和理解养分在土壤圈、生物圈、水圈和大气圈的迁移、其驱动机制、土壤肥力与养分循环过程。通过合理调控，保持土壤肥力长期稳定，促进作物营养需求和土壤肥力、农林生产与生态环境之间平衡，这将是土壤肥力与养分循环学科方向的研究重点。随着研究水平的提高，土壤肥力和养分循环研究的学科综合性和交叉性将更加突出。通过对土壤、养分、水分和作物管理进行综合研究，从而提高作物生产力、优化养分循环过程、提高资源利用效率、维持或提高土壤肥力、保护生态环境将会是土壤肥力和养分循环研究发展的大趋势。因此土壤肥力的演变及其与生态环境之间的相互关系将是土壤肥力与养分循环研究的热点。此外，作为提高养分资源利用效率的基础，根际生物互相作用的过程对土壤肥力形成及其对生态系统养分循环的影响将更加受到关注。微生物分子生态学技术的发展对于理解和提升土壤肥力具有重要意义。

# 第四章　橡胶林养分研究现状

　　橡胶树是世界生产天然橡胶的重要林木，原产于南美洲亚马孙河流域热带雨林，主要分布在亚洲、南美洲、非洲、大洋洲和北美洲等 60 多个国家和地区。自 1906 年引种到海南琼海，橡胶树在国内种植已有百年历史，是我国天然橡胶的主要来源。自 20 世纪 50 年代起，我国开始大规模植胶，原始森林和次生林被砍伐而大面积扩种橡胶，植被及土地利用方式发生了改变，橡胶林生态系统原有平衡及循环发生了变化，由此引发的土壤肥力和生态平衡问题引起了行业的重视和关注。于是，我国学者们分别从养分生理生态、养分循环、营养诊断、施肥管理等方面进行了广泛的研究与探索，并取得了显著的研究成果。

## 第一节　橡胶树养分生理学研究

### 一、砧木与接穗

　　芽接是当前栽培种植广泛采用的主要繁殖方式之一。砧木作为芽接树的重要组成部分，其优良性直接奠定了芽接树速生高产的基础，砧木与接穗的亲合力对嫁接后的营养物质运输和生长生理特性有关键性作用。砧木与接穗的组织愈合后即形成共生体，二者之间便开始了水分、营养物质及同化物的运输与分配，并影响砧穗嫁接亲合力的强弱。亲合性越强，砧穗之间的物质交换及分配越协调、越通畅，反之亦然。研究发现，产量越高的橡胶树其砧木胶乳中各种养分含量也越高，超高产橡胶树砧木中干物质含量、总固形物、硫醇、糖的含量均显著高于高产树和一般单株，矿质养分在砧木不同部位和位置的含量水平和分布也有明显的差异。同时，砧木与接穗嫁接之间的亲合力大小也直接影响橡胶树的营养生长、排胶特性、抗性、养分利用特征等。因此，研究者们普遍认为砧木与接穗在生长势方面生长速度不同，可能是由于它们之间营养物质的吸收利用、水分和养分的运输、内源激素的改变而引起的。

### 二、品种遗传

　　品种是除砧木与接穗之外对橡胶树营养生长和排胶生产起决定性作用的遗

传限制因子。我国植胶区自然环境条件复杂，选择和培育出适合我国植胶环境的高产品种是植胶业的根本。国内已成功选育出高产和抗性兼优橡胶品种 30 多个，其中得以大面积推广的有 RRIM600、PR107、热研 7 - 33 - 97、云研 73 - 46、云研 77 - 2、云研 77 - 4、GT1、海垦 1、大丰 95 等。这些品种的选育大多集中在产量和排胶生理特性等方面，对不同品种之间橡胶树养分含量的研究较少，见诸报道的仅有无性系 PR107、RRIM600、热研 7 - 33 - 97、热研 8 - 79 等。研究表明，热研 8 - 79 的氮、磷、钾含量及热研 7 - 33 - 97 的氮含量显著高于 PR107，而热研 8 - 79 的镁含量则显著低于热垦 525 和 RRIM600。另外研究表明，热研 7 - 33 - 97 对氮、磷的富集作用最强，RRIM600 对钾、镁的富集作用最强，PR107 对钙的富集作用最强，但对养分的利用效率则表现为热研 7 - 33 - 97＞RRIM600＞PR107。近年来，我国在橡胶遗传基因方面的研究又取得了重大突破，国内橡胶树遗传育种取得显著成果，并陆续研制出了高产、抗性、木材等兼优，如热研 7 - 20 - 59、热研 8 - 79 的新品种。深入开展新品种橡胶树养分生理机理和吸收利用研究也将是未来橡胶林生态系统研究的重要内容。

## 三、树体器官

橡胶树对养分的吸收与利用主要靠根系、叶片、树枝、树干、树皮等树体器官。橡胶树各器官所行驶的生理功能和各种养分元素在树体内所起的生理作用不同，最终决定了树体对养分元素的吸收与贮存量的不同，从而造成养分含量的差异。叶片作为橡胶树光合作用的器官，其养分含量大体上高于其他器官。一年之中橡胶树叶片以 7—9 月的养分含量处于全年平均值，且最为稳定，因此被作为早期橡胶树营养诊断施肥的最佳标准，后来与土壤养分为辅相结合，成为国内主要采用和普遍推广的施肥手段。橡胶树根系主要由主根和侧根组成，且又以侧根中数量庞大的细根来吸收水分与养分，因此根系养分含量较高，仅次于叶片。根系在土壤剖面上的分布与养分具有一致性，通常表现为土壤上层根系多、养分含量高，下层根系少、养分含量低的规律。另外，不同矿质元素在橡胶树体内的特定生理功能决定了同一植物同一器官的养分含量也会存在差异。针对几个高产新品种橡胶树不同物候期叶片大量元素含量研究发现，在一个完整的物候期内，氮、磷总体变化趋势相似，均从萌动期到淡绿期逐渐降低，淡绿期到老化期逐渐升高；钾从萌动期到淡绿期逐渐下降，淡绿期到稳定期逐渐升高，稳定期到老化期逐渐下降；钙的变化趋势和钾相反；镁的变化没有规律可循，整体上各元素含量关系为：氮＞钾＞钙＞镁＝磷。

### 四、胶乳养分

胶乳是橡胶树的主要产物，其中大量营养元素也随着割胶流失。然而，胶乳中矿质养分的流失量多少与元素本身的特性及其在胶树体内所起的生理作用有关，故养分元素对胶乳产量和品质的作用机理尚未探明。在橡胶树割胶生产过程中，病害、死皮、割胶制度会影响橡胶生长与生产，这些因素也会直接或间接的与养分状况有关。多年的割胶实践经验也证实这些观点，特别是氮元素对于橡胶树的生长、排胶量及排胶质量都会产生决定性影响。与传统割胶相比，新的割胶制度和刺激剂加大了胶乳中养分的流失量，其中氮素增加了 1.01～1.26 倍、磷素增加了 1.19～1.53 倍、钾素增加了 1.26～1.58 倍、钙素增加了 0.69～1.14 倍、镁素增加了 1.02～1.51 倍。尤其是目前不同割制下的单刀高产、单株高产等都以消耗大量养分为代价，其单一矿质养分中氮、钾消耗明显多于其他元素。

# 第二节　橡胶林养分循环研究

## 一、水文中养分含量

林冠对降水的分配规律不仅与降雨特性（雨量、雨强）、林分结构（如叶片形状、叶倾角、叶面积指数等）、降水间隔期关系密切，还与大气温度、湿度、风等有关。橡胶林林冠层对降水的再分配中，穿透水约占 77.13%，树干茎流约占 9.61%，截留量约占 13.27%。橡胶林土壤水分平衡各分量的分配规律为：蒸散占 61.52%，地表径流占 2.97%，渗漏占 22.24%，树冠截留 13.27%。橡胶林水分循环呈现以气态水分交换为主、液态水流为次的分配格局。

同其他森林生态系统一样，橡胶林树体表面附着的养分，也来自大气沉降吸附和树体分泌物等。它们随雨水淋洗进入胶园土壤，为根系所吸收利用，参与到养分循环中，从而对橡胶树的生长产生较大的影响。而土壤水（包括地表径流和地下渗漏水）中的养分，除来自雨水对树体的淋洗外，还来自枯枝、落叶、死根的分解释放和生产上的施肥。降水的分配格局影响着森林系统的养分平衡，随着大气降水进入橡胶林生态系统出现的林冠截留、穿透或干流、土壤贮水、水分流失等一系列水分分配过程，营养元素的淋溶、迁移也发生一系列变化。海南地处热带北缘，降水量大。据测定，海南平均年降水量 1 549 mm，其中淋溶量 845 mm，由此造成的氮、磷、钾、钙、镁损失量分别为 79.05 kg/hm²、2.85 kg/hm²、63.0 kg/hm²、30.0 kg/hm²、5.0 kg/hm²。而在橡胶 33 a（年）的生产周期内，降水累计的氮、磷、钾、镁的量分别可达 657 kg/hm$^2$、4.5 kg/hm$^2$、396 kg/hm$^2$、99 kg/hm$^2$。可见，雨水中的养分在橡胶林养分循环研究中是不能被忽视的。

## 二、橡胶林养分输入

枯落物归还：西双版纳橡胶多层林枯落物量动态、各组分的季节变化规律、林地残留物现存量及其分解等研究结果表明，枯落物年总量为 9.07～10.63 t/hm$^2$，年平均为 9.85 t/hm$^2$，枯落物的消失率常数为 2.25，林地残留物现存量年平均值为 4.37 t/hm$^2$。在橡胶 33 a 的生产周期内，通过枯枝落叶分解向土壤归还的氮、磷、钾、镁的量分别为 1 350 kg/hm$^2$、90 kg/hm$^2$、300 kg/hm$^2$、270 kg/hm$^2$。

降水归还：在橡胶 33 a 的生产周期内，通过降水向土壤归还的氮、磷、钾、镁的量分别为 657 kg/hm$^2$、4.5 kg/hm$^2$、396 kg/hm$^2$、99 kg/hm$^2$。

固氮作用：在橡胶 33 a 的生产周期内，土壤内的生物固氮量可达 198 kg/hm$^2$。在橡胶幼龄阶段种植豆科覆盖物，胶园土壤中氮、磷、钾、镁的增加量分别为 220.5 kg/hm$^2$、18.0 kg/hm$^2$、85.5 kg/hm$^2$、15.0 kg/hm$^2$。

## 三、橡胶林养分输出

淋溶损失：据测定，海南平均年降水量 1 549 mm，其中淋溶量 845 mm，造成胶园因淋溶作用而损失的氮、磷、钾、钙、镁的量分别为 79.05 kg/hm$^2$、2.85 kg/hm$^2$、63.0 kg/hm$^2$、30.0 kg/hm$^2$、5.0 kg/hm$^2$。

割胶移走：新鲜胶乳作为橡胶林生态系统的收获物，其所含的养分不再返回到胶园土壤中，排胶越多移走的养分也越多。据测定，每生产 1 kg 干胶，养分的损失量为氮 9.28 g/hm$^2$、磷 2.80 g/hm$^2$、钾 8.7 g/hm$^2$、镁 1.58 g/hm$^2$。

采种移走：在橡胶 33 a 的生产周期内，氮、磷、钾和镁的损失量分别为 45.5 kg/hm$^2$、4.2 kg/hm$^2$、51.0 kg/hm$^2$、4.2 kg/hm$^2$。

水土流失：据中国热带农业科学院测定，在一个雨季中，裸露地流失的氮、磷、钾的量分别可达 30.6 kg/hm$^2$、0.18 kg/hm$^2$、1.22 kg/hm$^2$，而种植覆盖作物的仅为其 1/6。

## 四、橡胶林养分平衡状况

Pushparajah 等研究了胶园氮素的收支平衡，在橡胶 30 a 的周期中需要 2 200 kg 氮素用于生长和产胶，其中豆科覆盖物可提供 1 000 kg，其余的由土壤、肥料和降雨来满足。据测定，在橡胶树 33 a 的生长周期内，橡胶树生长和产胶消耗的养分中氮、磷、钾、镁分别为 2 282.9 kg/hm²、401.6 kg/hm²、1 695.4 kg/hm²、496.1 g/hm²；而氮、磷、钾、镁的归还量分别为 1 212.8kg/hm²、90.0 kg/hm²、547.0 kg/hm²、268.8 kg/hm²。因此，需要人为补充的氮、磷、钾、镁养分量分别为 1 070.9 kg/hm²、311.5 kg/hm²、1 148.0 kg/hm²、227.2 kg/hm²。然而，这些养分的计算中，没有包括养分的淋溶损失，也没考虑养分的有效性和利用效率，因此并不能真正反映胶园养分的动态过程。据观测，海南农垦胶园土壤肥力普遍偏低，有效氮、磷、钾比例极不平衡，胶园土壤的钾素收支情况的试验结果就可以反映出这一状况。成龄胶树钾素的年消耗量约为 91.95 kg/hm²，土壤钾素的年补给量为 92.10 kg/hm²，相当于消耗量的 100.2%。理论上胶园土壤钾素的供给与消耗应该是平衡的，但在实践中各类土壤在植胶后钾素含量都有不同程度的下降，这主要是由土壤淋溶和水土流失造成的。现行的刺激割胶制度加速了养分的流失，打破了胶园养分的收支平衡，使土壤和胶树养分含量逐年下降，土壤呈酸化趋势。这在近年来对海南、云南、广东橡胶园土壤肥力的普遍性调查中得到了印证。

# 第三节　橡胶林养分研究方法

## 一、信息诊断技术

分析测试是科学研究的手段和基础，在农林业领域多以土壤农化分析为主。传统胶园诊断分析主要包括土壤诊断和植物营养诊断分析技术。国外马来西亚最早对胶园土壤和叶片养分进行测定分析。我国原华南热带作物研究院橡胶栽培研究所也率先启动了国内橡胶树叶片营养诊断分析研究，之后国内学者陆续对胶园土壤农化的测定方法做了大量改进与创新。随着科学技术的飞速发展，许多大型仪器和新方法被广泛应用于橡胶养分分析领域，有效提高了分析效率和准确性。

现代信息技术的应用正引领森林养分管理向精准化、信息化方向迈进。近年来，光谱技术成为植物元素含量水平诊断的重要技术手段。在橡胶营养诊断方面，国内学者们已经将高光谱技术和数学模型相结合，构建了用于估测橡胶叶片氮、磷、钾含量的模型，其极大地加速了我国橡胶养分研究的数字化、信息化进程。中国热科院橡胶研究所借助地理信息系统（GIS）、全球定位系统（GPS）和遥感技术等，首次将地理信息技术和传统土壤、叶片营养诊断技术相结合，深入探索橡胶树精准施肥技术，建立了橡胶树精准施肥信息系统，并在橡胶生产上得到了广泛应用与推广。与传统施肥相比，该技术以数量精、位置准、决策快、肥效高，彻底革新了橡胶树的施肥机制，已经达到国际领先水平。2005—2015 年，中国热科院橡胶研究所基于地理信息技术，以土壤母质类型和降水量为依据，结合地力分区（级）配方法和叶片营养诊断技术，将海南垦区橡胶园划分为八个生态区域，并制定出海南植胶区橡胶施肥的新配方。

## 二、数学数量模型

20 世纪 60 年代，橡胶研究领域内就出现了和数学学科交叉的现象。对橡胶林的最早关注始于橡胶树生物量估测模型的研究。1965 年，马来西亚科学家肖罗克斯（Shorrocks）首次建立了橡胶树地上部分生物量与树围的幂函数回归方程。进入 80 年代，我国橡胶专家开始着手建立橡胶树生物量测定的数学表达式及数学模型。周再知采用 FI（Furnival's Index）指数，成功建立起了橡胶树单木带皮、去皮材积拟合方程，并利用模型编制了橡胶树立木材积表；胡耀华采用标准木法测定了不同品种橡胶树各部分的生物量，并利用统计学中的最小二乘法推导出了橡胶树 1.5 m 处茎围与橡胶各部分生物量的关系方程式，用以测定其生物量；周再知还建立起了树叶、枝、干、树头、根的带皮和去皮重量，地上、地下部分重量，树皮总重，全树总重量的数学模型。之后，随着计算机技术的发展与应用，1996 年印度南部研究学者 Joseph 利用橡胶叶片养分含量、土壤养分状况、胶乳产量等数据建立了数据库。针对每一种元素模型，它采用了基于叶片养分 DRIS 指数相关性的多重线性递减模型，并与从临界水平上得出的 DRIS 进行比较评估，利用 DRIS 复数得出干物质中氮、磷、钾、钙和镁的百分含量分别为 3.590％、0.258％、1.314％、0.997％和 0.302％。国内学者先后又建立了三元（年均温度、年降水量、年辐射量）气候生产力模型、光合与干物质积累模拟模型、橡胶树 3 - PG 生长模型、预报橡胶产量的灰色系统 GM（1，1）模型、预测胶园生产动态的 SD 模型和基于 GIS 的橡胶树养分信息管理系统等，这些数学模型的研究不仅体现了我国橡胶林养分研究方法和水平的提高，也为未来橡胶林实现养分数字化、管理信息化奠定了理论基础。

## 三、同位素示踪法

同位素示踪法用于农业科学研究已有几十年。许多其他方法难以解决的研究课题均通过同位素示踪法得到解决。美国、法国、日本等国家利用同位素示踪法研究肥料的施用技术，取得了可观的经济成效。近十几年，同位素示踪技术在农业领域上的应用，为我国农业科学和农业生产带来了显著成效。尤其是$^{15}N$、$^{32}P$示踪为揭示作物营养元素有效转化机理、创建养分高效利用技术模式提供了重要支持。国内在用同位素示踪法研究作物体内无机物及有机物的运输途径、速率和机理，光合作用的强度和速度，作物根系的吸收能力，以及体内外激素合成（或吸收）和代谢特点等方面有不少实例和成果。稳定同位素技术是利用$^{13}C$或$^{15}N$的原位标记特性，对含碳、氮物质的运动规律进行示踪，在作物养分利用和农业施肥管理方面已经得到广泛应用。阮云泽研究了海南花岗岩砖红壤中$^{15}N$示踪尿素氮的去向。田维敏在利用同位素示踪技术研究树木营养器官氮素贮藏机制时，发现了具有特殊生物活性的营养贮藏蛋白质及其季节变化特性；史敏晶利用同位素示踪技术研究了外源茉莉酸（Jasmonic Acid，JA）在巴西橡胶树中的移动方向、运输途径以及分布规律；杜海燕利用$^{15}N$同位素示踪技术研究不同氮水平对幼树的生长差异及氮吸收、利用和分配特性的影响；王晶晶利用稳定碳同位素法研究了不同南药-橡胶复合系统下橡胶树叶片$\delta^{13}C$值及水分利用效率（water use efficiency，WUE）的季节变化。这些发现打破了人们对树木营养器官营养物质贮藏规律认识的传统观念，为发展林木的合理施肥技术提供了重要的理论基础。

## 四、微生物研究方法

土壤微生物作为驱动养分循环的关键因子，在土壤养分循环与提升作物有效性方面发挥着重要的作用。因此，挖掘微生物在调控土壤-植物系统养分循环功能的潜力，已成为提高农田养分资源利用效率的发展趋势。尽管我国土壤微生物研究相对滞后，但发展迅猛，从关注单一的酶活性扩展到关注微生物网络结构与土壤功能的相互作用层面，整体上与国际研究表现出相同的发展趋势。目前国内研究大多局限于土壤微生物对单一元素循环及其有效性的影响，对其在维持土壤养分平衡供应中的作用仍缺乏系统认识。

为提升橡胶园土壤肥力和改善土壤环境质量，国内开展了大量群落结构的研究，这些研究主要集中在土壤酶活性、微生物生物量、微生物群落结构及其与土壤理化之间相关性等方面。尤其是近些年，随着高通量测序技术的突破和生物信息学的发展，利用 Biolog-ECO（生态板）、磷脂脂肪酸、高通量测序等技术分析橡胶林土壤中微生物细菌、真菌等特征，较大程度上丰富了我国胶园土壤肥力和微生物研究内容，但关于微生物在橡胶园土壤养分循环过程的作用机理研究仍然是空白。

## 第四节　橡胶林土壤肥力变化

橡胶林生态系统大多建立在次生林或热带草地上，由于生物气候和长期耕作等因素，导致植被被破坏，土壤地力也发生了很大变化。土壤中养分元素的形态及其含量影响着橡胶树的生长发育，而影响土壤中养分元素形态和含量的因素较多，如土壤有机质含量、微生物活动以及土壤呼吸等，其在土壤养分的转化与迁移过程中起到关键性的作用。因此，国内外不少学者对橡胶林土壤养分特征进行了大量研究。刘崇群等用同位素示踪法研究了幼龄橡胶树根系的活力分布，并用其确定不同围径橡胶树适宜的施肥深度和距离；方仲根研究了我国植胶区土壤中微量元素硼的含量及分布情况；王景华研究了海南岛橡胶林土壤中和植物体内某些养分的地球化学特征；陆行正等对海南岛橡胶园土壤中的钾素状况进行了研究。国外 Attoe 等研究了橡胶园土壤的磷素变化状况；Silva 等使用$^{32}$P 同位素技术研究了开割橡胶树根系的分布状况以及对磷素吸收的影响。这些研究结果对于指导橡胶园科学施肥、提高养分利用效率均起到了积极作用。

然而，受长期连续耕作等因素制约，胶园土壤肥力逐渐下降的状况令人担忧。Aweto 等发现，随着橡胶树树龄的增长，0～30 cm 土壤层中交换性钙和镁含量下降，交换性钾含量的减少仅限于表层 10 cm 土层内。Abraham 等也发现，在植胶 10 年后，土壤中有机碳减少了 20%，钾含量降低了 10%，磷素变化并不明显，但钙素却增加了 84%。在植胶多年后，我国橡胶产量虽然得到了大幅度提升，但是却以大量消耗土壤养分为代价。在植胶的前 11 年里，土壤中所有观测到的矿质养分含量都呈现下降趋势，尤其是多年来持续的割胶和施肥不足等造成的土壤肥力下降的问题日趋明显。早在 1977 年、1987 年和 1998 年对云南西双版纳胶园养分调查分析，土壤全氮含量下降了 0.023～0.033 个百分点。2005 年中国热带农业科学院橡胶研究所对海南、云南、广东三大垦区胶园土壤进行测评，发现与 20 世纪 70 至 80 年代相比，胶园土壤肥力急剧下降且酸化趋势明显。后来在 PR107、RRIM600、热研 7-33-97 品系橡胶林养分研究中发现，除幼龄外，其他年龄段的胶园土壤养分都处于亏缺状态，特别是氮素亏损最多。近年来胶园土壤酸化、土壤淋溶、肥力下降等问题日益严重，已经引起植胶部门的重视。为了促进橡胶产业的持续，采取土壤改良、改变耕作方式以及保持土壤肥力成为了当务之急。

# 第五节　橡胶林施肥管理

## 一、营养诊断施肥

长期以来，橡胶树的施肥管理受到植胶国的重视。自 1876 年野生巴西橡胶被引种以来，对于橡胶的营养与施肥的探索与研究，就伴随着橡胶栽培事业的发展不断深入；1941 年 Chapman 在马来西亚率先开展了研究橡胶树的"叶片诊断"；20 世纪 60 年代，马来西亚橡胶研究院肖罗克斯系统地提出了橡胶树营养诊断方法和指标；1964 年我国黄宗道等开始致力于橡胶树的营养诊断的研究，对不同生长产胶类型和不同施肥处理的橡胶树叶片养分含量进行了调查分析；1972 年华南热带作物研究院的研究者提出了叶片分析的诊断指标，并对诊断指标、采样时期和施肥量等做了系统性研究。云南热带作物科学研究所也于 1976 年在植胶区开始了橡胶树营养诊断施肥的应用研究。此后广西、福建等相关科研单位也先后开始橡胶树营养诊断施肥研究和推广工作。1992 年何向东、吴小平等人又在营养诊断的基础上，提出了营养诊断配方施肥的方法，对海南岛的胶园土壤和胶树营养进行区域划分，并实施了不同用量的氮肥及其他肥料施用方案。1995 年海南农垦根据垦区几种主要土壤类型养分状况及橡胶树营养规律，参考相关研究成果提出垦区四种橡胶专用肥配方，并且于 1997 年和 1998 年在垦区 11 个农场胶园进行推广。截至目前，我国已经建立了比较完善的橡胶树营养诊断指标体系，并在实际生产上得到了广泛应用。但是，近年来通过大量调查和长期研究发现，国内胶园土壤养分含量发生了很大变化，各区域土壤肥力较以往出现了不同程度下降，从而影响到橡胶树营养吸收和叶片营养指标的诊断。

## 二、测土配方施肥

测土配方施肥技术是以土壤测试和肥料田间试验为基础，根据作物需肥规律、土壤供肥性能和肥料效应，在合理施用有机肥料的基础上，计算出氮、磷、钾及中、微量元素等肥料的施用量、最佳施肥时期和科学施用的方法。各主要植胶国家利用该方法结合各自的实际情况提出其橡胶树专用配方肥。比如，印度在 2002 年时提出了针对其红壤和砖红壤地区的橡胶施肥配方以及东北地区橡胶园的施肥配方；泰国也提出了适宜本国生产的橡胶配方肥。20 世纪 70 年代测土配方施肥技术开始被引入我国，1978 年我国进行了第二次全国土壤普查，测土配方施肥技术逐步得到推广。1995 年我国再次进行土壤养分调查，并建立了多个土壤肥力检测区域，进一步推动了测土配方施肥技术的发展。21世纪初，我国开始大力推广测土配方施肥技术，目前基本实现了测土配方施肥全面覆盖各农业县的目标。海南垦区胶园2006—2012年完成了垦区胶园土壤和叶片样品的大量采集与化验分析工作，依据土壤类型、土壤养分状况和叶片诊断结果，量身定制了垦区胶园的配方肥。该项目采用了大量新技术和新方法，收集和测试了海量数据，因此与之前的诊断技术相比，结果更加准确，尤其是配方肥的制定更加细致和精准。然而，我国胶园土壤肥力、割胶制度、肥料供应情况及橡胶树营养需求特点等都发生了很大的变化，但橡胶施肥技术研究还停留在20世纪80—90年代的水平。在应用原有技术成果开展胶园施肥等方面已暴露出一些问题，如营养诊断指标相对陈旧，土壤数据获取分析技术落后，尤其是土壤诊断后施肥方案固定单一等。由于土壤与叶片测试数据以及田间试验数量的不足，导致制定的配方比较单一，使现有配方不能完全满足不同地区橡胶园对养分的需求，因此需要进一步对原有的施肥配方进行细化和完善。

### 三、分区精准施肥

随着现代信息技术的发展，橡胶树施肥向精准化管理方向发展已成为可能。目前，我国借助地理信息系统（GIS）、全球定位系统（GPS）和遥感技术（RS）等，将现代信息技术与传统施肥技术相结合，已经成功开展了橡胶树精准施肥方面的研究并在生产实践上得以应用。橡胶树精准施肥技术利用测土配方施肥积累的大量土壤信息数据，结合GIS强大的空间数据与属性数据存储与管理功能，将橡胶树传统施肥技术与现代信息技术进行了有机结合，从而建立起了橡胶树精准施肥技术体系。该技术包括橡胶树精准施肥数据库管理系统、决策支持系统和网络发布系统，实现了橡胶树施肥的精准化、智能化和网络化。该技术具有数量精、位置准、决策快、肥效高的特点，彻底革新了橡胶树施肥机制，达到国际领先水平。目前该技术已在我国海南、云南、广东不同生态类型植胶区的国有、地方农场及农户胶园中进行示范应用，累计覆盖面积达18.1万 hm²，增产干胶1.07万 t，生产效益较显著。橡胶树精准施肥技术在一定程度上解决了我国长期以来存在的固定配方、盲目施肥的问题，改变了橡胶园的传统施肥模式。然而，橡胶树精准施肥作为一项综合学科交叉研究而成的新技术，需要集多学科专家丰富的知识和经验来确定施肥模型参数和建立施肥专家知识库。尤其需要结合橡胶树不同品系、种植方式、土壤类型、生态区域等因素，制定更加细化、精准、适用的橡胶树施肥配方。因此橡胶树精准施肥还有较多领域值得我们探索。

## 四、化肥减施模式

　　长期以来，化肥在生产中的大量使用引发了许多生态环境问题。因此，世界各国开始重视并改变传统农业施肥模式，以减少化肥投入。"十三五"期间，农业农村部提出化肥和农药"双减"措施，并启动了国家重点研发计划多个重点专项，旨在提高农作物化肥利用效率。我国橡胶树施肥研究与应用工作开始于20世纪50年代。长期以来，在橡胶树种植生产过程中因不合理或过度施用化肥，导致橡胶园土壤养分失衡、土壤酸化、肥料利用率低、劳动成本高等问题，这些问题制约了我国天然橡胶产业的可持续发展。因此，改变传统肥料和施肥模式，已成为当前橡胶产业最为迫切的生产需求。一方面，根据橡胶树不同品系营养需求和不同土壤类型供肥水平，制定适用的施肥配方，是实现橡胶树合理、科学施肥的重要途径。另一方面，从养分循环的角度，系统地摸清胶园养分流动规律，研究橡胶树施肥新方法、新模式，将是一项长期且有效的橡胶养分管理策略。绿肥是用绿色植物体制成的肥料，是一种养分完全的生物肥源。我国从20世纪50—60年代起，就开始了对爪哇葛藤、毛蔓豆、无刺含羞草、四棱豆、卵叶山蚂蟥以及巴西苜蓿等绿肥覆盖研究。豆科绿肥还田与化肥配施不仅能供给作物所需的营养成分，还能降低成本，提高经济效益。缓（控）释肥料是重要的新型肥料，被视为是21世纪肥料产业的重要发展方向。橡胶树施用缓释肥后提高了氮、磷、钾吸收量和化学肥料的利用率，同时减少了环境污染。此外，营养型土壤改良剂也是一类具有营养作物和改良土壤理化性质的双重效果的土壤改良剂，这些改良剂主要包括活性腐殖酸类有机肥、生物质碳或农家肥等。据研究，土壤改良剂不仅具备有机肥的营养功能，还能改良土壤，提高化肥利用率，可以替代部分化肥的效果。这些施肥新技术、新模式的集成和综合应用，不仅可以解决缓解橡胶林土壤酸化、养分失衡等生态环境问题，还能提高土壤肥力水平，对促进我国橡胶产业可持续发展和生态系统稳定具有重要意义。

# 本 章 小 结

　　橡胶林作为我国重要的特殊的人工林，受人为活动影响（如割胶、施肥、采伐等），特别是乙烯利刺激割胶后，大量收获物（胶乳、木材等）随着橡胶生产过程中的不断移出，橡胶林生态系统中的养分大量流失，导致胶园养分失衡，因此，橡胶林生态系统养分循环更具有特殊性和复杂性。然而，受地域及自身特殊性等因素的影响，橡胶林养分循环研究仍然不够系统和深入。尤其是当前我国在植胶业发展的大背景下，天然橡胶树品种、产量水平、割胶管理方式、土壤质量和生态环境等要素较以往发生了很大变化。综合考虑橡胶林土壤养分状况、橡胶树各器官养分需求、养分利用效率等因素，研究不同品种、树龄橡胶林养分循环规律和养分平衡状况，建立橡胶林生态系统养分循环模型和精准施肥诊断系统，与以往单一的诊断施肥技术相比，更能有效解决当前橡胶树施肥管理的固定、单一配方等问题，也可为天然橡胶的优质高产和可持续发展提供一条新的探索路径。

# 第二篇

## 橡胶林生态系统养分循环研究

# 第五章　无性系 RRIM600 橡胶林
# 养分循环规律

养分循环是生态系统中生物生存和繁衍的基础，也是物质积累和能量固定的重要过程。森林生态系统养分循环涉及矿质养分元素在环境与不同结构层次植物中的交换、吸收、运输、分配、利用、归还、固定、分解等过程。本研究将从橡胶树生物量积累、树体养分积累、枯落物分解归还、降雨输入输出等方面阐述橡胶林生态系统养分循环过程，以及分析当前橡胶林土壤养分平衡状况。

## 第一节　橡胶林干物质积累与分配

生物量不仅是研究森林第一性生产力的基础，也是评估森林生态系统结构与功能的一项重要指标，在森林生态系统研究中十分重要。生物量泛指单位面积所有生物生产的有机物质的总量，是整个生态系统运行的能量基础和营养物质来源。在人工林生态系统中，生物量的主要组成成分除包括林木和下层植被的茎、枝、叶、根、皮以及花、果实、种子等生物量外，还包括枯枝落叶量、地下根系等生物量。林木各器官以及枯落物的生物量是人工林养分循环的两个重要研究内容。

橡胶树作为重要的经济作物，其采伐测量会导致大量天然林被毁。因此国内专家很早就开始针对橡胶树生物量估测模型进行研究，建立了橡胶树生物量测定的数学模型。本研究中，橡胶树各器官生物量测算采用周再知的生物量估测模型，橡胶树生物量年增量为年底生物量与年初生物量的差值，即生物量年增量＝年底生物量－年初生物量，其中树叶生物量的年增量为全年树叶生物量的增加量。枯落物生物量主要包括橡胶林季节性落叶、自然掉落枯枝或部分人工疏枝，其中花、果、根系等少量生物量暂未调查研究。此外，橡胶树每月周期性排出的胶乳干物质也是橡胶林中重要的生物量积累。

## 一、橡胶树生物量积累

### （一）橡胶树现存生物量

橡胶树不同年龄阶段的生长特性差异影响着树木生物量及其分配。图 5－1 和表 5－1 表明，橡胶林中 13～37 a RRIM600 单株橡胶树体生物量随着树龄的增加而增大。生物量 13 a 为 244.10 kg，16 a 为 278.69 kg，18 a 为 308.07 kg，22 a 为 347.20 kg，24 a 为 385.63 kg，26 a 为 404.34 kg，28 a 为 429.55 kg，31 a 为 463.88 kg，34 a 为 496.16 kg，37 a 为 519.78 kg。13～24 a 橡胶树处于生长旺盛和产胶期，营养物质需求量大，生物量积累速度较快；24～28 a 橡胶树产胶量持续增加，生物量积累速度变慢；31 a 后随着产胶量的减少以及割胶活动的逐渐停止，橡胶树吸收营养物质主要用于生长所需，生物量积累速率又有所提高。

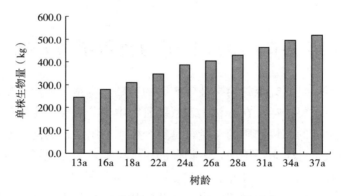

图 5－1 不同树龄 RRIM600 橡胶树单株生物量

从表 5－1 可以看出，橡胶树各器官生物量也随着树龄的增加而呈增大趋势，但其占比变化规律不同。树干占比最大，但随着树龄增加而减小，由 13 a 的 48.53％下降至 37 a 的 41.37％；其次是树枝，随着树龄增加而增大，由 13 a 的 24.84％上升至 37 a 的 28.08％；树皮的占比变化与树枝相同，也是随树龄增加而逐渐增大，从 13 a 的 16.82％上升到 37 a 的 19.66％；树叶占比随着树龄的增加而波动较大，其变化从 13 a 的 4.96％下降至 34 a 的 4.17％，37 a 再上升到 4.20％；地下部分树根占比也是逐年增大，其变化情况从 13 a 的 4.85％上升至 37 a 的 6.69％。由此看出，RRIM600 橡胶树在整个生长周期的生物量基本都处于不断积累状态，但是各器官分配随树龄增加的变化规律各不相同，树枝、树皮和树根的占比逐渐增大，而树干、树叶的占比逐渐减小。

从表 5-1 还可以看出，RRIM600 橡胶树在各年龄阶段的生物量分配规律大致相同，其中 13 a 生为树干＞树枝＞树皮＞树叶＞树根，16～37 a 生为树干＞树枝＞树皮＞树根＞树叶。橡胶树各器官现存生物量中树干和树枝占比最大，然后依次是树皮、树叶和树根。

表 5-1　RRIM600 橡胶树现存单株生物量及其分配

| 树龄 | 生物量总现存量 (kg) | 树叶生物量 | | 树枝生物量 | | 树根生物量 | | 树皮生物量 | | 树干生物量 | |
| --- | --- | --- | --- | --- | --- | --- | --- | --- | --- | --- | --- |
| | | 现存量 (kg) | 占比 (%) | 现存量 (kg) | 占比 (%) | 现存量 (kg) | 占比 (%) | 现存量 (kg) | 占比 (%) | 现存量 (kg) | 占比 (%) |
| 13 a | 244.10 | 12.11 | 4.96 | 60.63 | 24.84 | 11.84 | 4.85 | 41.06 | 16.82 | 118.46 | 48.53 |
| 16 a | 278.69 | 13.13 | 4.71 | 69.20 | 24.83 | 14.03 | 5.03 | 47.14 | 16.91 | 135.19 | 48.51 |
| 18 a | 308.07 | 14.32 | 4.65 | 78.43 | 25.46 | 16.40 | 5.32 | 53.70 | 17.43 | 145.22 | 47.14 |
| 22 a | 347.20 | 15.44 | 4.45 | 88.61 | 25.52 | 19.08 | 5.50 | 60.97 | 17.56 | 163.10 | 46.98 |
| 24 a | 385.63 | 17.26 | 4.48 | 103.00 | 26.71 | 22.91 | 5.94 | 71.27 | 18.48 | 171.19 | 44.39 |
| 26 a | 404.34 | 17.73 | 4.38 | 107.63 | 26.62 | 24.16 | 5.98 | 74.59 | 18.45 | 180.23 | 44.57 |
| 28 a | 429.55 | 18.40 | 4.28 | 113.85 | 26.50 | 25.85 | 6.02 | 79.06 | 18.41 | 192.39 | 44.79 |
| 31 a | 463.88 | 19.60 | 4.23 | 124.78 | 26.90 | 28.82 | 6.22 | 86.92 | 18.74 | 203.72 | 43.92 |
| 34 a | 496.16 | 20.71 | 4.17 | 135.20 | 27.25 | 31.76 | 6.40 | 94.43 | 19.03 | 214.06 | 43.14 |
| 37 a | 519.78 | 21.84 | 4.20 | 145.94 | 28.08 | 34.78 | 6.69 | 102.19 | 19.66 | 215.03 | 41.37 |
| 平均值 | 387.74 | 17.05 | 4.45 | 102.73 | 26.27 | 22.97 | 5.80 | 71.13 | 18.15 | 173.86 | 45.33 |

## （二）橡胶树年增生物量

橡胶树及其各器官生物量的年（月）增量为年（月）底生物量与年（月）初生物量的差值，即生物量年（月）增量＝年（月）底生物量－年（月）初生物量。

图 5-2 和表 5-2 显示，RRIM600 橡胶树生物量的年增量变化趋势并不与现存生物量同步呈线性增加，而是随着树龄增加呈波动式变化。以每株橡胶树为例，首先从 13 a 的 30.29 kg，下降到 16 a 的 22.95 kg，再上升到 24 a 的 56.93 kg，之后大体上呈逐渐下降趋势，直降至 37 a 的 32.78 kg。13～16 a 受橡胶树开割影响，产胶消耗物质和能量，制约了橡胶树自身生物量的积累，生物量增量相对较少；到 24 a 后随着人工施肥的大量投入，满足了橡胶树产胶和生长的养分需求，生物量增量再次增加；之后再到 37 a 橡胶树逐渐进入老龄阶段，生长速度减缓，产胶能力下降，生物量增量变化趋于稳定。

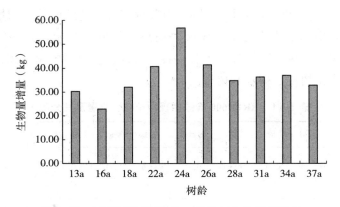

图 5-2  不同树龄 RRIM600 橡胶树生物量年增量

从表 5-2 可以看出，橡胶树各器官生物量增量及其占比变化没有固定规律。以每株橡胶树为例，树干占比最大值分别出现在 13 a 和 26 a，最小为 22 a，这期间整体上呈波动变化趋势；树枝生物量增量的占比最大为 22 a，最小为 13 a 和 26 a；树皮占比最大值出现在 22 a，最小为 37 a，整体上也是波动式变化；树叶占比在 13~24 a 都是上下波动变化，26 a 后占比随树龄增加而逐渐增大；地下部分树根在 13~26 a 呈上下起伏变化，13 a、18 a 占比最大，28 a 后占比开始逐渐上升。RRIM600 橡胶树各器官生物量的增量大小顺序与生物量现存量不同，13 a、16 a、24 a、26 a、28 a、31 a、34 a、37 a 均表现为树干＞树枝＞树皮＞树根＞树叶，18 a、22 a 为树枝＞树干＞树皮＞树根＞树叶。说明在不同生长周期和割胶期，橡胶树各器官生物年增量的分配规律表现出明显差异性。

表 5-2  RRIM600 橡胶树各器官生物量年增量及其分配

| 树龄 | 生物量总增量(kg) | 树叶生物量 | | 树枝生物量 | | 树根生物量 | | 树皮生物量 | | 树干生物量 | |
|---|---|---|---|---|---|---|---|---|---|---|---|
| | | 年增量(kg) | 占比(%) | 年增量(kg) | 占比(%) | 年增量(kg) | 占比(%) | 年增量(kg) | 占比(%) | 年增量(kg) | 占比(%) |
| 13 a | 30.29 | 0.89 | 2.95 | 9.55 | 31.53 | 3.09 | 10.21 | 4.54 | 14.99 | 12.21 | 40.32 |
| 16 a | 22.95 | 0.99 | 4.30 | 7.80 | 33.99 | 2.12 | 9.23 | 3.24 | 14.12 | 8.80 | 38.35 |
| 18 a | 32.19 | 1.28 | 3.96 | 11.79 | 36.63 | 3.31 | 10.30 | 5.30 | 16.46 | 10.51 | 32.65 |
| 22 a | 40.57 | 1.78 | 4.40 | 16.87 | 41.58 | 2.96 | 7.29 | 3.11 | 17.67 | 15.85 | 29.07 |
| 24 a | 56.93 | 1.86 | 3.26 | 19.39 | 34.06 | 5.66 | 9.93 | 9.09 | 15.97 | 20.94 | 36.78 |
| 26 a | 41.28 | 1.80 | 4.36 | 13.02 | 31.54 | 3.74 | 9.06 | 6.06 | 14.68 | 16.66 | 40.36 |

（续）

| 树龄 | 生物量总增量（kg） | 树叶生物量 | | 树枝生物量 | | 树根生物量 | | 树皮生物量 | | 树干生物量 | |
|---|---|---|---|---|---|---|---|---|---|---|---|
| | | 年增量（kg） | 占比（%） | 年增量（kg） | 占比（%） | 年增量（kg） | 占比（%） | 年增量（kg） | 占比（%） | 年增量（kg） | 占比（%） |
| 28 a | 34.74 | 1.79 | 5.15 | 11.78 | 33.91 | 2.95 | 8.50 | 4.62 | 13.30 | 13.60 | 39.15 |
| 31 a | 36.41 | 1.93 | 5.30 | 11.54 | 31.70 | 3.37 | 9.25 | 5.25 | 14.42 | 14.32 | 39.34 |
| 34 a | 36.90 | 1.98 | 5.36 | 11.81 | 32.01 | 3.57 | 9.68 | 5.34 | 14.47 | 14.20 | 38.48 |
| 37 a | 32.78 | 1.88 | 5.73 | 11.32 | 34.53 | 3.27 | 9.98 | 4.18 | 12.75 | 12.13 | 37.00 |
| 平均值 | 36.50 | 1.62 | 4.48 | 12.49 | 34.15 | 3.40 | 9.34 | 5.07 | 13.88 | 13.92 | 38.15 |

## 二、枯落物生物量

森林枯落物是森林生态系统养分循环的一个重要体现，也是森林土壤每年增补有机质的主要来源，对养分的归还和地力的维护都有一定的作用。林木枯落物的数量取决于本身的生物学特性和外界环境的影响，气候因素，如气温、降水和风等因子的季节变化和年际变化常常造成枯落物的波动。人工林生态系统研究中，枯落物生物量是指单位时间、单位面积林分枯落物的总量，包括年凋落量和月凋落量。橡胶林枯落物生物量主要包括橡胶林季节性落叶、自然掉落枯枝或人工疏枝等干物质量，而花、果、根系等少量生物量暂未调查。

### （一）枯落物年凋落量

由表 5-3 可知，13～37 a RRIM600 橡胶（人工）林的年枯落物产量在 7 482.7～12 812.1 kg/hm²，平均凋落量为 10 386.9 kg/hm²。枯叶凋落量在 4 952.1～8 448.8 kg/hm²，其平均凋落量占总量的 64.84%；枯枝凋落量在 2 530.6～4 363.3 kg/hm²，其平均凋落量占总量的 35.16%。橡胶林凋落量与枯叶量的变化趋势相同，都随着树龄增加而逐渐增大，但 31 a 后有所减小，与橡胶树叶片生物量增长规律有关。枯枝凋落量整体上也呈现逐渐增长趋势，但受不同因素影响，其变化规律有差异。

表 5-3　橡胶林枯落物年凋落量（kg/hm²）

| 组分 | 13 a | 16 a | 18 a | 22 a | 24 a | 26 a | 28 a | 31 a | 34 a | 37 a | 平均值 |
|---|---|---|---|---|---|---|---|---|---|---|---|
| 枯叶 | 4 952.1 | 5 689.0 | 6 003.8 | 5 961.2 | 6 173.4 | 7 001.6 | 7 415.3 | 8 448.8 | 8 048.9 | 7 653.4 | 6 734.8 |
| 枯枝 | 2 530.6 | 2 977.7 | 3 046.9 | 3 735.1 | 3 643.3 | 3 900.2 | 3 907.1 | 4 363.3 | 4 231.9 | 4 184.9 | 3 652.1 |
| 总量 | 7 482.7 | 8 666.7 | 9 050.7 | 9 696.3 | 9 816.7 | 10 901.8 | 11 322.4 | 12 812.1 | 12 280.8 | 11 838.3 | 10 386.9 |

### （二）枯落物月凋落量

森林枯落物月产量具有明显的季节变化规律。其动态模式分为单峰型、双峰型和不规则类型。而模式类型依赖林分组成树种的生物学和生态学特性。橡胶林生态系统中各个年龄段全年均有枯落物产量，但受到橡胶树的物候学特性与热带季风性影响共同作用，导致枯落物的组分与数量在全年各个月的分布呈现出一定的规律和变化。

图 5-3 显示，RRIM600 橡胶林的月枯落物产量有明显的季节规律。枯叶凋落量月变化表现为单峰型，最高峰出现在 2 月，该月平均凋落量为 3 152.9 kg/hm²，占全年的 55.22%。枯枝凋落量的动态变化表现为双峰型，第一高峰期在 4 月和 5 月，凋落量分别为 245.6 kg/hm²、286.4 kg/hm²，这期间主要为人为树形修枝而归还到林地；第二高峰在 9 月，台风和降雨影响导致部分非生理性落枝，凋落量约 134.2 kg/hm²。本试验中枯落物月凋落规律与已有的研究结果基本相似。

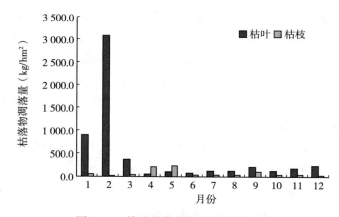

图 5-3　橡胶林枯落物凋落量月变化

## 三、干胶产量

橡胶林生态系统除了具有一般森林生态系统的功能外，还会因为人为采胶，使大量干物质从生态系统中被移出，因此橡胶树干胶产量也是橡胶树生物量及生产力的重要组成部分。

由表 5-4 可知，13～37 a RRIM600 橡胶树的单株干胶年产量在 1.70～3.32 kg，其变化趋势表现为先增加后减少，其中 16～28 a 干胶产量相对较高，28 a 后干胶产量逐渐下降。不同开割月份中，6—9 月的干胶产量相对较高，平均为 0.37 kg，其次 10 月、11 月，而 5 月和 12 月为开割始、末月份，排胶能力弱、胶乳产量最低。

表 5-4　RRIM600 橡胶树干胶产量（kg）

| 树龄 | 5 月 | 6 月 | 7 月 | 8 月 | 9 月 | 10 月 | 11 月 | 12 月 | 全年 |
|---|---|---|---|---|---|---|---|---|---|
| 13 a | 0.13 | 0.30 | 0.26 | 0.28 | 0.20 | 0.20 | 0.21 | 0.12 | 1.70 |
| 16 a | 0.24 | 0.41 | 0.36 | 0.37 | 0.36 | 0.35 | 0.31 | 0.22 | 2.62 |
| 18 a | 0.36 | 0.50 | 0.42 | 0.44 | 0.43 | 0.41 | 0.42 | 0.34 | 3.32 |
| 22 a | 0.32 | 0.38 | 0.43 | 0.45 | 0.43 | 0.37 | 0.35 | 0.21 | 2.94 |
| 24 a | 0.34 | 0.42 | 0.46 | 0.49 | 0.36 | 0.36 | 0.32 | 0.20 | 2.95 |
| 26 a | 0.29 | 0.40 | 0.42 | 0.45 | 0.32 | 0.31 | 0.28 | 0.17 | 2.64 |
| 28 a | 0.28 | 0.44 | 0.45 | 0.36 | 0.39 | 0.36 | 0.26 | 0.23 | 2.77 |
| 31 a | 0.20 | 0.37 | 0.36 | 0.36 | 0.22 | 0.22 | 0.19 | 0.13 | 2.16 |
| 34 a | 0.14 | 0.29 | 0.33 | 0.26 | 0.24 | 0.19 | 0.16 | 0.14 | 1.75 |
| 37 a | 0.21 | 0.32 | 0.42 | 0.36 | 0.22 | 0.21 | 0.22 | 0.17 | 2.13 |
| 平均值 | 0.25 | 0.38 | 0.39 | 0.38 | 0.33 | 0.30 | 0.27 | 0.19 | 2.50 |

## 第二节　橡胶林养分循环规律

养分循环是森林生态系统的基本功能之一，发生在土壤、林木、枯枝落叶以及大气等分室之间。在人工林生态系统中，养分积累、分布与循环的主体是林木的营养元素与土壤之间的交换和吸收过程。因此，深入研究林木各器官的养分含量动态变化，以及人工林生态系统的养分积累与分布规律，对了解人工林生态系统养分循环过程和进行合理管理与经营具有科学价值和实际意义。

### 一、土壤养分含量分布

土壤不仅是橡胶林生态系统重要的养分贮存库，还是生态系统养分迁移、转化及积累的场所。以往研究表明，橡胶林土壤的养分贮存量占整个生态系统的 90% 以上。土壤中的氮（N）、磷（P）、钾（K）、钙（Ca）、镁（Mg）不仅反映土壤的肥力状况，其化学计量比也是评价土壤养分供给能力和均衡程度的重要指标。本试验中土壤养分含量分布如表 5-5 所示。

表 5-5　RRIM600 橡胶林土壤养分含量分布

| 项目 | 13 a | 16 a | 18 a | 22 a | 24 a | 26 a | 28 a | 31 a | 34 a | 37 a |
|---|---|---|---|---|---|---|---|---|---|---|
| 有机质（g/kg） | 13.51 | 14.11 | 14.50 | 12.48 | 13.20 | 12.46 | 11.58 | 12.20 | 13.21 | 12.24 |
| 有效 N（mg/kg） | 32.65 | 43.26 | 30.23 | 36.36 | 25.36 | 29.36 | 28.26 | 26.35 | 37.68 | 42.64 |
| 有效 P（mg/kg） | 5.26 | 4.26 | 2.60 | 3.26 | 2.45 | 2.06 | 3.31 | 3.46 | 5.26 | 4.35 |
| 速效 K（mg/kg） | 52.66 | 62.25 | 59.6 | 63.34 | 40.36 | 42.66 | 52.6 | 49.6 | 53.26 | 55.66 |
| 交换性 Ca（mg/kg） | 42.23 | 48.23 | 39.6 | 42.36 | 41.03 | 38.66 | 35.61 | 29.35 | 40.26 | 31.35 |
| 交换性 Mg（mg/kg） | 3.26 | 4.03 | 2.36 | 3.26 | 2.81 | 2.60 | 3.26 | 1.26 | 2.03 | 1.68 |
| 全 N（g/kg） | 0.71 | 0.71 | 0.67 | 0.69 | 0.75 | 0.72 | 0.72 | 0.67 | 0.65 | 0.68 |
| 全 P（g/kg） | 0.51 | 0.55 | 0.58 | 0.40 | 0.32 | 0.40 | 0.46 | 0.35 | 0.52 | 0.45 |
| 全 K（g/kg） | 3.39 | 3.13 | 2.96 | 2.44 | 2.92 | 3.02 | 2.79 | 3.06 | 2.86 | 2.68 |
| 全 Ca（g/kg） | 16.08 | 14.41 | 15.18 | 15.26 | 14.26 | 14.66 | 13.62 | 12.45 | 16.09 | 15.47 |
| 全 Mg（g/kg） | 1.46 | 1.40 | 1.38 | 1.39 | 1.30 | 1.33 | 1.32 | 1.40 | 1.56 | 1.41 |

本研究中橡胶林土壤有机质、有效养分整体水平不高。其中土壤有机质含量为 11.58~14.50 g/kg，平均值 12.95 g/kg；有效 N 含量为 25.36~43.26 mg/kg，平均值 33.22 mg/kg；有效 P 含量为 2.06~5.26 mg/kg，平均值 3.63 mg/kg；速效 K 含量为 40.36~63.34 mg/kg，平均值 53.20 mg/kg；交换性 Ca 含量为 29.35~48.23 mg/kg，平均值 38.87 mg/kg；交换性 Mg 含量为 1.26~4.03 mg/kg，平均值 2.66 mg/kg。全 N 含量为 0.65~0.75 g/kg，平均值 0.71 g/kg；全 P 含量为 0.32~0.58 g/kg，平均值 0.46 g/kg；全 K 含量为 2.44~3.39 g/kg，平均值 2.93 g/kg；全 Ca 含量为 12.45~16.09 g/kg，平均值 14.75 g/kg；全 Mg 含量为 1.30~1.56 g/kg，平均值 1.40 g/kg。根据适宜橡胶树正常生长所需土壤养分含量（有机质为 20~25 g/kg，全 N 0.8~1.4 g/kg，有效 P 为 5~8 mg/kg，速效 K 40~60 mg/kg）来判断，本试验地区的胶园土壤养分大多处于有机质、全 N、有效 P 等含量缺乏、速效 K 含量居中下水平。

## 二、橡胶树养分积累与分配

乔木层是森林生态系统中有机物质的主要生产者。它不断地从土壤中摄取营养元素，并将其大部分贮存于树体内。因此，在人工林生态系统养分循环研究中，阐明林木营养元素的积累、分配与变化是十分重要的。

## （一）橡胶树养分含量

矿质营养元素是林木生长发育和生物量积累的主要物质基础，其含量直接影响到林木的生长发育状况。橡胶树吸收的养分除了需要满足自身生长需求，还需要支持胶乳的生产。同时，橡胶树还会通过枯落物、降雨淋洗等将部分养分归还到土壤中。

### 1. 各器官养分含量变化

橡胶树生长所需的主要营养元素包括 N、P、K、Ca、Mg，其含量因器官及组织的不同而存在差异。由表 5-6 可以看出，N、P、K 含量都以树叶最高，Ca 含量以树皮最高，但其他器官养分含量各不相同。各种养分元素在不同器官中含量：N 为树叶＞树根＞树枝＞胶乳＞树皮＞树干，P 为树叶＞树枝＞树根＞胶乳＞树干＞树皮，K 为树叶＞树枝＞树根＞树皮＞胶乳＞树干，Ca 为树皮＞树根＞树枝＞树叶＞树干＞胶乳，Mg 为树叶＞树根＞树皮＞树枝＞树干＞胶乳。整体上各器官养分含量表现为树叶＞树皮＞树根＞树枝＞胶乳＞树干的规律。

比较各种器官中不同营养元素的含量：树叶中养分含量为 N＞K＞Ca＞Mg＞P，树枝为 K＞Ca＞N＞P＞Mg，树根为 Ca＞N＞K＞Mg＞P，树皮为 Ca＞K＞N＞Mg＞P，树干为 N＞K＞Ca＞Mg＞P，胶乳为 N＞K＞P＞Mg＞Ca。整体上橡胶树树体中各养分元素含量表现为 N＞Ca＞K＞Mg＞P 的规律。这表明各养分元素所起的作用不同，各器官对各养分元素的吸收也不同。除了 N、K 以外，橡胶树对 Ca 的需求也是较高的。

从表 5-6 中还可以看出，随着树龄的增加，橡胶树各器官养分含量的变化规律也不相同。树叶中 N 含量随树龄增加呈先增后降、再升再降的趋势，K 含量呈先降后升、再降再升的趋势，P 含量整体呈先上升后下降的趋势，Ca、Mg 含量变化趋势较为一致，表现为先升后降、再升再降的波动态势；随着树龄的增加，树枝中 N 含量略有所下降，P 含量整体上呈上升趋势，K 含量整体上呈下降态势，Ca 和 Mg 含量变化趋势较为一致，均为波动式上升变化；树根中 N 含量整体上随着树龄增加而呈上升趋势，P 含量则先上升后下降，K 含量呈波动式上下起伏变化，Ca 和 Mg 含量整体上呈波动式上升趋势；树皮中 N、P、K 含量整体上随树龄增加呈下降趋势，Ca 含量呈上升趋势，Mg 含量变化幅度不大；树干中 N 含量整体上呈下降趋势，P 含量则先上升后下降，K、Mg、Ca 含量整体上呈波动式上升趋势；胶乳中 N、P、K、Mg、Ca 含量均呈下降趋势，说明胶乳中养分含量受树龄影响较大。综上所述，橡胶树中 N、K 含量大体上随树龄增加而下降，Ca、Mg 含量有所上升，P 的变化较小。

表 5-6　RRIM600 不同年龄橡胶树各器官养分含量（占干重％）

| 器官 | 树龄 | N | P | K | Ca | Mg | 平均值 |
|------|------|------|------|------|------|------|--------|
| 树叶 | 13 a | 3.753 4 | 0.215 5 | 1.653 6 | 0.796 1 | 0.330 8 | 1.349 9 |
| | 16 a | 3.799 4 | 0.220 3 | 1.533 3 | 0.725 4 | 0.309 4 | 1.317 6 |
| | 18 a | 3.860 3 | 0.243 5 | 1.461 0 | 0.959 6 | 0.401 4 | 1.385 2 |
| | 22 a | 3.410 9 | 0.261 2 | 1.655 2 | 1.264 | 0.397 5 | 1.397 8 |
| | 24 a | 3.916 1 | 0.248 1 | 1.827 2 | 0.930 4 | 0.320 2 | 1.448 4 |
| | 26 a | 3.796 1 | 0.250 8 | 1.617 9 | 0.882 4 | 0.296 7 | 1.368 8 |
| | 28 a | 3.876 1 | 0.269 0 | 1.442 5 | 0.988 3 | 0.372 6 | 1.389 7 |
| | 31 a | 4.017 6 | 0.263 3 | 1.714 7 | 1.041 5 | 0.381 1 | 1.423 6 |
| | 34 a | 3.145 5 | 0.229 0 | 0.948 2 | 1.398 1 | 0.463 6 | 1.236 9 |
| | 37 a | 3.310 7 | 0.224 9 | 1.748 8 | 1.273 2 | 0.366 6 | 1.324 8 |
| | 平均值 | 3.688 6 | 0.242 6 | 1.560 2 | 1.025 9 | 0.364 0 | 1.376 3 |
| 树枝 | 13 a | 0.891 5 | 0.138 5 | 1.524 0 | 0.913 4 | 0.091 6 | 0.711 8 |
| | 16 a | 0.884 4 | 0.149 9 | 1.507 4 | 0.715 7 | 0.071 2 | 0.665 7 |
| | 18 a | 1.012 0 | 0.178 4 | 1.478 8 | 1.297 7 | 0.156 7 | 0.824 7 |
| | 22 a | 0.839 6 | 0.181 0 | 1.446 0 | 1.446 4 | 0.179 1 | 0.818 4 |
| | 24 a | 0.889 9 | 0.184 5 | 1.436 8 | 1.029 1 | 0.092 8 | 0.726 7 |
| | 26 a | 0.890 2 | 0.185 5 | 1.403 6 | 0.930 3 | 0.079 3 | 0.697 8 |
| | 28 a | 0.957 3 | 0.193 6 | 1.340 5 | 1.070 3 | 0.126 9 | 0.737 7 |
| | 31 a | 0.981 5 | 0.186 5 | 1.251 5 | 1.097 9 | 0.171 2 | 0.737 7 |
| | 34 a | 0.816 8 | 0.174 0 | 1.227 8 | 1.563 | 0.234 1 | 0.803 1 |
| | 37 a | 0.876 5 | 0.167 0 | 0.882 4 | 1.321 4 | 0.204 7 | 0.690 4 |
| | 平均值 | 0.904 0 | 0.173 9 | 1.349 9 | 1.138 5 | 0.140 8 | 0.741 4 |
| 树根 | 13 a | 1.030 8 | 0.115 7 | 1.095 3 | 1.014 2 | 0.185 8 | 0.688 4 |
| | 16 a | 1.061 0 | 0.119 4 | 1.085 6 | 1.068 3 | 0.149 5 | 0.696 8 |
| | 18 a | 1.062 5 | 0.121 6 | 0.919 4 | 1.383 9 | 0.277 7 | 0.753 0 |
| | 22 a | 1.108 7 | 0.133 8 | 1.189 5 | 1.244 2 | 0.351 0 | 0.805 4 |
| | 24 a | 1.167 2 | 0.141 8 | 1.040 5 | 1.289 4 | 0.242 1 | 0.776 3 |
| | 26 a | 1.189 3 | 0.148 1 | 1.058 5 | 1.251 9 | 0.230 3 | 0.775 6 |
| | 28 a | 1.244 6 | 0.150 7 | 0.914 8 | 1.253 9 | 0.249 0 | 0.762 6 |
| | 31 a | 1.235 8 | 0.145 5 | 1.003 9 | 1.310 5 | 0.341 5 | 0.807 4 |
| | 34 a | 1.175 4 | 0.133 9 | 0.552 4 | 1.425 | 0.403 7 | 0.738 1 |
| | 37 a | 1.170 1 | 0.125 9 | 0.983 2 | 1.248 4 | 0.341 2 | 0.773 8 |
| | 平均值 | 1.144 6 | 0.133 6 | 0.984 3 | 1.249 0 | 0.277 2 | 0.757 7 |

（续）

| 器官 | 树龄 | N | P | K | Ca | Mg | 平均值 |
|------|------|-----|-----|-----|-----|-----|--------|
| 树皮 | 13 a | 0.547 0 | 0.042 5 | 0.765 5 | 2.451 5 | 0.233 7 | 0.808 0 |
| | 16 a | 0.562 8 | 0.044 8 | 0.770 0 | 2.463 3 | 0.095 0 | 0.787 2 |
| | 18 a | 0.555 2 | 0.047 5 | 0.727 0 | 3.142 3 | 0.218 7 | 0.938 1 |
| | 22 a | 0.480 9 | 0.039 9 | 0.742 0 | 2.656 9 | 0.222 8 | 0.828 5 |
| | 24 a | 0.538 4 | 0.041 0 | 0.754 0 | 2.947 6 | 0.175 7 | 0.891 3 |
| | 26 a | 0.587 9 | 0.046 5 | 0.782 1 | 2.922 6 | 0.201 0 | 0.908 0 |
| | 28 a | 0.532 7 | 0.048 6 | 0.789 3 | 2.943 9 | 0.148 5 | 0.892 6 |
| | 31 a | 0.524 6 | 0.048 1 | 0.783 1 | 2.921 7 | 0.149 6 | 0.885 4 |
| | 34 a | 0.486 9 | 0.036 7 | 0.370 8 | 3.288 1 | 0.238 9 | 0.884 3 |
| | 37 a | 0.396 0 | 0.038 0 | 0.590 3 | 2.848 2 | 0.206 9 | 0.815 9 |
| | 平均值 | 0.521 2 | 0.043 4 | 0.707 4 | 2.858 6 | 0.189 1 | 0.863 9 |
| 树干 | 13 a | 0.411 2 | 0.044 0 | 0.288 5 | 0.153 9 | 0.066 3 | 0.192 8 |
| | 16 a | 0.344 2 | 0.046 5 | 0.307 3 | 0.128 4 | 0.049 6 | 0.175 2 |
| | 18 a | 0.404 7 | 0.043 7 | 0.281 2 | 0.154 9 | 0.089 1 | 0.194 7 |
| | 22 a | 0.343 5 | 0.052 2 | 0.339 1 | 0.149 | 0.069 9 | 0.190 7 |
| | 24 a | 0.373 0 | 0.045 8 | 0.341 4 | 0.145 9 | 0.071 7 | 0.195 6 |
| | 26 a | 0.478 8 | 0.067 7 | 0.317 1 | 0.173 3 | 0.061 5 | 0.219 7 |
| | 28 a | 0.454 0 | 0.074 3 | 0.309 3 | 0.183 6 | 0.081 4 | 0.220 5 |
| | 31 a | 0.425 3 | 0.060 9 | 0.350 6 | 0.159 1 | 0.071 4 | 0.213 5 |
| | 34 a | 0.247 9 | 0.051 6 | 0.343 6 | 0.190 1 | 0.134 0 | 0.193 4 |
| | 37 a | 0.248 3 | 0.051 3 | 0.429 7 | 0.191 6 | 0.082 2 | 0.200 6 |
| | 平均值 | 0.373 1 | 0.053 8 | 0.330 8 | 0.163 0 | 0.077 7 | 0.199 7 |
| 胶乳 | 13 a | 0.685 8 | 0.112 5 | 0.375 6 | 0.003 5 | 0.051 2 | 0.245 7 |
| | 16 a | 0.666 7 | 0.110 5 | 0.375 1 | 0.003 3 | 0.048 9 | 0.240 9 |
| | 18 a | 0.651 8 | 0.109 0 | 0.360 6 | 0.003 2 | 0.046 4 | 0.234 2 |
| | 22 a | 0.619 8 | 0.104 7 | 0.358 4 | 0.003 2 | 0.044 0 | 0.226 0 |
| | 24 a | 0.592 5 | 0.103 0 | 0.340 9 | 0.002 8 | 0.043 9 | 0.216 6 |
| | 26 a | 0.608 7 | 0.102 9 | 0.350 3 | 0.002 8 | 0.042 5 | 0.221 4 |
| | 28 a | 0.572 8 | 0.094 2 | 0.325 4 | 0.002 7 | 0.041 4 | 0.207 3 |
| | 31 a | 0.545 4 | 0.095 3 | 0.323 8 | 0.002 6 | 0.039 8 | 0.201 4 |
| | 34 a | 0.610 0 | 0.093 4 | 0.305 5 | 0.002 5 | 0.037 9 | 0.209 9 |
| | 37 a | 0.517 0 | 0.098 4 | 0.277 6 | 0.002 5 | 0.036 8 | 0.186 5 |
| | 平均值 | 0.607 1 | 0.102 4 | 0.339 3 | 0.002 9 | 0.043 3 | 0.219 0 |

**2. 养分含量数学模型**

运用 SAS 统计软件分别对 RRIM600 橡胶树树叶、树枝、树根、树皮、树干、胶乳中 N、P、K、Ca、Mg 含量与月份、树龄进行回归分析并建立模型。通过各回归分析方程的显著性检验结果均为 $P(Pr>F)<0.05$，即各项回归分析方程有显著差异。说明橡胶树各器官中各养分含量均受月份和树龄的影响（表 5-7 至表 5-13）。

（1）树叶

由表 5-7 可知，橡胶树树叶中各养分含量与月份和树龄的相关性表现不同。N、K 含量与月份和树龄呈负相关，P、Mg 含量与月份呈负相关而与树龄呈正相关，Ca 含量与月份和树龄呈正相关；树叶中 N、P、K、Ca、Mg 含量均受月份影响较大。

**表 5-7　树叶养分含量模型**

| 元素 | 模型方程 | 显著性测验 |
|---|---|---|
| N | $y=5.038\,1-0.110\,5x_1-0.016\,5x_2$ | $F=34.49,\ P(Pr>F)<0.000\,1$ |
| P | $y=0.288\,3-0.007\,2x_1+0.000\,7x_2$ | $F=15.70,\ P(Pr>F)<0.000\,1$ |
| K | $y=2.591\,4-0.103\,6x_1-0.006\,0x_2$ | $F=19.51,\ P(Pr>F)<0.000\,1$ |
| Ca | $y=-0.013\,7+0.083\,6x_1+0.010\,8x_2$ | $F=27.54,\ P(Pr>F)<0.000\,1$ |
| Mg | $y=0.331\,1-0.004\,4x_1+0.002\,8x_2$ | $F=6.61,\ P(Pr>F)=0.002\,2$ |

说明：$y$ 为树叶养分含量（%）；$x_1$ 为月份（月）；$x_2$ 为树龄（a）。

（2）树枝

由表 5-8 可知，橡胶树树枝中各养分含量与月份和树龄的相关性表现不同。N 含量与月份呈正相关而与树龄呈负相关，P、Ca、Mg 含量与月份和树龄呈正相关，K 含量与月份和树龄呈负相关；树枝中 N、P、K、Ca 含量受月份影响较大，Mg 含量受树龄影响较大。

**表 5-8　树枝养分含量模型**

| 元素 | 模型方程 | 显著性测验 |
|---|---|---|
| N | $y=0.715\,6+0.026\,0x_1-0.001\,3x_2$ | $F=6.53,\ P(Pr>F)=0.002\,4$ |
| P | $y=0.122\,7+0.002\,7x_1+0.001\,2x_2$ | $F=3.44,\ P(Pr>F)=0.037\,0$ |
| K | $y=2.329\,2-0.077\,8x_1-0.012\,8x_2$ | $F=12.83,\ P(Pr>F)<0.000\,1$ |
| Ca | $y=0.364\,5+0.049\,0x_1+0.013\,6x_2$ | $F=6.01,\ P(Pr>F)=0.003\,8$ |

（续）

| 元素 | 模型方程 | 显著性测验 |
|---|---|---|
| Mg | $y=0.010\ 3+0.001\ 0x_1+0.004\ 9x_2$ | $F=19.43，P(Pr>F)<0.000\ 1$ |

说明：$y$ 为树枝养分含量（%）；$x_1$ 为月份（月）；$x_2$ 为树龄（a）。

（3）树根

由表 5-9 可知，橡胶树树根中各养分含量与月份和树龄的相关性表现不同。N 含量与月份呈负相关而与树龄呈正相关，P、Ca、Mg 含量与月份和树龄呈正相关，K 含量与月份和树龄呈负相关；树根中 K、Ca 含量受月份影响较大，N、P、Mg 含量受树龄影响较大。

表 5-9  树根养分含量模型

| 元素 | 模型方程 | 显著性测验 |
|---|---|---|
| N | $y=1.012\ 2-0.006\ 9x_1+0.007\ 7x_2$ | $F=6.97，P(Pr>F)=0.001\ 6$ |
| P | $y=0.108\ 5+0.000\ 5x_1+0.000\ 8x_2$ | $F=5.07，P(Pr>F)=0.008\ 6$ |
| K | $y=1.618\ 1-0.040\ 9x_1-0.011\ 5x_2$ | $F=13.47，P(Pr>F)<0.000\ 1$ |
| Ca | $y=0.957\ 5+0.010\ 8x_1+0.007\ 6x_2$ | $F=3.76，P(Pr>F)=0.027\ 7$ |
| Mg | $y=0.079\ 5+0.001\ 0x_1+0.007\ 6x_2$ | $F=37.14，P(Pr>F)<0.000\ 1$ |

说明：$y$ 为树根养分含量（%）；$x_1$ 为月份（月）；$x_2$ 为树龄（a）。

（4）树皮

由表 5-10 可知，橡胶树树皮中各养分含量与月份和树龄的相关性表现不同。N、P 含量与月份呈正相关而与树龄呈负相关，K 含量与月份和树龄呈负相关，Ca、Mg 含量与月份和树龄呈正相关；树皮中 N、P、K、Ca、Mg 含量均受月份影响较大。

表 5-10  树皮养分含量模型

| 元素 | 模型方程 | 显著性测验 |
|---|---|---|
| N | $y=0.424\ 2+0.026\ 2x_1-0.004\ 5x_2$ | $F=11.94，P(Pr>F)<0.000\ 1$ |
| P | $y=0.028\ 2+0.002\ 4x_1-0.000\ 2x_2$ | $F=16.86，P(Pr>F)<0.000\ 1$ |
| K | $y=1.345\ 0-0.050\ 5x_1-0.009\ 4x_2$ | $F=3.51，P(Pr>F)=0.040\ 1$ |
| Ca | $y=1.242\ 5+0.138\ 0x_1+0.020\ 6x_2$ | $F=32.70，P(Pr>F)<0.000\ 1$ |
| Mg | $y=0.082\ 7+0.011\ 4x_1+0.000\ 6x_2$ | $F=5.94，P(Pr>F)=0.005\ 8$ |

说明：$y$ 为树皮养分含量（%）；$x_1$ 为月份（月）；$x_2$ 为树龄（a）。

（5）树干

由表 5-11 可知，橡胶树树干中各养分含量与月份和树龄的相关性表现不同。N 含量与月份呈正相关而与树龄呈负相关，P、Mg 含量与月份和树龄呈正相关，K、Ca 含量与月份呈负相关而与树龄呈正相关；树干中 N、P、K、Ca、Mg 含量均受月份影响较大。

**表 5-11　树干养分含量模型**

| 元素 | 模型方程 | 显著性测验 |
| --- | --- | --- |
| N | $y=0.267\,1+0.026\,1x_1-0.004\,1x_2$ | $F=12.79$，$P(Pr>F)<0.000\,1$ |
| P | $y=0.029\,6+0.001\,2x_1+0.000\,6x_2$ | $F=4.49$，$P(Pr>F)=0.017\,9$ |
| K | $y=0.383\,3-0.019\,9x_1+0.004\,3x_2$ | $F=4.48$，$P(Pr>F)=0.018\,2$ |
| Ca | $y=0.233\,2-0.015\,4x_1+0.002\,1x_2$ | $F=9.31$，$P(Pr>F)=0.000\,5$ |
| Mg | $y=0.015\,5+0.003\,0x_1+0.001\,5x_2$ | $F=8.11$，$P(Pr>F)=0.001\,2$ |

说明：$y$ 为树干养分含量（%）；$x_1$ 为月份（月）；$x_2$ 为树龄（a）。

（6）胶乳

由表 5-12 可知，橡胶树胶乳中各养分含量与月份和树龄的相关性表现不同。N、K 含量与月份呈正相关而与树龄呈负相关，P、Ca、Mg 含量与月份和树龄呈负相关；胶乳中 N、K、Ca、Mg 含量受月份影响较大，P 含量受树龄影响较大。

**表 5-12　胶乳养分含量模型**

| 元素 | 模型方程 | 显著性测验 |
| --- | --- | --- |
| N | $y=0.641\,9+0.013\,5x_1-0.006\,0x_2$ | $F=32.21$，$P(Pr>F)<0.000\,1$ |
| P | $y=0.125\,5-0.000\,4x_1-0.000\,8x_2$ | $F=12.08$，$P(Pr>F)<0.000\,1$ |
| K | $y=0.400\,9+0.004\,0x_1-0.003\,9x_2$ | $F=13.58$，$P(Pr>F)<0.000\,1$ |
| Ca | $y=0.006\,0-0.000\,2x_1-0.000\,1x_2$ | $F=17.33$，$P(Pr>F)<0.000\,1$ |
| Mg | $y=0.065\,2-0.000\,9x_1-0.000\,6x_2$ | $F=19.17$，$P(Pr>F)<0.000\,1$ |

说明：$y$ 为胶乳养分含量（%）；$x_1$ 为月份（月）；$x_2$ 为树龄（a）。

综合以上结果，说明 RRIM600 橡胶树树叶、树枝、树皮、树干、胶乳养分含量主要受月份影响；树根主要受树龄影响；N、P、K、Ca、Mg 含量均主要受月份影响。

（7）综合模型

利用 SAS 统计软件，分别对 RRIM600 橡胶树树叶中 N、P、K、Ca、Mg

含量与橡胶树中 N、P、K、Ca、Mg 的平均含量进行回归分析并建立模型。通过各回归分析方程的显著性检验结果，$P(Pr>F)<0.000\ 1$，可知各回归分析方程有显著差异。说明橡胶树树体养分的平均含量受树叶养分含量的影响（表 5-13）。

由表 5-13 可知，RRIM600 橡胶树树体中 N、P、K、Ca、Mg 的平均含量分别与树叶中 N、P、K、Ca、Mg 含量均呈正相关；树体各养分的平均含量受树叶中各养分含量影响的表现为 Mg>K>Ca>P>N。

表 5-13 橡胶树养分平均含量模型

| 元素 | 模型方程 | 显著性检验 |
|------|---------|-----------|
| N | $y=0.477\ 1+0.194\ 1x_1$ | $F=96.26，P(Pr>F)<0.000\ 1$ |
| P | $y=0.057\ 9+0.263\ 5x_1$ | $F=53.55，P(Pr>F)<0.000\ 1$ |
| K | $y=0.258\ 0+0.407\ 4x_1$ | $F=403.94，P(Pr>F)<0.000\ 1$ |
| Ca | $y=0.721\ 4+0.380\ 0x_1$ | $F=75.09，P(Pr>F)<0.000\ 1$ |
| Mg | $y=-0.011\ 4+0.545\ 2x_1$ | $F=144.48，P(Pr>F)<0.000\ 1$ |

说明：$y$ 为橡胶树平均养分含量（%）；$x_1$ 为树叶养分含量（%）。

### （二）橡胶树养分积累分配

橡胶树营养元素的贮存量（积累），除受胶树各器官的养分含量影响外，还取决于树体各器官的生物量增量。橡胶树养分积累量为各器官生物量增量与相应器官养分含量乘积之和，即 $=\sum$（橡胶树各器官生物量增量×各器官养分含量）。

**1. 各器官养分积累量**

由表 5-14 可知，RRIM600 橡胶树各器官中不同元素的积累量也不相同。13~37 a 橡胶树总养分积累量为 3 175.91~7 220.28 kg/hm²；树叶为 556.59 kg/hm²，占比为 10.26%；树枝为 1 840.32 kg/hm²，占比为 33.94%；树根为 412.70 kg/hm²，占比为 7.61%；树皮为 1 559.40 kg/hm²，占比为 28.76%；树干为 1 053.56 kg/hm²，占比为 19.43%。同一元素不同组分的养分积累量比较规律是：N 素积累量为树枝>树干>树叶>树皮>树根，P 为树枝>树干>树叶>树皮>树根，K 为树枝>树干>树皮>树叶>树根，Ca 为树皮>树枝>树干>树根>树叶，Mg 为树干>树皮>树枝>树根>树叶。整体上，橡胶树各器官养分积累量为树枝>树皮>树干>树叶>树根。

表 5-14 还表明，同一器官中不同元素的积累量也有差异。各器官中养分元素积累量的表现规律是：树叶为 N>K>Ca>Mg>P、树枝为 K>Ca>N>

P＞Mg、树根为 Ca＞N＞K＞Mg＞P、树皮为 Ca＞K＞N＞Mg＞P、树干为 K＞N＞Ca＞Mg＞P。整体上，橡胶树各养分元素积累量为 Ca＞K＞N＞Mg＞P。橡胶树各器官养分积累量随树龄增加的变化趋势不同，树叶中各年龄段的养分积累量整体上呈波动上升变化；树枝中，13～31 a 养分积累量呈稳定上升趋势，34～37 a N、K 继续增长，但 P、Ca、Mg 则下降；树根中，13～31 a 养分积累量呈波动式上升趋势，34 a 时 N、P、K 出现下降，Ca、Mg 则在 37 a 时下降；树皮中，各养分积累量整体上也表现出逐步增加的趋势，但在 34～37 a 中出现下降；树干中，13～37 a 养分积累量也处于波动上升趋势，但各养分波动变化特点有所区别。

表 5－14　RRIM600 橡胶树各器官养分积累量（kg/hm²）

| 器官 | 树龄 | N | P | K | Ca | Mg | 合计 |
|---|---|---|---|---|---|---|---|
| 树叶 | 13 a | 218.06 | 12.52 | 95.93 | 46.41 | 19.22 | 392.14 |
| | 16 a | 238.08 | 13.80 | 95.90 | 45.71 | 19.40 | 412.89 |
| | 18 a | 265.62 | 16.78 | 100.47 | 66.30 | 27.64 | 476.81 |
| | 22 a | 250.62 | 19.22 | 121.47 | 93.34 | 29.23 | 513.88 |
| | 24 a | 326.39 | 20.65 | 151.64 | 78.15 | 26.73 | 603.56 |
| | 26 a | 323.14 | 21.35 | 137.51 | 75.56 | 25.27 | 582.83 |
| | 28 a | 341.78 | 23.71 | 126.98 | 87.50 | 32.89 | 612.86 |
| | 31 a | 376.99 | 24.70 | 160.76 | 69.81 | 35.77 | 668.03 |
| | 34 a | 311.28 | 22.64 | 93.62 | 138.87 | 45.89 | 612.30 |
| | 37 a | 345.05 | 23.45 | 182.22 | 101.68 | 38.22 | 690.62 |
| | 平均值 | 299.70 | 19.88 | 126.65 | 80.33 | 30.03 | 556.59 |
| 树枝 | 13 a | 268.71 | 41.83 | 457.39 | 274.90 | 27.58 | 1 070.41 |
| | 16 a | 297.61 | 43.75 | 504.31 | 241.07 | 23.98 | 1 110.72 |
| | 18 a | 389.64 | 68.73 | 551.88 | 499.26 | 60.42 | 1 569.93 |
| | 22 a | 356.42 | 93.32 | 527.92 | 614.43 | 75.91 | 1 668.00 |
| | 24 a | 454.34 | 81.41 | 747.23 | 524.85 | 47.29 | 1 855.12 |
| | 26 a | 468.14 | 86.85 | 642.09 | 489.01 | 41.57 | 1 727.66 |
| | 28 a | 528.61 | 90.27 | 737.07 | 594.69 | 70.06 | 2 020.70 |
| | 31 a | 593.96 | 112.76 | 872.49 | 666.53 | 103.72 | 2 349.46 |
| | 34 a | 534.06 | 113.78 | 572.82 | 1 021.44 | 152.65 | 2 394.75 |
| | 37 a | 618.02 | 96.62 | 986.75 | 791.06 | 144.00 | 2 636.45 |
| | 平均值 | 450.95 | 82.93 | 660.00 | 571.72 | 74.72 | 1 840.32 |

（续）

| 器官 | 树龄 | N | P | K | Ca | Mg | 合计 |
|---|---|---|---|---|---|---|---|
| 树根 | 13 a | 64.95 | 6.96 | 65.50 | 61.01 | 11.17 | 209.59 |
| | 16 a | 76.54 | 7.53 | 74.42 | 73.49 | 10.30 | 242.28 |
| | 18 a | 90.15 | 8.25 | 74.21 | 112.32 | 22.49 | 307.42 |
| | 22 a | 78.11 | 14.89 | 107.78 | 113.27 | 31.91 | 345.96 |
| | 24 a | 127.05 | 12.69 | 118.12 | 146.99 | 27.53 | 432.38 |
| | 26 a | 146.23 | 17.49 | 124.44 | 147.77 | 27.23 | 463.16 |
| | 28 a | 149.98 | 18.95 | 114.61 | 157.45 | 31.23 | 472.22 |
| | 31 a | 166.08 | 20.40 | 140.48 | 183.73 | 47.82 | 558.51 |
| | 34 a | 126.97 | 14.41 | 84.76 | 219.24 | 62.17 | 507.55 |
| | 37 a | 155.02 | 16.16 | 165.62 | 193.56 | 57.52 | 587.88 |
| | 平均值 | 118.11 | 13.77 | 106.99 | 140.88 | 32.94 | 412.70 |
| 树皮 | 13 a | 111.60 | 8.66 | 155.25 | 538.69 | 51.12 | 865.32 |
| | 16 a | 128.78 | 10.23 | 175.05 | 606.87 | 25.64 | 946.57 |
| | 18 a | 145.93 | 12.50 | 190.30 | 927.75 | 62.00 | 1 338.48 |
| | 22 a | 139.11 | 11.59 | 214.09 | 826.05 | 69.45 | 1 260.29 |
| | 24 a | 188.93 | 14.40 | 262.39 | 1 103.53 | 67.61 | 1 636.86 |
| | 26 a | 213.37 | 16.91 | 281.89 | 1 129.16 | 79.11 | 1 720.44 |
| | 28 a | 203.76 | 18.60 | 299.61 | 1 201.36 | 63.41 | 1 786.74 |
| | 31 a | 220.46 | 20.19 | 325.75 | 1 308.60 | 70.06 | 1 945.06 |
| | 34 a | 221.58 | 16.71 | 167.15 | 1 586.10 | 173.43 | 2 164.97 |
| | 37 a | 195.10 | 18.71 | 289.36 | 1 315.73 | 110.37 | 1 929.27 |
| | 平均值 | 176.86 | 14.85 | 236.08 | 1 054.38 | 77.22 | 1 559.40 |
| 树干 | 13 a | 241.91 | 25.82 | 242.20 | 89.61 | 38.91 | 638.45 |
| | 16 a | 226.13 | 30.42 | 282.35 | 82.92 | 32.53 | 654.35 |
| | 18 a | 303.38 | 32.70 | 303.56 | 114.38 | 66.65 | 820.67 |
| | 22 a | 283.18 | 42.94 | 381.47 | 121.55 | 57.54 | 886.68 |
| | 24 a | 369.81 | 45.25 | 459.84 | 143.10 | 70.95 | 1 088.95 |
| | 26 a | 488.87 | 69.16 | 451.49 | 175.81 | 62.92 | 1 248.25 |
| | 28 a | 488.31 | 79.71 | 467.15 | 196.88 | 87.56 | 1 319.61 |
| | 31 a | 501.49 | 71.87 | 559.76 | 185.76 | 84.18 | 1 403.06 |
| | 34 a | 315.45 | 63.83 | 308.68 | 241.23 | 170.36 | 1 099.55 |
| | 37 a | 341.52 | 70.29 | 589.20 | 262.47 | 112.58 | 1 376.06 |
| | 平均值 | 356.01 | 53.20 | 404.57 | 161.37 | 78.42 | 1 053.56 |

（续）

| 器官 | 树龄 | N | P | K | Ca | Mg | 合计 |
|---|---|---|---|---|---|---|---|
| | 13 a | 905.23 | 95.79 | 1 016.27 | 1 010.62 | 148.00 | 3 175.91 |
| | 16 a | 967.14 | 105.73 | 1 132.03 | 1 050.06 | 111.85 | 3 366.81 |
| | 18 a | 1 194.72 | 138.96 | 1 220.42 | 1 720.01 | 239.20 | 4 513.31 |
| | 22 a | 1 107.44 | 181.96 | 1 352.73 | 1 768.64 | 264.04 | 4 674.81 |
| | 24 a | 1 466.52 | 174.40 | 1 739.22 | 1 996.62 | 240.11 | 5 616.87 |
| 总量 | 26 a | 1 639.75 | 211.76 | 1 637.42 | 2 017.31 | 236.10 | 5 742.34 |
| | 28 a | 1 712.44 | 231.24 | 1 745.42 | 2 237.88 | 285.15 | 6 212.13 |
| | 31 a | 1 858.98 | 249.92 | 2 059.24 | 2 414.43 | 341.55 | 6 924.12 |
| | 34 a | 1 509.34 | 231.37 | 1 227.03 | 3 206.88 | 604.50 | 6 779.12 |
| | 37 a | 1 654.71 | 225.23 | 2 213.15 | 2 664.50 | 462.69 | 7 220.28 |
| | 平均值 | 1 401.63 | 184.64 | 1 534.29 | 2 008.70 | 293.32 | 5 422.57 |

　　橡胶林作为特殊的经济林，除了具有重要的生态功能，还有可观的经济价值。每年割胶生产会产生大量的胶乳，从而导致生态系统中营养物质的输出。据测定（表 5-15），13～37 a RRIM600 橡胶树中胶乳养分总积累量可达 39.36～345.67 kg/hm²，其中 N 素为 21.80～190.88 kg/hm²，平均值 111.53 kg/hm²；P 素为 3.68～32.81 kg/hm²，平均值 19.04 kg/hm²；K 素为 12.04～106.99 kg/hm²，平均值 62.87 kg/hm²；Ca 素为 0.12～0.94 kg/hm²，平均值 0.57 kg/hm²；Mg 素为 1.72～14.05 kg/hm²，平均值 8.37 kg/hm²。比较胶乳中各素积累量为 N＞K＞P＞Mg＞Ca。结果表明，随着树龄的增加，橡胶树排胶过程中流走的养分元素也是逐渐增加的。

表 5-15　RRIM600 橡胶树胶乳养分积累量（kg/hm²）

| 树龄 | N | P | K | Ca | Mg | 合计 |
|---|---|---|---|---|---|---|
| 13 a | 21.80 | 3.68 | 12.04 | 0.12 | 1.72 | 39.36 |
| 16 a | 46.22 | 7.88 | 25.69 | 0.24 | 3.64 | 83.67 |
| 18 a | 66.84 | 11.34 | 37.11 | 0.34 | 5.10 | 120.73 |
| 22 a | 92.34 | 15.75 | 52.02 | 0.49 | 7.02 | 167.62 |
| 24 a | 108.82 | 18.65 | 61.48 | 0.57 | 8.26 | 197.78 |
| 26 a | 124.30 | 21.27 | 70.40 | 0.65 | 9.34 | 225.96 |

(续)

| 树龄 | N | P | K | Ca | Mg | 合计 |
|------|------|------|--------|------|-------|--------|
| 28 a | 139.94 | 23.87 | 79.30 | 0.73 | 10.48 | 254.32 |
| 31 a | 153.77 | 26.30 | 87.61 | 0.79 | 11.50 | 279.97 |
| 34 a | 170.42 | 28.88 | 96.07 | 0.85 | 12.55 | 308.77 |
| 37 a | 190.88 | 32.81 | 106.99 | 0.94 | 14.05 | 345.67 |
| 平均值 | 111.53 | 19.04 | 62.87 | 0.57 | 8.37 | 202.39 |

**2. 养分积累量模型**

利用 SAS 统计软件分别对 RRIM600 橡胶树树叶、树枝、树根、树皮、树干、胶乳中的 N、P、K、Ca、Mg 积累量与月份、树龄进行回归分析并建立模型。通过各回归分析方程的显著性检验结果，$P(Pr>F)<0.05$，可知各回归分析方程达显著差异。说明各器官中各养分积累量均受月份和树龄的影响。

（1）树叶

由表 5-16 可知，单株橡胶树树叶中各养分积累量与月份和树龄的相关性表现不同，N、P、K、Mg 积累量与月份呈负相关而与树龄呈正相关，Ca 积累量与月份和树龄呈正相关；树叶中 N、K、Ca 积累量受月份影响较大，P 积累量受月份和树龄的影响相当，Mg 积累量受树龄影响较大。

**表 5-16 树叶养分积累量模型**

| 元素 | 模型方程 | 显著性测验 |
|------|----------|-----------|
| N | $y=0.451\,5-0.014\,0x_1+0.012\,0x_2$ | $F=84.37$，$P(Pr>F)<0.000\,1$ |
| P | $y=0.024\,1-0.001\,0x_1+0.001\,0x_2$ | $F=104.86$，$P(Pr>F)<0.000\,1$ |
| K | $y=0.266\,4-0.015\,6x_1+0.005\,3x_2$ | $F=26.31$，$P(Pr>F)<0.000\,1$ |
| Ca | $y=-0.110\,6+0.016\,1x_1+0.005\,7x_2$ | $F=61.59$，$P(Pr>F)<0.000\,1$ |
| Mg | $y=0.015\,7-0.000\,3x_1+0.002\,0x_2$ | $F=86.22$，$P(Pr>F)<0.000\,1$ |

说明：$y$ 为树叶养分积累量（kg）；$x_1$ 为月份（月）；$x_2$ 为树龄（a）。

（2）树枝

由表 5-17 可知，单株橡胶树树枝中各养分积累量与月份和树龄的相关性表现不同。N、P、Ca、Mg 积累量与月份和树龄呈正相关，K 积累量与月份呈负相关而与树龄呈正相关；树枝中 N、K、Ca 积累量受月份影响较大，P、Mg 积累量受树龄影响较大。

**表 5 - 17　树枝养分积累量模型**

| 元素 | 模型方程 | 显著性测验 |
| --- | --- | --- |
| N | $y=-0.139\ 8+0.037\ 7x_1+0.030\ 8x_2$ | $F=80.43$，$P(Pr>F)<0.000\ 1$ |
| P | $y=-0.013\ 6+0.004\ 8x_1+0.005\ 9x_2$ | $F=43.08$，$P(Pr>F)<0.000\ 1$ |
| K | $y=1.070\ 9-0.068\ 5x_1+0.036\ 1x_2$ | $F=27.21$，$P(Pr>F)<0.000\ 1$ |
| Ca | $y=-0.728\ 7+0.069\ 6x_1+0.053\ 8x_2$ | $F=41.39$，$P(Pr>F)<0.000\ 1$ |
| Mg | $y=-0.122\ 8+0.001\ 8x_1+0.010\ 6x_2$ | $F=66.14$，$P(Pr>F)<0.000\ 1$ |

说明：$y$ 为树枝养分积累量（kg）；$x_1$ 为月份（月）；$x_2$ 为树龄（a）。

（3）树根

由表 5 - 18 可知，单株橡胶树树根中各养分积累量与月份和树龄的相关性表现不同。N、P、Ca、Mg 积累量与月份和树龄呈正相关，K 积累量与月份呈负相关而与树龄呈正相关；树根中 N、P、K、Ca、Mg 积累量均受树龄影响较大。

**表 5 - 18　树根养分积累量模型**

| 元素 | 模型方程 | 显著性测验 |
| --- | --- | --- |
| N | $y=0.015\ 8+0.002\ 4x_1+0.008\ 5x_2$ | $F=59.10$，$P(Pr>F)<0.000\ 1$ |
| P | $y=-0.000\ 1+0.000\ 4x_1+0.001\ 0x_2$ | $F=46.76$，$P(Pr>F)<0.000\ 1$ |
| K | $y=0.105\ 1-0.005\ 4x_1+0.006\ 6x_2$ | $F=38.87$，$P(Pr>F)<0.000\ 1$ |
| Ca | $y=-0.085\ 4+0.006\ 1x_1+0.013\ 2x_2$ | $F=152.00$，$P(Pr>F)<0.000\ 1$ |
| Mg | $y=-0.052\ 5+0.001\ 2x_1+0.004\ 5x_2$ | $F=226.60$，$P(Pr>F)<0.000\ 1$ |

说明：$y$ 为树根养分积累量（kg）；$x_1$ 为月份（月）；$x_2$ 为树龄（a）。

（4）树皮

由表 5 - 19 可知，单株橡胶树树皮中各养分积累量与月份和树龄的相关性表现不同。N、P、Ca、Mg 积累量与月份和树龄呈正相关，K 积累量与月份呈负相关而与树龄呈正相关；树皮中 N、P、K 积累量受月份影响较大，Ca、Mg 积累量受树龄影响较大。

**表 5 - 19　树皮养分积累量模型**

| 元素 | 模型方程 | 显著性测验 |
| --- | --- | --- |
| N | $y=-0.049\ 8+0.022\ 8x_1+0.009\ 6x_2$ | $F=29.09$，$P(Pr>F)<0.000\ 1$ |
| P | $y=-0.009\ 6+0.002\ 1x_1+0.001\ 0x_2$ | $F=54.05$，$P(Pr>F)<0.000\ 1$ |
| K | $y=0.524\ 5-0.035\ 1x_1+0.010\ 1x_2$ | $F=4.32$，$P(Pr>F)=0.020\ 6$ |

（续）

| 元素 | 模型方程 | 显著性测验 |
|------|---------|-----------|
| Ca | $y=-0.126\ 1+0.036\ 9x_1+0.082\ 2x_2$ | $F=64.47$，$P(Pr>F)<0.000\ 1$ |
| Mg | $y=-0.064\ 0+0.003\ 6x_1+0.007\ 9x_2$ | $F=21.03$，$P(Pr>F)<0.000\ 1$ |

说明：$y$ 为树皮养分积累量（kg）；$x_1$ 为月份（月）；$x_2$ 为树龄（a）。

（5）树干

由表 5－20 可知，单株橡胶树树干中各养分积累量与月份和树龄的相关性表现不同。N、P、K、Mg 积累量与月份和树龄呈正相关，Ca 积累量与月份呈负相关而与树龄呈正相关；树干中 N、Ca 积累量受月份影响较大，P、K、Mg 积累量受树龄影响较大。

表 5－20 树干养分积累量模型

| 元素 | 模型方程 | 显著性测验 |
|------|---------|-----------|
| N | $y=-0.088\ 5+0.057\ 7x_1+0.015\ 1x_2$ | $F=15.64$，$P(Pr>F)<0.000\ 1$ |
| P | $y=-0.024\ 9+0.002\ 7x_1+0.004\ 6x_2$ | $F=40.06$，$P(Pr>F)<0.000\ 1$ |
| K | $y=0.221\ 6+0.004\ 5x_1+0.023\ 8x_2$ | $F=1.75$，$P(Pr>F)=0.188\ 1$ |
| Ca | $y=0.137\ 1-0.024\ 6x_1+0.016\ 0x_2$ | $F=25.69$，$P(Pr>F)<0.000\ 1$ |
| Mg | $y=-0.113\ 5+0.007\ 4x_1+0.008\ 8x_2$ | $F=34.61$，$P(Pr>F)<0.000\ 1$ |

说明：$y$ 为树干养分积累量（kg）；$x_1$ 为月份（月）；$x_2$ 为树龄（a）。

（6）胶乳

由表 5－21 可知，单株橡胶树胶乳中各养分积累量与月份和树龄的相关性表现相同。N、P、K、Ca、Mg 积累量与月份和树龄呈负相关；胶乳中 N、P、K、Ca、Mg 积累量受月份的影响较大。

表 5－21 胶乳养分积累量模型

| 元素 | 模型方程 | 显著性测验 |
|------|---------|-----------|
| N | $y=2.586\ 2-0.027\ 7x_1-0.020\ 2x_2$ | $F=3.37$，$P(Pr>F)=0.039\ 6$ |
| P | $y=0.483\ 3-0.011\ 4x_1-0.002\ 8x_2$ | $F=4.26$，$P(Pr>F)=0.017\ 6$ |
| K | $y=1.585\ 5-0.027\ 1x_1-0.012\ 7x_2$ | $F=4.15$，$P(Pr>F)=0.019\ 4$ |
| Ca | $y=0.020\ 9-0.001\ 0x_1-0.000\ 1x_2$ | $F=15.29$，$P(Pr>F)<0.000\ 1$ |
| Mg | $y=0.236\ 2-0.006\ 5x_1-0.001\ 9x_2$ | $F=7.81$，$P(Pr>F)=0.000\ 8$ |

说明：$y$ 为胶乳养分积累量（kg）；$x_1$ 为月份（月）；$x_2$ 为树龄（a）。

综合可知，橡胶树树叶、树枝、树皮、胶乳中养分积累量主要受月份影响，而树根和树干中养分积累量主要受树龄影响；N、K、Ca 积累量主要受月份影响，P、Mg 积累量主要受树龄影响。

（7）综合模型

RRIM600 橡胶树养分积累量模型是由橡胶树体的平均养分含量模型和橡胶树的现存生物量模型得到的复合方程。橡胶树体养分的平均含量模型和橡胶树的生物量模型中各方程的显著性检验结果均有显著差异，将养分平均含量模型和生物量模型中的相关数据代入复合模型，得到橡胶树养分积累量模型中的各回归分析方程的显著性检验结果均有显著差异。

由表 5-22 可知，RRIM600 橡胶树体中 N、P、K、Ca、Mg 积累量与树叶养分含量、月份、树龄、月日照时间、月降雨量呈正相关而与月平均温度呈负相关；橡胶树中 N、P、K、Ca、Mg 积累量受树叶养分含量、月份、树龄、月日照时间、月降雨量、月平均温度的影响；各因素（除树叶养分含量）对橡胶树中各养分积累量影响由大到小的排列顺序均为树龄＞月份＞月平均温度＞月日照时间＞月降雨量。

表 5-22　橡胶树养分积累量模型

| 元素 | 模型方程 |
|---|---|
| N | $y=(0.477\,1+0.194\,1x_1)\times(27\,707.30+1\,948.28x_2+6\,572.35x_3+13.66x_4+6.14x_5-359.23x_6)$ |
| P | $y=(0.057\,9+0.263\,5x_1)\times(27\,707.30+1\,948.28x_2+6\,572.35x_3+13.66x_4+6.14x_5-359.23x_6)$ |
| K | $y=(0.258\,0+0.407\,4x_1)\times(27\,707.30+1\,948.28x_2+6\,572.35x_3+13.66x_4+6.14x_5-359.23x_6)$ |
| Ca | $y=(0.721\,4+0.380\,0x_1)\times(27\,707.30+1\,948.28x_2+6\,572.35x_3+13.66x_4+6.14x_5-359.23x_6)$ |
| Mg | $y=(-0.011\,4+0.545\,2x_1)\times(27\,707.30+1\,948.28x_2+6\,572.35x_3+13.66x_4+6.14x_5-359.23x_6)$ |

说明：$y$ 为橡胶树养分积累量（kg/hm²）；$x_1$ 为树叶养分含量；$x_2$ 为月份（月）；$x_3$ 为树龄（a）；$x_4$ 为月日照时间（h）；$x_5$ 为月降雨量（mm）；$x_6$ 为月平均温度（℃）。（月日照时间、月降雨量、月平均温度数据来源于海南省气象局）

### 3. 橡胶树养分年积累量

橡胶树养分年积累量为各器官生物量增量与相应器官养分含量乘积之和，即＝∑（橡胶树各器官生物量增量×各器官养分含量）。

由表 5-23 可知，13～37 a RRIM600 橡胶树养分年积累量范围在 1 153.35～1 889.10 kg/hm²，平均大小为 1 479.72 kg/hm²。各器官养分年积累量中，树叶平均积累量为 786.95 kg/hm²，占总量的 50% 以上；树枝为 331.46 kg/hm²、树根为 56.25 kg/hm²、树皮为 172.53 kg/hm²、树干为 108.23 kg/hm²、胶乳为 13.29 kg/hm²。RRIM600 橡胶树各器官中 N、P、K、Ca、Mg 年积累量大小顺序是：树叶为 N>K>Ca>Mg>P，树枝为 K>Ca>N>P>Mg，树根为 Ca>N>K>Mg>P，树皮为 Ca>K>N>Mg>P，树干为 N>K>Ca>Mg>P，胶乳为 N>K>P>Mg>Ca。橡胶树体各养分元素平均年积累量的大小比较为 N>K>Ca>Mg>P。

表 5-23 RRIM600 橡胶树各器官养分年增量（kg/hm²）

| 器官 | 树龄 | N | P | K | Ca | Mg | 合计 |
|---|---|---|---|---|---|---|---|
| 树叶 | 13 a | 296.90 | 17.05 | 130.81 | 62.98 | 26.17 | 533.91 |
| | 16 a | 328.89 | 19.07 | 132.73 | 62.79 | 26.78 | 570.26 |
| | 18 a | 367.47 | 23.18 | 139.07 | 91.35 | 38.21 | 659.28 |
| | 22 a | 350.77 | 26.87 | 170.22 | 129.99 | 40.88 | 718.73 |
| | 24 a | 460.46 | 29.17 | 214.85 | 109.40 | 37.65 | 851.53 |
| | 26 a | 474.70 | 31.36 | 202.31 | 110.35 | 37.10 | 855.82 |
| | 28 a | 511.44 | 35.50 | 190.33 | 130.40 | 49.16 | 916.83 |
| | 31 a | 546.85 | 35.84 | 233.40 | 100.93 | 51.87 | 968.89 |
| | 34 a | 436.60 | 31.79 | 131.62 | 194.05 | 64.34 | 858.40 |
| | 37 a | 467.75 | 31.77 | 247.07 | 137.50 | 51.80 | 935.89 |
| | 平均值 | 424.18 | 28.16 | 179.24 | 112.97 | 42.40 | 786.95 |
| 树枝 | 13 a | 73.75 | 11.46 | 126.07 | 75.56 | 7.57 | 294.41 |
| | 16 a | 65.88 | 11.17 | 112.28 | 53.31 | 5.30 | 247.94 |
| | 18 a | 96.94 | 17.09 | 141.66 | 124.31 | 15.01 | 395.01 |
| | 22 a | 59.61 | 12.85 | 102.66 | 102.69 | 12.72 | 290.53 |
| | 24 a | 119.01 | 24.73 | 192.16 | 137.63 | 12.42 | 485.95 |
| | 26 a | 87.58 | 18.25 | 138.10 | 91.53 | 7.80 | 343.26 |
| | 28 a | 82.86 | 16.75 | 116.02 | 92.64 | 10.98 | 319.25 |
| | 31 a | 87.02 | 16.53 | 110.96 | 97.34 | 15.18 | 327.03 |
| | 34 a | 73.67 | 15.69 | 110.74 | 140.97 | 21.12 | 362.19 |
| | 37 a | 67.12 | 12.78 | 67.57 | 85.87 | 15.67 | 249.01 |
| | 平均值 | 81.34 | 15.73 | 121.82 | 100.19 | 12.38 | 331.46 |

（续）

| 器官 | 树龄 | N | P | K | Ca | Mg | 合计 |
|---|---|---|---|---|---|---|---|
| 树根 | 13 a | 16.19 | 1.82 | 17.20 | 15.93 | 2.92 | 54.06 |
| | 16 a | 12.56 | 1.41 | 12.85 | 12.65 | 1.77 | 41.24 |
| | 18 a | 16.72 | 1.91 | 14.47 | 21.78 | 4.37 | 59.25 |
| | 22 a | 8.32 | 1.00 | 8.93 | 9.34 | 2.63 | 30.22 |
| | 24 a | 26.67 | 3.24 | 23.76 | 29.44 | 5.53 | 88.64 |
| | 26 a | 19.68 | 2.45 | 17.51 | 20.71 | 3.81 | 64.16 |
| | 28 a | 16.69 | 2.02 | 12.26 | 16.81 | 3.34 | 51.12 |
| | 31 a | 18.70 | 2.20 | 15.19 | 19.83 | 5.17 | 61.09 |
| | 34 a | 18.79 | 2.14 | 8.83 | 22.78 | 6.45 | 58.99 |
| | 37 a | 16.69 | 1.80 | 14.02 | 16.38 | 4.87 | 53.76 |
| | 平均值 | 17.10 | 2.00 | 14.50 | 18.57 | 4.09 | 56.25 |
| 树皮 | 13 a | 21.53 | 1.67 | 30.13 | 96.48 | 9.20 | 159.01 |
| | 16 a | 17.42 | 1.39 | 23.84 | 76.27 | 2.94 | 121.86 |
| | 18 a | 23.88 | 2.04 | 31.27 | 135.17 | 9.41 | 201.77 |
| | 22 a | 10.48 | 0.87 | 16.18 | 57.93 | 4.86 | 90.32 |
| | 24 a | 33.78 | 2.57 | 47.31 | 184.94 | 11.02 | 279.62 |
| | 26 a | 26.96 | 2.13 | 35.86 | 134.02 | 9.22 | 208.19 |
| | 28 a | 19.78 | 1.81 | 29.31 | 109.33 | 5.52 | 165.75 |
| | 31 a | 21.18 | 1.94 | 31.61 | 117.94 | 6.04 | 178.71 |
| | 34 a | 19.85 | 1.50 | 15.12 | 134.06 | 9.74 | 180.27 |
| | 37 a | 13.57 | 1.30 | 20.23 | 97.59 | 7.09 | 139.78 |
| | 平均值 | 20.84 | 1.72 | 28.09 | 114.37 | 7.50 | 172.53 |
| 树干 | 13 a | 43.51 | 4.66 | 30.52 | 16.29 | 7.02 | 102.00 |
| | 16 a | 28.93 | 3.91 | 25.82 | 10.79 | 4.17 | 73.62 |
| | 18 a | 47.69 | 5.15 | 33.14 | 18.25 | 10.50 | 114.73 |
| | 22 a | 20.77 | 3.16 | 20.50 | 9.01 | 4.23 | 57.67 |
| | 24 a | 64.16 | 7.88 | 58.73 | 25.10 | 12.33 | 168.20 |
| | 26 a | 60.29 | 8.53 | 39.93 | 21.83 | 7.74 | 138.32 |
| | 28 a | 46.29 | 7.57 | 31.55 | 18.73 | 8.30 | 112.44 |
| | 31 a | 46.78 | 6.70 | 38.56 | 17.49 | 7.85 | 117.38 |
| | 34 a | 27.28 | 5.68 | 37.81 | 20.92 | 14.75 | 106.44 |
| | 37 a | 22.66 | 4.68 | 39.21 | 17.48 | 7.50 | 91.53 |
| | 平均值 | 40.84 | 5.79 | 35.58 | 17.59 | 8.44 | 108.23 |

（续）

| 器官 | 树龄 | N | P | K | Ca | Mg | 合计 |
|---|---|---|---|---|---|---|---|
| 胶乳 | 13 a | 5.56 | 0.91 | 3.04 | 0.03 | 0.42 | 9.96 |
| | 16 a | 8.29 | 1.37 | 4.66 | 0.04 | 0.61 | 14.97 |
| | 18 a | 10.32 | 1.73 | 5.71 | 0.05 | 0.73 | 18.54 |
| | 22 a | 8.65 | 1.46 | 5.00 | 0.04 | 0.61 | 15.76 |
| | 24 a | 8.30 | 1.44 | 4.77 | 0.04 | 0.61 | 15.16 |
| | 26 a | 7.64 | 1.29 | 4.40 | 0.04 | 0.53 | 13.90 |
| | 28 a | 7.86 | 1.29 | 4.46 | 0.04 | 0.57 | 14.22 |
| | 31 a | 4.56 | 0.80 | 2.71 | 0.02 | 0.33 | 8.42 |
| | 34 a | 5.58 | 0.85 | 2.79 | 0.02 | 0.35 | 9.59 |
| | 37 a | 6.86 | 1.31 | 3.68 | 0.03 | 0.49 | 12.37 |
| | 平均值 | 7.36 | 1.25 | 4.12 | 0.04 | 0.53 | 13.29 |
| 总量 | 13 a | 457.44 | 37.57 | 337.77 | 267.27 | 53.30 | 1 153.35 |
| | 16 a | 461.97 | 38.32 | 362.18 | 315.85 | 41.57 | 1 219.89 |
| | 18 a | 563.02 | 51.10 | 365.32 | 390.91 | 78.23 | 1 448.58 |
| | 22 a | 658.60 | 46.21 | 423.49 | 408.00 | 65.93 | 1 603.23 |
| | 24 a | 712.38 | 69.03 | 541.58 | 486.55 | 79.56 | 1 889.10 |
| | 26 a | 676.85 | 64.01 | 438.11 | 378.48 | 66.20 | 1 623.65 |
| | 28 a | 684.92 | 64.94 | 383.93 | 367.95 | 77.87 | 1 579.61 |
| | 31 a | 625.09 | 64.01 | 332.43 | 353.55 | 86.44 | 1 461.52 |
| | 34 a | 581.77 | 57.65 | 306.91 | 372.80 | 116.75 | 1 435.88 |
| | 37 a | 594.65 | 53.64 | 291.78 | 354.85 | 87.42 | 1 382.34 |
| | 平均值 | 601.67 | 54.65 | 378.35 | 369.72 | 75.33 | 1 479.72 |

　　RRIM600 橡胶树各养分元素在不同器官中的年积累量分配规律不同。N 素的年积累量分配为树叶＞树枝＞树干＞树皮＞树根＞胶乳，P 为树叶＞树枝＞树干＞树根＞树皮＞胶乳、K 为树叶＞树枝＞树干＞树皮＞树根＞胶乳、Ca 为树皮＞树叶＞树枝＞树根＞树干＞胶乳、Mg 为树叶＞树枝＞树干＞树皮＞树根＞胶乳。各器官中养分平均年积累量的大小顺序表现为树叶＞树枝＞树皮＞树干＞树根＞胶乳。

　　橡胶树同化器官树叶中养分年积累量变化规律与总积累量相同，整体上随树龄增加而增加，34～37 a 中 N、P 开始下降，K 先降后升，Ca、Mg 均在 37 a 时出现下降。其他非同化器官中养分年积累量变化趋势与总积累量不同。随着树龄增加，树干中 N、K、Ca 和树皮中 Ca 以及胶乳中 N、K 的年积累量变化波动较大，树枝、树根、树干中 P、Mg 和树皮中 N、P、K、Mg 以及胶乳中 P、Mg、Ca 的年积累量变化波动较小。

结果表明，RRIM600 橡胶树各组分中不同元素的年积累量并不随生物量年增量而同步增长，其原因主要是树体中不同器官对不同元素的利用特征不同。另外，不同树龄的橡胶树营养生理需求不同，橡胶树养分含量出现波动式变化，最终决定橡胶树养分年积累量的特殊变化规律。

## 三、枯落物养分归还与释放

枯落物养分归还在森林生态系统中扮演着重要的角色，是生物循环的一个重要环节，为森林土壤和植物提供重要的物质和能量来源。枯落物层不仅是森林生态系统养分循环的重要组成部分，也是森林生态系统中营养元素循环过程中的一个重要物质库，枯落物层对于保持人工林生态系统养分平衡和维持土壤肥力，起着至关重要的作用。

橡胶林作为阔叶落叶林，受热带季风气候影响，在特定环境条件下可能会有部分叶片凋落，并经过分解后归还到林地土壤中，因此橡胶林枯落物养分归还对于维持胶园土壤肥力和养分循环平衡具有极其重要的作用。

### （一）枯落物养分含量

#### 1. 枯落物养分含量

由表 5-24 可知，RRIM600 橡胶林枯落物中各养分元素含量的排列顺序为 N＞Ca＞K＞Mg＞P。枯枝与枯叶两者养分含量相比较，枯叶的 N、P、Ca、Mg 含量相对比枯枝高，枯叶的 K 含量比枯枝低。枯枝和枯叶中 N、P、K 含量比鲜枝、鲜叶中低，Ca 含量则高于鲜枝、鲜叶，Mg 含量相差不大。说明 N、P、K 养分元素在树叶和树枝凋落前已向林木体内迁移。

由表 5-24 还可以看出，橡胶林枯叶和枯枝中各养分含量随树龄增加的变化规律大致相同。枯叶和枯枝中 N、K、Ca 含量波动较大，P、Mg 含量变化较小，其平均养分含量均在 16 a 达最小值，Ca、Mg 含量则表现为老龄高于幼龄、中龄。

表 5-24 RRIM600 橡胶林枯叶、枯枝养分含量（%）

| 树龄 | 枯叶 | | | | | 枯枝 | | | | |
|---|---|---|---|---|---|---|---|---|---|---|
| | N | P | K | Ca | Mg | N | P | K | Ca | Mg |
| 13 a | 2.168 9 | 0.100 9 | 0.226 3 | 1.504 9 | 0.235 0 | 0.803 6 | 0.032 1 | 0.389 3 | 1.336 5 | 0.122 4 |
| 16 a | 2.128 9 | 0.099 2 | 0.242 9 | 1.438 0 | 0.187 9 | 0.746 2 | 0.028 6 | 0.349 0 | 0.777 8 | 0.073 2 |

（续）

| 树龄 | 枯叶 | | | | | 枯枝 | | | | |
|---|---|---|---|---|---|---|---|---|---|---|
| | N | P | K | Ca | Mg | N | P | K | Ca | Mg |
| 18a | 2.325 0 | 0.124 2 | 0.275 9 | 1.790 6 | 0.298 8 | 0.880 1 | 0.048 5 | 0.389 7 | 1.321 8 | 0.169 3 |
| 22a | 1.987 4 | 0.114 6 | 0.295 2 | 1.770 9 | 0.319 9 | 0.787 6 | 0.055 4 | 0.289 8 | 1.268 4 | 0.161 2 |
| 24a | 2.135 5 | 0.104 6 | 0.273 1 | 1.627 0 | 0.267 4 | 0.841 7 | 0.045 2 | 0.418 3 | 1.249 2 | 0.140 1 |
| 26a | 2.253 6 | 0.116 9 | 0.290 5 | 1.631 6 | 0.226 9 | 0.884 1 | 0.050 7 | 0.612 5 | 0.984 5 | 0.103 0 |
| 28a | 2.054 7 | 0.106 1 | 0.205 5 | 1.554 5 | 0.267 6 | 0.781 3 | 0.039 1 | 0.347 7 | 1.105 7 | 0.136 7 |
| 31a | 2.093 3 | 0.112 0 | 0.283 2 | 1.494 4 | 0.253 9 | 0.951 8 | 0.049 6 | 0.543 1 | 1.194 9 | 0.150 9 |
| 34a | 1.988 7 | 0.106 9 | 0.195 0 | 1.647 7 | 0.354 5 | 0.690 1 | 0.062 7 | 0.154 3 | 1.524 1 | 0.224 0 |
| 37a | 2.083 0 | 0.099 5 | 0.334 7 | 1.688 3 | 0.323 4 | 0.797 2 | 0.044 4 | 0.474 8 | 1.329 8 | 0.190 0 |
| 平均值 | 2.121 9 | 0.108 5 | 0.262 2 | 1.614 6 | 0.273 5 | 0.816 4 | 0.045 6 | 0.396 9 | 1.209 3 | 0.147 1 |

**2. 养分含量模型**

利用 SAS 统计软件分别对 RRIM600 橡胶林枯叶、枯枝的 N、P、K、Ca、Mg 含量与月份、树龄进行回归分析并建立模型。通过各回归分析方程的显著性检验结果，$P(Pr > F) < 0.05$，可知各回归分析方程达显著差异。说明枯叶和枯枝各养分含量均受月份和树龄的影响（表 5-25 和表 5-26）。

（1）枯叶模型

由表 5-25 可知，橡胶林枯叶各养分含量与月份和树龄的相关性表现不同。N、P 含量与月份呈正相关而与树龄呈负相关，K 含量与月份和树龄呈正相关，Ca、Mg 含量与月份呈负相关而与树龄呈正相关。枯叶中 N、P、K、Ca 含量受月份影响较大，Mg 含量受树龄影响较大。

**表 5-25 枯叶养分含量模型**

| 元素 | 模型方程 | 显著性测验 |
|---|---|---|
| N | $y = 1.391 8 + 0.104 7x_1 - 0.006 4x_2$ | $F = 26.09，P(Pr > F) < 0.000 1$ |
| P | $y = 0.002 4 + 0.012 8x_1 - 0.000 1x_2$ | $F = 61.21，P(Pr > F) < 0.000 1$ |
| K | $y = -0.157 6 + 0.046 0x_1 + 0.001 2x_2$ | $F = 19.73，P(Pr > F) < 0.000 1$ |
| Ca | $y = 2.167 4 - 0.072 9x_1 + 0.002 7x_2$ | $F = 21.75，P(Pr > F) < 0.000 1$ |
| Mg | $y = 0.207 7 - 0.003 2x_1 + 0.003 7x_2$ | $F = 9.72，P(Pr > F) = 0.000 2$ |

说明：$y$ 为枯叶养分含量（%）；$x_1$ 为月份（月）；$x_2$ 为树龄（a）。

（2）枯枝模型

由表 5-26 可知，橡胶林枯枝各养分含量与月份和树龄的相关性表现不同。N、Ca、Mg 含量与月份和树龄呈正相关，P、K 含量与月份呈负相关而与树龄呈正相关；枯枝中 K 含量受月份影响较大，N、P、Ca、Mg 含量受树龄影响较大。

表 5 - 26　枯枝养分含量模型

| 元素 | 模型方程 | 显著性测验 |
|------|---------|-----------|
| N | $y=0.554\,1+0.003\,5x_1+0.009\,3x_2$ | $F=8.99$，$P(Pr>F)=0.000\,3$ |
| P | $y=0.031\,5-0.000\,5x_1+0.000\,7x_2$ | $F=4.96$，$P(Pr>F)=0.009\,4$ |
| K | $y=0.657\,0-0.033\,6x_1+0.001\,0x_2$ | $F=5.69$，$P(Pr>F)=0.005\,0$ |
| Ca | $y=0.431\,5+0.017\,8x_1+0.025\,2x_2$ | $F=13.31$，$P(Pr>F)<0.000\,1$ |
| Mg | $y=0.048\,3+0.001\,5x_1+0.003\,5x_2$ | $F=13.54$，$P(Pr>F)<0.000\,1$ |

说明：$y$ 为枯枝养分含量（％）；$x_1$ 为月份（月）；$x_2$ 为树龄（a）。

（3）综合模型

综合上述结果，RRIM600 橡胶林枯叶养分含量主要受月份影响，而枯枝养分含量主要受树龄影响。利用 SAS 统计软件，分别对橡胶 RRIM600 枯叶中的 N、P、K、Ca、Mg 含量与枯落物的平均养分含量进行回归分析并建立模型。通过各回归分析方程的显著性检验结果，$P(Pr>F)<0.000\,1$，可知各回归分析方程达显著差异。说明枯落物养分的平均含量受枯叶养分含量的影响（表 5 - 27）。

由表 5 - 27 可知，橡胶林枯落物中的 N、P、K、Ca、Mg 平均含量分别与枯叶各养分含量呈正相关；枯落物各养分平均含量受枯叶各养分含量影响的顺序为 Mg>P>N>K>Ca。

表 5 - 27　枯落物养分平均含量模型

| 元素 | 模型方程 | 显著性检验 |
|------|---------|-----------|
| N | $y=0.063\,7+0.085\,4x_7$ | $F=470.76$，$P(Pr>F)<0.000\,1$ |
| P | $y=0.003\,5+0.085\,9x_7$ | $F=406.22$，$P(Pr>F)<0.000\,1$ |
| K | $y=0.033\,0+0.083\,5x_7$ | $F=55.46$，$P(Pr>F)<0.000\,1$ |
| Ca | $y=0.113\,8+0.075\,3x_7$ | $F=34.98$，$P(Pr>F)<0.000\,1$ |
| Mg | $y=0.003\,6+0.114\,8x_7$ | $F=299.25$，$P(Pr>F)<0.000\,1$ |

说明：$y$ 为枯落物平均养分含量（％）；$x_7$ 为枯叶养分含量（％）。

## （二）枯落物养分归还量

### 1. 枯落物养分归还量

枯落物营养元素的积累量主要与枯落物量有关，另外也与养分含量有关。

在已知枯落物及养分含量的前提下，就可以计算各林分枯落物中潜在的养分年归还量。一般而言，枯落物生物量越大，其潜在的养分总量可能越高。在相同分解条件下，其潜在的养分归还量可能就越大。

RRIM600 橡胶林枯落物各组分中养分元素的年归还量如表 5-28 所示。枯叶养分的年归还量在 $152.35\sim266.77\ kg/hm^2$，枯枝在 $34.55\sim75.45\ kg/hm^2$，枯落物的总归还总量在 $190.17\sim342.22\ kg/hm^2$，枯叶养分年归还量约为枯枝的 4 倍。枯叶中各养分年归还量大小为 N>Ca>K>Mg>P，枯枝为 K>Ca>N>Mg>P，枯落物各养分归还总量大小为 N>Ca>K>Mg>P。

研究表明，橡胶林枯落物养分的年归还量大小变化规律与枯落物中营养元素含量一致。枯叶、枯枝中 N、Ca 年归还量及枯枝中 N、K、Ca 年归还量随树龄波动较大，枯叶中 P、K、Mg 年归还量和枯枝中 P、Mg 年归还量随树龄波动较小。枯叶和枯枝养分的年归还量整体呈上升趋势。

表 5-28  RRIM600 橡胶林枯叶、枯枝养分年归还量（$kg/hm^2$）

| 树龄 | 枯叶 | | | | | | 枯枝 | | | | | |
| --- | --- | --- | --- | --- | --- | --- | --- | --- | --- | --- | --- | --- |
| | N | P | K | Ca | Mg | 合计 | N | P | K | Ca | Mg | 合计 |
| 13 a | 67.14 | 3.07 | 27.24 | 47.51 | 7.39 | 152.35 | 7.77 | 0.30 | 15.16 | 13.38 | 1.21 | 37.82 |
| 16 a | 73.41 | 3.37 | 33.08 | 50.53 | 6.56 | 166.95 | 8.55 | 0.33 | 16.12 | 8.70 | 0.85 | 34.55 |
| 18 a | 85.88 | 4.47 | 39.64 | 67.91 | 11.46 | 209.36 | 10.48 | 0.53 | 16.96 | 16.09 | 2.02 | 46.08 |
| 22 a | 73.58 | 4.17 | 42.16 | 67.77 | 12.24 | 199.92 | 10.86 | 0.76 | 16.24 | 17.14 | 2.19 | 47.19 |
| 24 a | 81.21 | 3.88 | 40.52 | 63.39 | 10.48 | 199.48 | 12.02 | 0.66 | 24.20 | 17.66 | 2.02 | 56.56 |
| 26 a | 98.00 | 4.96 | 49.16 | 73.53 | 10.01 | 235.66 | 13.20 | 0.77 | 37.12 | 14.52 | 1.54 | 67.15 |
| 28 a | 97.48 | 4.92 | 37.92 | 75.90 | 13.12 | 229.34 | 11.74 | 0.59 | 20.88 | 16.80 | 2.06 | 52.07 |
| 31 a | 108.24 | 5.68 | 58.48 | 80.77 | 13.60 | 266.77 | 15.82 | 0.81 | 36.20 | 20.09 | 2.53 | 75.45 |
| 34 a | 98.55 | 5.19 | 38.00 | 84.57 | 18.25 | 244.56 | 11.05 | 1.01 | 10.16 | 24.17 | 3.53 | 49.92 |
| 37 a | 98.98 | 4.63 | 63.80 | 83.29 | 15.99 | 266.69 | 12.94 | 0.73 | 31.24 | 21.15 | 3.04 | 69.10 |
| 平均值 | 88.25 | 4.43 | 43.00 | 69.52 | 11.91 | 217.11 | 11.44 | 0.65 | 22.43 | 16.97 | 2.10 | 53.59 |

## 2. 养分归还量模型

橡胶林枯落物养分归还量模型是由枯落物养分平均含量模型和橡胶归还物生物量模型得到的复合方程（表 5-29）。橡胶林枯落物养分平均含量模型和橡胶林枯落物生物量模型中各方程的显著性检验的结果均有显著差异。将橡胶林枯落物养分平均含量模型和枯落物生物量模型中的相关数据代入复合模型，得到橡胶林养分归还量模型中各回归分析方程的显著性检验结果是显著差异。

表 5－29　RRIM600 橡胶林枯落物养分归还量模型

| 元素 | 模型方程 |
|---|---|
| N | $y=(0.063\ 7+0.085\ 4x_7)\times(3\ 082.78-123.15x_2+9.58x_3+6.02x_4-1.18x_5-116.38x_6)$ |
| P | $y=(0.003\ 5+0.085\ 9x_7)\times(3\ 082.78-123.15x_2+9.58x_3+6.02x_4-1.18x_5-116.38x_6)$ |
| K | $y=(0.033\ 0+0.083\ 5x_7)\times(3\ 082.78-123.15x_2+9.58x_3+6.02x_4-1.18x_5-116.38x_6)$ |
| Ca | $y=(0.113\ 8+0.075\ 3x_7)\times(3\ 082.78-123.15x_2+9.58x_3+6.02x_4-1.18x_5-116.38x_6)$ |
| Mg | $y=(0.003\ 6+0.114\ 8x_7)\times(3\ 082.78-123.15x_2+9.58x_3+6.02x_4-1.18x_5-116.38x_6)$ |

说明：$y$ 为枯落物归还量（$kg/hm^2$）；$x_2$ 为月份（月）；$x_3$ 为树龄（a）；$x_4$ 为月日照时间（h）；$x_5$ 为月降雨量（mm）；$x_6$ 为月平均温度（℃）；$x_7$ 为枯叶养分含量。（月日照时间、月降雨量、月平均温度数据来源于海南省气象局）

由表 5－29 可知，RRIM600 橡胶林枯落物中 N、P、K、Ca、Mg 归还量与树龄、月日照时间、枯叶养分含量呈正相关而与月份、月降雨量、月平均温度呈负相关。说明枯落物中 N、P、K、Ca、Mg 归还量受枯叶养分含量、月份、树龄、月日照时间、月降雨量、月平均温度的影响。各因素（除枯叶养分含量）对枯落物中各养分归还量的影响由大到小的排列顺序均为月份＞月平均温度＞树龄＞月日照时间＞月降雨量。

**（三）枯落物分解养分释放量**

枯落物是森林生态系统养分归还的主要形式，枯落物分解是树木生长所需养分的重要来源。因此，枯落物分解过程中的养分释放，对维持土壤肥力、保持植物再生长养分的可利用性、促进生态系统正常的物质循环和养分平衡发挥着重要作用。

**1. 枯落物分解率**

橡胶林处于热带雨林地区，林下现存枯落物的分解随环境气候变化而变化。本试验中橡胶林枯落物研究主要包括枯枝与枯叶，橡胶林枯枝、枯叶分解残留率的月变化见图 5－4。从图可以看出，经过一年的腐解作用，橡胶林枯枝、枯叶并未完全分解，枯枝、枯叶分解残留率分别为 52.63%、5.56%，失重率分别为 47.37%、94.44%，其中 1—6 月枯叶失重最多，6—10 月枯枝失重比较明显。结果表明，橡胶林枯枝分解 50%、95% 分别需要 1.2 a（年）、4.4 a（年）；而枯叶的分解速率快得多，半年之内可以分解 50%，一年之后可以完全分解。

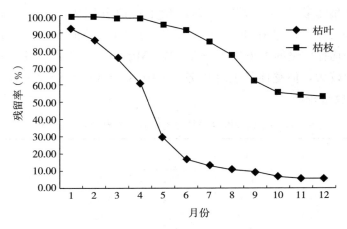

图 5-4　橡胶林枯落物分解残留率月变化

**2. 枯落物分解量模型**

利用 SAS 统计软件，对 RRIM600 橡胶林枯落物分解量与月份、树龄、月日照时间、年降水量、年平均温度进行回归分析并建立模型。通过各回归分析方程的显著性检验结果 $P(Pr>F)<0.000\,1$，可知各回归分析方程达显著差异。说明枯落物分解量受月份、树龄、年日照时间、年降水量、年平均温度的影响。

橡胶林枯落物分解量与树龄、月日照时间呈正相关而与月份、月降雨量、月平均温度呈负相关。各因素对枯落物分解量影响的排列顺序为月份＞月平均温度＞树龄＞月日照时间＞月降水量。

$y=3\,082.78-123.15x_2+9.58x_3+6.02x_4-1.18x_5-116.38x_6$，$F=15.36$，$P(Pr>F)<0.000\,1$。

式中：$y$ 为生物量（kg/hm²）；$x_2$ 为月份（月）；$x_3$ 为树龄（a）；$x_4$ 为月日照时间（h）；$x_5$ 为月降水量（mm）；$x_6$ 为月平均温度（℃）。（月日照时间、月降雨量、月平均温度数据来源于海南省气象局）。

**3. 养分释放量**

由表 5-30 可知，13～37 a 橡胶林枯落物分解中养分年释放量的变化范围为 167.94～300.25 kg/hm²，年平均大小为 238.50 kg/hm²。枯落物养分年释放量与年归还量随树龄增加的变化规律，大体上呈逐渐增加趋势，但是在不同树龄阶段仍出现较小的波动变化。这主要是由于枯落物分解过程中存在淋溶—富集—释放、富集—释放、直接释放等多种模式，因此各元素也存在不同的释放规律（有的表现为释放、有的表现为富集）。

橡胶林枯落物中各元素的年释放量平均值分别为 N 90.41 kg/hm²、P 4.61 kg/hm²、K 52.34 kg/hm²、Ca 78.44 kg/hm²、Mg 12.71 kg/hm²，比较各元素年平均释放量的大小为 N＞Ca＞K＞Mg＞P。枯落物中各元素年释放量随树龄波动较大，但整体呈上升趋势，其中 N、Ca 的年释放量较高，P、K、Mg 的年释放量较低。

表 5-30　RRIM600 橡胶林枯落物养分年释放量（kg/hm²）

| 树龄 | N | P | K | Ca | Mg | 合计 |
|---|---|---|---|---|---|---|
| 13 a | 67.94 | 3.06 | 33.92 | 55.22 | 7.80 | 167.94 |
| 16 a | 74.33 | 3.36 | 39.36 | 53.72 | 6.72 | 177.49 |
| 18 a | 87.39 | 4.54 | 45.28 | 76.18 | 12.23 | 225.62 |
| 22 a | 76.58 | 4.47 | 46.72 | 77.01 | 13.08 | 217.86 |
| 24 a | 84.55 | 4.12 | 51.77 | 73.50 | 11.34 | 225.28 |
| 26 a | 100.84 | 5.20 | 69.02 | 79.86 | 10.47 | 265.39 |
| 28 a | 99.04 | 4.99 | 47.04 | 84.07 | 13.76 | 248.90 |
| 31 a | 112.51 | 5.89 | 75.74 | 91.48 | 14.63 | 300.25 |
| 34 a | 99.40 | 5.62 | 38.52 | 98.61 | 19.76 | 261.91 |
| 37 a | 101.51 | 4.86 | 76.03 | 94.72 | 17.26 | 294.38 |
| 平均值 | 90.41 | 4.61 | 52.34 | 78.44 | 12.71 | 238.50 |

## （四）枯落物养分平衡指数

枯落物养分平衡指数反映的是林地枯落物层中养分平衡动态。枯落物养分平衡指数通过枯落物养分分解释放量与枯落物养分归还量的比值计算得到。当指数＜1 时，说明林地枯落物分解小于归还而养分处于富集状态；当指数值＞1 时，说明林地枯落物分解大于归还而养分处于衰减状态；当指数值为 1 时，说明枯落物层中归还与分解处于平衡状态。

由表 5-28 和表 5-30 计算得知，RRIM600 橡胶林枯落物养分平衡指数分别为 0.90（N）、0.80（P）、0.82（K）、0.80（Ca）、0.77（Mg），均小于 1，说明各树龄橡胶林枯落物层中养分元素都处于富集状态。不同元素之间枯落物平衡指数比较表现为 N＞K＞P＞Ca＞Mg，N 素循环速度最快，其次是 K、P，而 Ca、Mg 相对较慢。橡胶林枯落物养分平衡状态随树龄增长的影响变化不大。

## 四、橡胶林水文中养分输入与输出

降雨是森林养分输入的主要途径之一。由降雨输入森林系统的雨水内含物，经过林冠截留、吸收和淋溶后，随穿透水和树干茎流进入土壤，或以地表径流和地下径流的形式输出系统，其间化学物质含量发生了非常复杂的变化。了解和研究橡胶林水文循环的养分变化规律，对于维持橡胶林生态系统的结构稳定和养分平衡，以及提高橡胶林生态系统的可持续生产力具有重要意义。

### （一）橡胶林水文分配特征

橡胶林生态系统水文分配直接影响到水文养分量。2009 年钟庸对海南橡胶林水文分配研究结果表明（表 5 - 31），橡胶林降水主要集中在 7—10 月，占全年降水量的 78.78%。橡胶林林冠截留量随着降水的增加而增加，林冠截留率则随降水量的增加而减少。当月降水量小于 10.00 mm 时，林冠截留量为 1.80~2.70 mm，林冠截留率达到 38.43%~51.58%；降水量最丰富的 7—10 月，林冠截留率变化幅度很小，趋于稳定。

**表 5 - 31  橡胶林水文分配特征**

| 月份 | 林外降水量（mm） | 林内透水量（mm） | 林冠截留量（mm） | 林冠截留率（%） | 树干茎流量（mm） | 茎流率（%） | 地表径流（mm） | 径流率（%） |
|---|---|---|---|---|---|---|---|---|
| 1 | 7.00 | 4.10 | 2.70 | 38.43 | 0.20 | 3.21 | — | — |
| 2 | 4.10 | 2.30 | 1.80 | 44.36 | — | | — | — |
| 3 | 90.70 | 69.10 | 13.00 | 14.31 | 8.60 | 9.51 | 18.10 | 19.93 |
| 4 | 41.70 | 31.90 | 8.10 | 19.46 | 1.70 | 4.14 | 8.40 | 20.22 |
| 5 | 172.90 | 116.70 | 42.70 | 24.67 | 13.60 | 7.86 | 39.30 | 22.73 |
| 6 | 141.60 | 96.60 | 34.60 | 24.40 | 10.40 | 7.36 | 31.70 | 22.35 |
| 7 | 290.70 | 223.80 | 38.50 | 13.25 | 28.40 | 9.78 | 70.90 | 24.38 |
| 8 | 482.80 | 386.00 | 45.10 | 9.34 | 51.80 | 10.72 | 119.50 | 24.75 |
| 9 | 642.30 | 513.60 | 55.40 | 8.63 | 73.20 | 11.40 | 163.60 | 25.47 |
| 10 | 313.90 | 247.50 | 35.60 | 11.33 | 30.80 | 9.82 | 76.80 | 24.46 |
| 11 | 4.40 | 2.30 | 2.10 | 48.74 | — | | — | — |
| 12 | 3.40 | 1.60 | 1.80 | 51.58 | — | | — | — |
| 总计 | 2 195.50 | 1 695.40 | 281.40 | — | 218.70 | | 528.30 | |

注：表中"—"表示本试验中未测得该数据。

### （二）橡胶林水文中养分循环

在我国热带雨林地区，降水淋溶是森林生态系统养分归还的一种主要途径。研究表明，降水中的养分含量主要受降水量的支配，通常表现出明显的季节变化，如夏季最低，冬季最高，春秋季居中。本试验在每次雨后测定橡胶林的降雨量、穿透雨量、树干茎流量以及地表径流量，同时测定其中养分含量，然后根据林地的各类降雨量和养分含量计算出雨水的养分输入量与输出量。

由表 5 - 32 可知，本试验中橡胶林水文中全年 5 种矿质元素养分输入量分别为林外雨 4.557 4 kg/hm$^2$、穿透雨 6.840 0 kg/hm$^2$，树干茎流 3.006 4 kg/hm$^2$，其养分输入量大小比较顺序为穿透雨＞林外雨＞树干茎流。全年通过降雨输入的各种矿质元素养分量分别为 N 11.885 0 kg/hm$^2$、P 1.340 0 kg/hm$^2$、K 1.150 0 kg/hm$^2$、Ca 0.027 4 kg/hm$^2$、Mg 0.001 4 kg/hm$^2$，各元素的输入量大小为 N＞P＞K＞Ca＞Mg。但这一结果低于以往橡胶林降雨输入的养分量，有可能跟当地气候、自然条件等因素有关。

本试验根据地表径流量及其养分含量计算出地表径流养分输出量。5 种元素的输出量分别为 N 4.650 0 kg/hm$^2$、P 0.640 0 kg/hm$^2$、K 1.021 0 kg/hm$^2$、Ca 0.865 0 kg/hm$^2$、Mg 0.065 0 kg/hm$^2$，地表径流各元素输出量大小为 N＞K＞Ca＞P＞Mg。

表 5 - 32　橡胶林水文中养分分配（kg/hm$^2$）

| 元素 | 林外雨 | 穿透雨 | 树干茎流 | 小计 | 地表径流 |
| --- | --- | --- | --- | --- | --- |
| N | 4.222 0 | 5.641 0 | 2.022 0 | 11.885 0 | 4.650 0 |
| P | 0.180 0 | 0.840 0 | 0.320 0 | 1.340 0 | 0.640 0 |
| K | 0.150 0 | 0.350 0 | 0.650 0 | 1.150 0 | 1.021 0 |
| Ca | 0.005 2 | 0.008 5 | 0.013 7 | 0.027 4 | 0.865 0 |
| Mg | 0.000 2 | 0.000 5 | 0.000 7 | 0.001 4 | 0.065 0 |
| 合计 | 4.557 4 | 6.840 0 | 3.006 4 | 14.403 8 | 7.241 0 |

# 第三节　橡胶林养分平衡分析

土壤是生态系统养分元素的重要来源，也是养分迁移、转化、积累的重要场所，在森林生态系统物质循环中起着十分重要的作用。土壤养分的收支状况决定了土壤肥力的发展方向，同时也预示着可能产生的环境影响。土壤养分收支研究对于评判施肥制度的合理性、预测土壤肥力的发展方向和可能产生的环境影响等均具有十分重要的意义。

橡胶林土壤养分输出主要包括树体吸收（树体生长、采收果实、割胶生产）、地表径流、地下渗漏、氮素挥发等途径。养分输入主要包括降雨输入、枯枝落叶分解、根际分泌、人工施肥等途径。由于工作量较大，本研究暂未考虑氮素挥发、根际分泌、果实归还等养分输出和输入环节，本文养分量获取来自于当年同一小区试验。通过计算公式即土壤养分输入－养分输出＝养分盈亏量和土壤养分平衡指数＝养分输入/养分输出，得出 RRIM600 橡胶林生态系统养分平衡分析结果，详见表 5－33 所示。

表 5－33　RRIM600 橡胶林生态系统养分平衡分析（kg/hm²）

| 元素 | 树龄 | 养分输入 | | | | | | 养分输出 | | | 盈亏量 | 土壤平衡指数 |
| | | 降雨输入 | 穿透雨 | 树干茎流 | 分解释放 | 人工施肥 | 小计 | 植物吸收 | 地表径流 | 小计 | | |
| N | 13 a | 4.222 0 | 5.641 0 | 2.022 0 | 67.94 | 64.80 | 144.63 | 544.23 | 4.650 0 | 548.88 | −404.25 | 0.263 |
| | 16 a | 4.222 0 | 5.641 0 | 2.022 0 | 74.33 | 64.80 | 151.02 | 555.80 | 4.650 0 | 560.45 | −409.43 | 0.269 |
| | 18 a | 4.222 0 | 5.641 0 | 2.022 0 | 87.39 | 64.80 | 164.08 | 671.27 | 4.650 0 | 675.92 | −511.84 | 0.243 |
| | 22 a | 4.222 0 | 5.641 0 | 2.022 0 | 76.58 | 64.80 | 153.27 | 754.91 | 4.650 0 | 759.56 | −606.29 | 0.202 |
| | 24 a | 4.222 0 | 5.641 0 | 2.022 0 | 84.55 | 64.80 | 161.24 | 817.48 | 4.650 0 | 822.13 | −660.89 | 0.196 |
| | 26 a | 4.222 0 | 5.641 0 | 2.022 0 | 100.84 | 64.80 | 177.53 | 799.92 | 4.650 0 | 804.57 | −627.04 | 0.221 |
| | 28 a | 4.222 0 | 5.641 0 | 2.022 0 | 99.04 | 64.80 | 175.73 | 806.02 | 4.650 0 | 810.67 | −634.94 | 0.217 |
| | 31 a | 4.222 0 | 5.641 0 | 2.022 0 | 112.51 | 64.80 | 189.20 | 761.04 | 4.650 0 | 765.69 | −576.49 | 0.247 |
| | 34 a | 4.222 0 | 5.641 0 | 2.022 0 | 99.40 | 64.80 | 176.09 | 703.25 | 4.650 0 | 707.90 | −531.81 | 0.249 |
| | 37 a | 4.222 0 | 5.641 0 | 2.022 0 | 101.51 | 64.80 | 178.20 | 718.44 | 4.650 0 | 723.09 | −544.89 | 0.246 |
| | 平均值 | 4.222 0 | 5.641 0 | 2.022 0 | 90.41 | 64.80 | 167.10 | 713.24 | 4.650 0 | 717.89 | −550.79 | 0.233 |
| P | 13 a | 0.180 0 | 0.840 0 | 0.320 0 | 3.06 | 11.66 | 16.06 | 42.28 | 0.640 0 | 42.92 | −26.86 | 0.374 |
| | 16 a | 0.180 0 | 0.840 0 | 0.320 0 | 3.36 | 11.66 | 16.36 | 43.36 | 0.640 0 | 44.00 | −27.64 | 0.372 |
| | 18 a | 0.180 0 | 0.840 0 | 0.320 0 | 4.54 | 11.66 | 17.54 | 57.44 | 0.640 0 | 58.08 | −40.54 | 0.302 |
| | 22 a | 0.180 0 | 0.840 0 | 0.320 0 | 4.47 | 11.66 | 17.47 | 52.47 | 0.640 0 | 53.11 | −35.64 | 0.329 |
| | 24 a | 0.180 0 | 0.840 0 | 0.320 0 | 4.12 | 11.66 | 17.12 | 74.91 | 0.640 0 | 75.55 | −58.43 | 0.227 |
| | 26 a | 0.180 0 | 0.840 0 | 0.320 0 | 5.20 | 11.66 | 18.20 | 71.08 | 0.640 0 | 71.72 | −53.52 | 0.254 |
| | 28 a | 0.180 0 | 0.840 0 | 0.320 0 | 4.99 | 11.66 | 17.99 | 71.79 | 0.640 0 | 72.43 | −54.44 | 0.248 |
| | 31 a | 0.180 0 | 0.840 0 | 0.320 0 | 5.89 | 11.66 | 18.89 | 71.84 | 0.640 0 | 72.48 | −53.59 | 0.261 |
| | 34 a | 0.180 0 | 0.840 0 | 0.320 0 | 5.62 | 11.66 | 18.62 | 65.19 | 0.640 0 | 65.83 | −47.21 | 0.283 |
| | 37 a | 0.180 0 | 0.840 0 | 0.320 0 | 4.86 | 11.66 | 17.86 | 60.34 | 0.640 0 | 60.98 | −43.12 | 0.293 |
| | 平均值 | 0.180 0 | 0.840 0 | 0.320 0 | 4.61 | 11.66 | 17.61 | 61.07 | 0.640 0 | 61.71 | −44.10 | 0.285 |

（续）

| 元素 | 树龄 | 养分输入 | | | | | | 养分输出 | | | 盈亏量 | 土壤平衡指数 |
|---|---|---|---|---|---|---|---|---|---|---|---|---|
| | | 降雨输入 | 穿透雨 | 树干茎流 | 分解释放 | 人工施肥 | 小计 | 植物吸收 | 地表径流 | 小计 | | |
| K | 13 a | 0.150 0 | 0.350 0 | 0.650 0 | 9.61 | 47.60 | 58.36 | 384.78 | 1.021 0 | 385.80 | −327.44 | 0.151 |
| | 16 a | 0.150 0 | 0.350 0 | 0.650 0 | 11.15 | 47.60 | 59.90 | 415.99 | 1.021 0 | 417.01 | −357.11 | 0.144 |
| | 18 a | 0.150 0 | 0.350 0 | 0.650 0 | 12.84 | 47.60 | 61.59 | 426.53 | 1.021 0 | 427.55 | −365.96 | 0.144 |
| | 22 a | 0.150 0 | 0.350 0 | 0.650 0 | 13.25 | 47.60 | 62.00 | 486.48 | 1.021 0 | 487.50 | −425.50 | 0.127 |
| | 24 a | 0.150 0 | 0.350 0 | 0.650 0 | 14.68 | 47.60 | 63.43 | 610.90 | 1.021 0 | 611.92 | −548.49 | 0.104 |
| | 26 a | 0.150 0 | 0.350 0 | 0.650 0 | 19.56 | 47.60 | 68.31 | 528.98 | 1.021 0 | 530.00 | −461.69 | 0.129 |
| | 28 a | 0.150 0 | 0.350 0 | 0.650 0 | 13.34 | 47.60 | 62.09 | 447.34 | 1.021 0 | 448.36 | −386.27 | 0.138 |
| | 31 a | 0.150 0 | 0.350 0 | 0.650 0 | 21.47 | 47.60 | 70.22 | 431.71 | 1.021 0 | 432.73 | −362.51 | 0.162 |
| | 34 a | 0.150 0 | 0.350 0 | 0.650 0 | 10.91 | 47.60 | 59.66 | 359.67 | 1.021 0 | 360.69 | −301.03 | 0.165 |
| | 37 a | 0.150 0 | 0.350 0 | 0.650 0 | 21.55 | 47.60 | 70.30 | 391.43 | 1.021 0 | 392.45 | −322.15 | 0.179 |
| | 平均值 | 0.150 0 | 0.350 0 | 0.650 0 | 14.84 | 47.60 | 63.59 | 448.38 | 1.021 0 | 449.40 | −385.81 | 0.141 |
| Ca | 13 a | 0.005 2 | 0.008 5 | 0.013 7 | 55.22 | 71.40 | 126.65 | 328.19 | 0.865 0 | 329.06 | −202.41 | 0.385 |
| | 16 a | 0.005 2 | 0.008 5 | 0.013 7 | 53.72 | 71.40 | 125.15 | 375.11 | 0.865 0 | 375.98 | −250.83 | 0.333 |
| | 18 a | 0.005 2 | 0.008 5 | 0.013 7 | 76.18 | 71.40 | 147.61 | 474.94 | 0.865 0 | 475.81 | −328.20 | 0.310 |
| | 22 a | 0.005 2 | 0.008 5 | 0.013 7 | 77.01 | 71.40 | 148.44 | 493.93 | 0.865 0 | 494.80 | −346.36 | 0.300 |
| | 24 a | 0.005 2 | 0.008 5 | 0.013 7 | 73.50 | 71.40 | 144.93 | 567.64 | 0.865 0 | 568.51 | −423.58 | 0.255 |
| | 26 a | 0.005 2 | 0.008 5 | 0.013 7 | 79.86 | 71.40 | 151.29 | 466.55 | 0.865 0 | 467.42 | −316.13 | 0.324 |
| | 28 a | 0.005 2 | 0.008 5 | 0.013 7 | 84.07 | 71.40 | 155.50 | 460.67 | 0.865 0 | 461.54 | −306.04 | 0.337 |
| | 31 a | 0.005 2 | 0.008 5 | 0.013 7 | 91.48 | 71.40 | 162.91 | 454.44 | 0.865 0 | 455.31 | −292.40 | 0.358 |
| | 34 a | 0.005 2 | 0.008 5 | 0.013 7 | 98.61 | 71.40 | 170.04 | 481.58 | 0.865 0 | 482.45 | −312.41 | 0.352 |
| | 37 a | 0.005 2 | 0.008 5 | 0.013 7 | 94.72 | 71.40 | 166.15 | 459.33 | 0.865 0 | 460.20 | −294.05 | 0.361 |
| | 平均值 | 0.005 2 | 0.008 5 | 0.013 7 | 78.44 | 71.40 | 149.87 | 456.24 | 0.865 0 | 457.11 | −307.24 | 0.328 |
| Mg | 13 a | 0.000 2 | 0.000 5 | 0.000 7 | 7.80 | 15.52 | 23.32 | 61.89 | 0.065 0 | 61.96 | −38.64 | 0.376 |
| | 16 a | 0.000 2 | 0.000 5 | 0.000 7 | 6.72 | 15.52 | 22.24 | 48.99 | 0.065 0 | 49.06 | −26.82 | 0.453 |
| | 18 a | 0.000 2 | 0.000 5 | 0.000 7 | 12.23 | 15.52 | 27.75 | 91.72 | 0.065 0 | 91.79 | −64.04 | 0.302 |
| | 22 a | 0.000 2 | 0.000 5 | 0.000 7 | 13.08 | 15.52 | 28.60 | 80.35 | 0.065 0 | 80.42 | −51.82 | 0.356 |
| | 24 a | 0.000 2 | 0.000 5 | 0.000 7 | 11.34 | 15.52 | 26.86 | 92.06 | 0.065 0 | 92.13 | −65.27 | 0.292 |
| | 26 a | 0.000 2 | 0.000 5 | 0.000 7 | 10.47 | 15.52 | 25.99 | 77.75 | 0.065 0 | 77.82 | −51.83 | 0.334 |
| | 28 a | 0.000 2 | 0.000 5 | 0.000 7 | 13.76 | 15.52 | 29.28 | 93.05 | 0.065 0 | 93.12 | −63.84 | 0.314 |
| | 31 a | 0.000 2 | 0.000 5 | 0.000 7 | 14.63 | 15.52 | 30.15 | 102.57 | 0.065 0 | 102.64 | −72.49 | 0.294 |
| | 34 a | 0.000 2 | 0.000 5 | 0.000 7 | 19.76 | 15.52 | 35.28 | 138.53 | 0.065 0 | 138.60 | −103.32 | 0.255 |
| | 37 a | 0.000 2 | 0.000 5 | 0.000 7 | 17.26 | 15.52 | 32.78 | 106.45 | 0.065 0 | 106.52 | −73.74 | 0.308 |
| | 平均值 | 0.000 2 | 0.000 5 | 0.000 7 | 12.71 | 15.52 | 28.23 | 89.34 | 0.065 0 | 89.41 | −61.18 | 0.316 |

（续）

| 元素 | 树龄 | 养分输入 | | | | | | 养分输出 | | | 盈亏量 | 土壤平衡指数 |
|---|---|---|---|---|---|---|---|---|---|---|---|---|
| | | 降雨输入 | 穿透雨 | 树干茎流 | 分解释放 | 人工施肥 | 小计 | 植物吸收 | 地表径流 | 小计 | | |
| 总量 | 13 a | 4.557 4 | 6.840 0 | 3.006 4 | 143.63 | 210.98 | 369.02 | 1 361.37 | 7.241 0 | 1 368.62 | −999.60 | 0.270 |
| | 16 a | 4.557 4 | 6.840 0 | 3.006 4 | 149.28 | 210.98 | 374.67 | 1 439.25 | 7.241 0 | 1 446.50 | −1 071.83 | 0.259 |
| | 18 a | 4.557 4 | 6.840 0 | 3.006 4 | 193.18 | 210.98 | 418.57 | 1 721.90 | 7.241 0 | 1 729.15 | −1 310.58 | 0.242 |
| | 22 a | 4.557 4 | 6.840 0 | 3.006 4 | 184.39 | 210.98 | 409.78 | 1 868.14 | 7.241 0 | 1 875.39 | −1 465.61 | 0.218 |
| | 24 a | 4.557 4 | 6.840 0 | 3.006 4 | 188.19 | 210.98 | 413.59 | 2 162.99 | 7.241 0 | 2 170.24 | −1 756.66 | 0.191 |
| | 26 a | 4.557 4 | 6.840 0 | 3.006 4 | 215.93 | 210.98 | 441.32 | 1 944.29 | 7.241 0 | 1 951.53 | −1 510.21 | 0.226 |
| | 28 a | 4.557 4 | 6.840 0 | 3.006 4 | 215.20 | 210.98 | 440.59 | 1 878.87 | 7.241 0 | 1 886.12 | −1 445.53 | 0.234 |
| | 31 a | 4.557 4 | 6.840 0 | 3.006 4 | 245.98 | 210.98 | 471.37 | 1 821.60 | 7.241 0 | 1 828.85 | −1 357.48 | 0.258 |
| | 34 a | 4.557 4 | 6.840 0 | 3.006 4 | 234.30 | 210.98 | 459.69 | 1 748.22 | 7.241 0 | 1 755.47 | −1 295.78 | 0.262 |
| | 37 a | 4.557 4 | 6.840 0 | 3.006 4 | 239.90 | 210.98 | 465.29 | 1 735.99 | 7.241 0 | 1 743.24 | −1 277.95 | 0.267 |
| | 平均值 | 4.557 4 | 6.840 0 | 3.006 4 | 201.00 | 210.98 | 426.39 | 1 768.26 | 7.241 0 | 1 775.51 | −1 349.12 | 0.240 |

注：盈亏量＝输入量－输出量；"＋"表示盈余，"－"表示亏损。

## 一、土壤养分平衡状况

由表 5-33 可知，13～37 a RRIM600 橡胶林全年养分总输入量为 369.01～471.36 kg/hm²，养分总输出量为 1 368.62～2 170.24 kg/hm²。各年龄段的养分总亏损量分别是：13 a 为 999.60 kg/hm²、16 a 为 1 071.83 kg/hm²、18 a 为 1 310.58 kg/hm²、22 a 为 1 465.61 kg/hm²、24 a 为 1 756.66 kg/hm²、26 a 为 1 510.21 kg/hm²、28 a 为 1 445.53 kg/hm²、31 a 为 1 357.48 kg/hm²、34 a 为 1 295.78 kg/hm²、37 a 为 1 277.95 kg/hm²，平均亏损量为 1 349.12 kg/hm²。随着树龄的增加，橡胶园土壤养分亏损量整体呈先增加后减少的大致趋势。

不同年龄的橡胶林土壤中不同元素的亏损程度有差别，N 素的亏损量范围为 404.26～660.90 kg/hm²，变化趋势为先增加（13～24 a）后减少（26～37 a）；P 素亏损量为 26.86～58.43 kg/hm²；K 素亏损量为 327.44～548.49 kg/hm²；Ca 素亏损量为 202.41～423.58 kg/hm²。P、K、Ca 三种元素的亏损量变化趋势都与 N 素相同，也是先增加（13～24 a）后减少（26～37 a），24 a 亏损量最大；Mg 素亏损量为 26.82～103.32 kg/hm²，整个生长阶段大致呈现亏损加剧的状态，并且 31～37 a 亏损最为严重。

## 二、土壤养分平衡指数分析

土壤养分收支状况既是指导人工施肥的理论依据，也是林地养分循环水平的直接反映。土壤养分平衡指数是土壤养分输入量与输出量的比值，反映了林分土壤的养分收支状况。当比值为 1 时，土壤养分处于平衡状态；比值大于 1 时，表示土壤养分盈余；比值小于 1 时，表示土壤养分亏损。从表 5-33 中可以看出，RRIM600 橡胶林土壤养分平衡指数分别为 N 0.202～0.269、P 0.227～0.374、K 0.104～0.179、Ca 0.255～0.385、Mg 0.255～0.453。各养分平衡指数均小于 1，说明土壤养分都处于不平衡状态，且 K 素失衡程度高于其他四种元素。

综合上述结果，RRIM600 橡胶林土壤养分处于收支不平衡状态，即入不敷出。幼龄和开割初期，胶园土壤养分积累量丰富，胶树生长吸收养分量较少，虽然施肥补充不足，但相对而言，土壤养分亏损不算严重。中龄和产胶旺期（24 a 前后），随着胶树的快速生长和割胶强度加大，橡胶树吸收养分并大量产胶，需要消耗更多养分，而固定的施肥量满足不了这阶段的养分需求，导致土壤养分大量耗竭而出现严重亏损。到了老龄期和产胶衰减期（31 a 后），胶树生长减缓并停止割胶，减少了对土壤中养分的吸收，林下植被和大量枯落物分解使土壤获得养分的补充，因此橡胶林生态系统开始逐渐自我修复，养分循环渐渐趋向平衡。

# 本 章 小 结

橡胶林是热带地区重要的生态林之一，在维持全球生态系统功能与平衡方面有不可替代的作用。随着社会经济的发展和生态建设的推进，橡胶林发展成为热区农业的重要支柱产业，为维护热带地区的生态平衡、经济发展与社会稳定作出了重要贡献。橡胶树品种是植胶业发展的基础，无性系 RRIM600 是 20 世纪在中国轻寒区大规模推广种植的国外优良橡胶树高产品种，也是我国早期成功引入的橡胶树育种中主要杂交母本。自从 20 世纪 80 年代起，该品系已成为我国推广的最主要橡胶品种，在我国天然橡胶产业发展中发挥着重要作用。近年来，随着新割制的普遍推广和刺激剂的广泛应用，橡胶林生态系统的养分循环发生了大的变化，尤其是施肥不能准确预知橡胶树的养分需求动态，导致生产中出现如死皮加剧、地力退化加剧、橡胶增产缺乏持续动力等严重问题。本研究以 13～37 a 不同年龄段 RRIM600 橡胶林为对象，通过对橡胶树生物量、枯落物凋落量、养分含量、养分积累量，以及养分归还量等内容进行测定和分析，以探讨不同年龄和产胶期橡胶干物质分配、养分动态规律以及养分平衡特征等方面的差异。其主要结论如下。

（1）13～37 a RRIM600 橡胶林单株胶树生物量积累大小为 244.10～519.78 kg，林分总生物量随着树龄的增长呈逐渐增加的趋势。各器官中树干生物量最大，树叶生物量最小。各树龄段橡胶林的单株各组分生物量大小顺序：13 a 生为树干＞树枝＞树皮＞树叶＞树根，16～37 a 生为树干＞树枝＞树皮＞树根＞树叶。随着树龄的增加，树枝、树皮和树根的比例逐渐增大，树干、树叶的比例逐渐减小。RRIM600 橡胶林单株胶树生物量年增量变化并不与生物量积累量呈同步线性增加趋势。各树龄段橡胶树生物量年增量的大小以中龄胶树的生物量增量最大，生长速度最快，幼龄和老龄胶树的生物量积累速度减慢，净生产能力减弱。RRIM600 橡胶林枯落物年凋落量随树龄增加呈先增加后减少的变化趋势。13～37 a 橡胶林凋落的枯落物生物量在 7 482.7～12 812.1 kg/hm²，31 a 后枯落物年凋落量开始有所减少，其枯枝、枯叶的平均生物量分别占总凋落量的 35.16%、64.84%。

（2）橡胶树生长发育所需的养分元素含量因树龄及器官的不同而表现出不同的规律。橡胶树树叶中 N、P、K 含量整体较高，因为树叶为主要光合器官，参与生长发育的同化作用。树干中大量元素较低的原因主要是树干生理生化作用较弱。比较胶树各器官中不同营养元素含量，树叶中 N 最高、P 最低，树枝中 K 最高、Mg 最低，树根和树皮中 Ca 最高、P 最低，树干中 N 最高、P 最低，胶乳中 N 最高、Ca 最低。随着树体的快速生长，养分不断被根系吸收，并转移到各部位，参与各种生理代谢活动。大量元素受树龄影响而表现出不同的变化特征。如本研究中橡胶树枝 Mg 含量，树根 N、P、Mg 含量和胶乳 P 含量都受树龄的影响较大。橡胶林枯落物中枯叶的 N、P、Ca、Mg 含量相对比枯枝高，K 含量则比枯枝低。与鲜活器官相比，枯枝、枯叶 N、P、K 含量较鲜枝、鲜叶偏低，而 Ca 含量则偏高，Mg 含量相差不大。说明树叶和树枝在凋落前 N、P、K 养分元素已向林木体内发生转移，并再次参与养分内循环过程。

（3）13～37 a RRIM600 橡胶树养分积累量为 3 175.91～7 220.28 kg/hm²，并且随着树龄增加而逐渐增加。不同器官中养分元素积累量及其占比的分配规律均表现为树枝＞树皮＞树干＞树叶＞树根，橡胶树树体大量元素总积累量的排列顺序为 Ca＞K＞N＞Mg＞P。不同元素积累量在各器官中占比大小不同，并且各大元素积累量随树龄增加的变化规律也各有差异，主要因为橡胶树生物量分配特征的不同。RRIM600 橡胶树养分年积累量在 1 153.35～1 889.10 kg/hm²，平均大小为 1 479.72 kg/hm²。各器官中养分的平均年积累量大小顺序为树叶＞树枝＞树皮＞树干＞树根＞胶乳，橡胶树（含胶乳）中各营养元素的平均年积累量大小比较为 N＞K＞Ca＞Mg＞P。说明 N 是树体生长中吸收量最多的元素，其次是 K、Ca、Mg，P 则最低。由于树体各器官对不同元素生理需求和利用特征不同，各大元素年积累量含量并不随生物量年增量同步增长，而是表现为各自不同的波动式变化规律。

（4）枯落物归还是橡胶人工林生态系统养分输入的重要来源。随着树龄的增加，橡胶林枯落物量也表现出逐渐增加的趋势。研究表明，经过一年的分解，枯枝、枯叶失重率分别为 47.37％、94.44％，橡胶林枯叶已所剩无几。说明枯叶是橡胶林生态系统物质循环的重要原料。本研究中橡胶林枯落物养分年归还量为 190.17～342.22 kg/hm²，各元素中 N、Ca 归还量较大，K、Mg 次之，P 较低。分解后枯落物养分年释放量为 167.94～294.38 kg/hm²，各元素年平均释放量大小顺序为 N＞Ca＞K＞Mg＞P，与枯落物养分含量、养分归还量的变化规律基本相同。受气候、枯落物性质、微生物和土壤动物等因素的影响，枯落物分解过程中 N、K 等元素有时会出现富集—释放或富集—释放—富集等现象，因此不同年龄段橡胶林枯落物分解中释放养分量会有差异。针对橡胶林枯落物分解释放养分的机理问题还有待今后进一步研究与探讨。

（5）RRIM600 橡胶树一年中需要吸收养分量（橡胶树净积累与枯落物归还）为 1 361.37～2 162.99 kg/hm²，枯落物平均养分归还量为 190.17～342.22 kg/hm²，当年降雨和茎流净输入养分量 7.26 kg/hm²。根据当年施肥量测算出 RRIM600 橡胶林土壤中养分平均亏损量分别为 N 550.79 kg/hm²、P 44.10 kg/hm²、K 385.81 kg/hm²、Ca 307.24 kg/hm²、Mg 61.18 kg/hm²。从 13a 开始，随着树龄的增加，胶园土壤养分亏损量是呈逐渐增加的状态。开割初期，生长较慢，割胶对养分需求影响较小，养分消耗相对较少，此林段胶园土壤亏损程度较轻。随着割胶持续较强和生长加速，中龄期橡胶树养分需求量达到最大值，土壤养分出现严重亏损。停止割胶之后尤其是到老龄期，橡胶林生态系统开始逐渐自我修复，养分亏损程度慢慢减轻，表明橡胶林生态系统养分循环趋向平衡发展。值得重视的是，现行施肥管理显然不能完全满足不同林段橡胶林养分的实际需求。因此，生产上应结合当前橡胶树营养需求和土壤养分平衡状况，进行合理科学的施肥管理，以满足橡胶树正常生长和生产的可持续发展。

# 第六章 无性系 PR107 橡胶林
## 养分循环规律

养分循环是生态系统中生物生存和繁衍的基础，也是物质积累和能量固定的重要过程。森林生态系统养分循环涉及矿质养分元素在环境与不同结构层次植物中的交换、吸收、运输、分配、利用、归还、固定、分解等过程。本研究将从橡胶树生物量积累、树体养分积累、枯落物分解归还、降雨输入输出等方面阐述橡胶林生态系统养分循环过程，并分析当前橡胶林土壤养分平衡状况。

# 第一节 橡胶林干物质积累与分配

生物量是指生态系统中单位面积现存的有机物的总重量，是生态系统基本的指标特征之一，也是认识生态系统结构与功能的基础，是衡量生产力和研究森林生态系统物质循环的基础，对研究全球养分循环具有重要作用。

本章中采用的橡胶树生物量估算模型和计算方法与 RRIM600 品系相同。

## 一、橡胶树生物量积累

### （一）橡胶树现存生物量

林木因年龄差异，树体生物量与各器官生物量也存在不同。橡胶林各组分生物量分配与生长发育阶段密切相关。图 6-1 和表 6-1 结果显示，7～26 a 橡胶林中，橡胶树单株生物量，7 a 为 133.61 kg、9 a 为 168.69 kg、11 a 为 188.53 kg、16 a 为 200.77 kg、19 a 为 279.70 kg、24 a 为 333.10 kg、26 a 为 339.87 kg。PR107 橡胶树单株生物量随着树龄的增加而不断积累。幼龄和开割初期（7～11 a）树体生物量积累最快，中龄和胶乳旺产期（16～24 a），树体生长的同时还有大量胶乳排出，生物量积累速度有所减缓，26 a 之后生物量变化较小。这主要与橡胶树本身的生长周期和割胶制度等综合因素有关。

从表 6-1 还可以看出，随着树龄的增长，单株 PR107 橡胶树各器官生物量逐渐增加，但是各器官生物量的占比变化趋势不同。树干占比最大，平均占比为 59.35%，并且随着树龄增加呈上下波动的变化趋势，9 a 占比最低，24 a

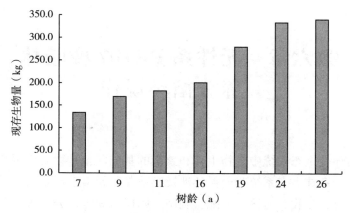

图 6-1　不同树龄 PR107 橡胶树现存生物量

占比最高。树枝也占比较大，平均占比为 22.06％，其变化规律与树干相同，也是 7 a 下降至 11 a 后，逐渐上升到 24 a 达最大值。树皮的平均占比为 8.65％，其中 7～19 a 变化不大，但是到 24 a 后占比明显下降。树叶在地上部分中占比最小，平均值为 4.48％，幼龄 7 a 时树叶抽叶量较少，占比也小，虽然 9 a 后随着树木旺盛生长，抽叶量也增加，但是其干物质占比仍低于其他非同化器官。树根在所有树体组分中占比最小，但是其生物量占比随树龄增加而逐渐增大。

表 6-1　PR107 橡胶树各器官现存生物量（kg）

| 树龄 | 生物量总现存量 | 树叶生物量 | 占比（％） | 树枝生物量 | 占比（％） | 树干生物量 | 占比（％） | 树根生物量 | 占比（％） | 树皮生物量 | 占比（％） |
|---|---|---|---|---|---|---|---|---|---|---|---|
| 7 a | 133.61 | 5.68 | 4.25 | 31.06 | 23.25 | 79.26 | 59.32 | 5.26 | 3.94 | 12.35 | 9.24 |
| 9 a | 168.69 | 7.65 | 4.53 | 38.65 | 22.91 | 99.26 | 58.84 | 6.78 | 4.02 | 16.35 | 9.69 |
| 11 a | 188.53 | 9.30 | 4.93 | 42.46 | 22.52 | 110.82 | 58.78 | 7.80 | 4.14 | 18.15 | 9.63 |
| 16 a | 200.77 | 9.45 | 4.71 | 45.36 | 22.59 | 118.36 | 58.95 | 8.95 | 4.46 | 18.65 | 9.29 |
| 19 a | 279.70 | 12.32 | 4.40 | 63.92 | 22.85 | 164.17 | 58.70 | 12.81 | 4.58 | 26.48 | 9.47 |
| 24 a | 333.10 | 14.25 | 4.28 | 79.02 | 23.72 | 201.34 | 60.44 | 16.56 | 4.97 | 21.93 | 6.58 |
| 26 a | 339.87 | 14.45 | 4.25 | 80.26 | 23.61 | 205.36 | 60.42 | 17.15 | 5.05 | 22.65 | 6.66 |
| 平均值 | 234.90 | 10.44 | 4.48 | 54.39 | 22.06 | 139.80 | 59.35 | 10.76 | 4.45 | 19.51 | 8.65 |

　　比较 PR107 不同年龄胶树各器官生物量，7～19 a 为树干＞树枝＞树皮＞树叶＞树根，24～26 a 为树干＞树枝＞树皮＞树根＞树叶，其中树干占比最

大，约为树枝 2.6 倍、树皮 7.2 倍、树叶 13.4 倍、树根 13.0 倍。随着橡胶树年龄的增加，树体生长变化规律从同化器官叶片的增多，发展到非同化器官地下部分根系的大量增长。

**（二）橡胶树年增生物量**

图 6-2 显示，随着树龄的增加，单株 PR107 橡胶树生物量的年总增量变化呈先减小后增大再减小的趋势，其中以中龄（16～19 a）最大。7～26 a 橡胶树生物量年增量在 30.31～38.53 kg。橡胶树各器官生物量年增量随树龄增长变化规律不同，树叶为 24 a＞26 a＞19 a＞16 a＞11 a＞9 a＞7 a，树干、树枝为 7 a＞16 a＞11 a＞19 a＞9 a＞24 a＞26 a，树皮为 7 a＞9 a＞11 a＞16 a＞19 a＞26 a＞24 a，树根为 16 a＞19 a＞11 a＞9 a＞7 a＞24 a＞26 a。由此可见，在橡胶树生长过程中，树叶增量大致逐年增大，树枝、树干在开割初期和老龄期增量较小，树皮增量大致逐年减小，树根在中龄期增量最大，26 a 时树叶、树皮的增量又有小幅度增加。

比较橡胶树各器官生物量增量的平均占比，约为树干（44.40%）＞树叶（31.08%）＞树枝（17.68%）＞树根（3.92%）＞树皮（2.91%），其中树干最大，约为树叶的 1.43 倍、树枝的 2.51 倍、树根的 11.32 倍、树皮的 15.25 倍。以上数据表明橡胶树各器官生物量增长速率受生长年龄和割胶年限等因素的影响，不同树龄橡胶树各器官生物增量的分配规律表现出明显差异。

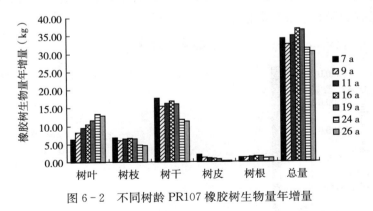

图 6-2　不同树龄 PR107 橡胶树生物量年增量

## 二、枯落物生物量

### （一）枯落物年凋落量

由表 6-2 可知，7～26 a PR107 橡胶林枯落物年凋落量为 4 590.80～

11 085.80 kg/hm²，平均大小 8 417.25 kg/hm²，其中枯枝、枯叶分别占比 34.44%、65.56%。随着树龄的增加，橡胶林枯枝、枯叶凋落量及总量均逐渐增大，至 26 a 时有所减小。这可能跟橡胶树生物量与其器官的老化程度有关。

表 6-2　PR107 橡胶林枯落物年凋落量（kg/hm²）

| 组分 | 7 a | 9 a | 11 a | 16 a | 19 a | 24 a | 26 a | 平均 |
|---|---|---|---|---|---|---|---|---|
| 枯叶 | 3 843.90 | 4 533.60 | 4 756.60 | 4 986.25 | 5 850.00 | 7 392.30 | 7 266.80 | 5 518.49 |
| 枯枝 | 746.90 | 2 743.60 | 2 645.60 | 3 245.60 | 3 647.60 | 3 693.50 | 3 568.50 | 2 898.76 |
| 合计 | 4 590.80 | 7 277.20 | 7 402.20 | 8 231.85 | 9 497.60 | 11 085.80 | 10 835.30 | 8 417.25 |

### （二）枯落物月凋落量

枯落物数量及组成受树木本身的生物学特征、树龄和外界环境条件影响。气候因素如气温、降水和风等因子的季节变化和年际变化常常造成枯落物的波动。从图 6-3 可以看出，PR107 橡胶林枯叶凋落量具有明显的季节规律，其动态模式为单峰型，最高峰出现在 2 月，该月平均凋落量为 3 032.9 kg/hm²，占全年的 54.01%，其次是 1 月和 3 月。枯枝凋落量的动态变化表现为双峰型，第一高峰期在 4 月和 5 月，主要由于橡胶树自然疏枝；第二高峰期在 9 月，受台风、降雨影响可能造成大量的非生理性落枝。本试验中枯落物月凋落规律与已有的研究结果基本相似。

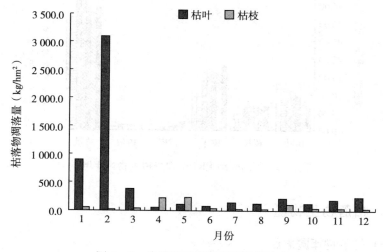

图 6-3　橡胶林枯落物凋落量月变化

### 三、干胶产量

由表 6-3 可知，7～26 a PR107 橡胶树单株干胶年产量在 2.78～4.43 kg，随着树龄的增加，干胶产量呈先增加后减少的变化趋势，其中 16～19 a（中龄）产量最高，产胶初期 7 a 和产胶后期 24 a 相对较低。不同开割月份中，6—8 月干胶产量最高，其次是 9—11 月，5 月和 12 月为开割始末月份，产量最低。随着时间的推移和气候变化，干胶月产量随着逐月变化而表现为先增加后减少的规律。

表 6-3　PR107 橡胶树干胶产量（kg）

| 树龄 | 5 月 | 6 月 | 7 月 | 8 月 | 9 月 | 10 月 | 11 月 | 12 月 | 全年 |
|---|---|---|---|---|---|---|---|---|---|
| 7 a | 0.25 | 0.35 | 0.45 | 0.41 | 0.33 | 0.42 | 0.39 | 0.19 | 2.78 |
| 9 a | 0.32 | 0.71 | 0.60 | 0.62 | 0.48 | 0.48 | 0.48 | 0.30 | 4.00 |
| 11 a | 0.35 | 0.77 | 0.59 | 0.57 | 0.53 | 0.51 | 0.53 | 0.36 | 4.21 |
| 16 a | 0.41 | 0.61 | 0.58 | 0.65 | 0.62 | 0.56 | 0.46 | 0.38 | 4.27 |
| 19 a | 0.51 | 0.73 | 0.63 | 0.63 | 0.54 | 0.54 | 0.48 | 0.37 | 4.43 |
| 24 a | 0.21 | 0.32 | 0.31 | 0.31 | 0.26 | 0.21 | 0.21 | 0.13 | 1.95 |
| 26 a | 0.17 | 0.41 | 0.33 | 0.35 | 0.26 | 0.28 | 0.28 | 0.16 | 2.25 |
| 平均值 | 0.32 | 0.56 | 0.50 | 0.51 | 0.43 | 0.43 | 0.40 | 0.27 | 3.41 |

# 第二节　橡胶林养分循环规律

### 一、土壤养分含量分布

由表 6-4 可知，本研究中橡胶园土壤有机质含量为 11.21～21.61 g/kg，平均值 16.06 g/kg。有效 N 含量为 14.36～28.60 mg/kg，平均值 20.67 mg/kg；有效 P 含量为 5.26～10.30 mg/kg，平均值 7.40 mg/kg；速效 K 含量为 34.13～40.36 mg/kg，平均值 37.22 mg/kg；交换性 Ca 含量为 40.36～55.26 mg/kg，平均值 48.94 mg/kg；交换性 Mg 含量为 3.30～7.65 mg/kg，平均值 5.12 mg/kg。全 N 含量为 0.41～0.52 g/kg，平均值 0.46 g/kg；全 P 含量为 0.41～0.53 g/kg，平均值 0.47 g/kg；全 K 含量为 2.36～2.73 g/kg，平均值 2.61 g/kg；全 Ca 含量为 15.82～20.04 g/kg，平均值 17.48 g/kg；全 Mg 含量为 1.44～1.82 g/kg，平均值 1.59 g/kg。根据橡胶树正常生长所需土壤养分含量来判断，本试验地区胶

园土壤养分大多处于有机质、全 N、速效 K 等含量较低、有效 P 含量居中下水平。

表 6-4 PR107 橡胶林土壤养分含量分布

| 项目 | 7a | 9a | 11a | 16a | 19a | 24a | 26a | 平均值 |
|---|---|---|---|---|---|---|---|---|
| 有机质（g/kg） | 16.00 | 20.90 | 21.61 | 16.43 | 12.94 | 13.36 | 11.21 | 16.06 |
| 有效 N（mg/kg） | 20.26 | 18.36 | 14.36 | 21.36 | 19.36 | 22.36 | 28.60 | 20.67 |
| 有效 P（mg/kg） | 9.35 | 8.56 | 6.35 | 5.26 | 10.30 | 6.35 | 5.66 | 7.40 |
| 速效 K（mg/kg） | 36.90 | 40.36 | 38.60 | 34.60 | 40.36 | 35.60 | 34.13 | 37.22 |
| 交换性 Ca（mg/kg） | 55.26 | 52.36 | 51.36 | 49.00 | 51.88 | 42.36 | 40.36 | 48.94 |
| 交换性 Mg（mg/kg） | 6.35 | 7.65 | 4.14 | 3.30 | 4.36 | 4.36 | 5.65 | 5.12 |
| 全 N（g/kg） | 0.52 | 0.48 | 0.47 | 0.44 | 0.41 | 0.42 | 0.45 | 0.46 |
| 全 P（g/kg） | 0.49 | 0.53 | 0.52 | 0.51 | 0.41 | 0.44 | 0.42 | 0.47 |
| 全 K（g/kg） | 2.70 | 2.69 | 2.48 | 2.36 | 2.70 | 2.73 | 2.60 | 2.89 |
| 全 Ca（g/kg） | 20.04 | 18.39 | 17.90 | 16.82 | 15.82 | 16.22 | 17.19 | 17.48 |
| 全 Mg（g/kg） | 1.82 | 1.67 | 1.63 | 1.53 | 1.44 | 1.47 | 1.56 | 1.59 |

## 二、橡胶树养分积累与分配

### （一）橡胶树养分含量

#### 1. 各器官养分含量变化

PR107 橡胶树生长所需的主要营养元素包括 N、P、K、Ca、Mg，其含量因器官及组织的不同而异。由表 6-5 可知，大量元素含量在不同器官中的分配规律不同，N 为树叶>树根>树枝>胶乳>树皮>树干，P 为树叶>胶乳>树枝>树根>树皮>树干，K 为树叶>树枝>树皮>树根>胶乳>树干，Ca 为树皮>树枝>树根>树叶>树干>胶乳，Mg 为树叶>树皮>树根>树枝>树干>胶乳。整体上各器官养分含量呈现出树叶>树皮>树枝>树根>胶乳>树干的趋势，N、P、K、Mg 含量都以树叶最高，而 Ca 含量以树皮最高，树干中各养分含量最低。这表明，橡胶树生长过程中生命力旺盛的树叶，需要的养分含量高，因为树叶是光合作用的同化器官，是有机物合成的重要场所，其养分含量基本上较高。树干部分以木质为主，生理生化作用相对较弱，大部分养分已经被消耗利用或转移到其他部分，包括胶乳流出养分，因此养分含量较低。

橡胶树各器官不同营养元素的平均含量为 Ca>N>K>Mg>P，Ca、N 含量相差不大。各器官不同元素分配规律亦略有差异，树叶、树干大量元素含量表现为 N>K>Ca>Mg>P，树枝、树皮为 Ca>K>N>Mg>P，树根为 Ca>N>K>Mg>P，胶乳为 N>K>P>Mg>Ca。总体上，各器官的养分含量表现出 N、Ca 含量高，P 和 Mg 含量低的特征。这表明各养分元素所起的作用不同，各器官对各养分元素的吸收也不同。除了 N、K 以外，橡胶树对 Ca 的需求也较大。

从表 6-5 中还可以看出，随着树龄的增加，橡胶树各器官养分含量没有特定的变化规律。树叶中 N 含量在 7～16a 较一致，19a 以后逐渐升高，P、K 和 Ca 含量整体上随树龄增长呈上升趋势；Mg 含量呈下降趋势。树枝中 N 含量在幼龄树（7～11a）较高，中龄（14～19a）较低，24a 后又有所上升；P、K 和 Ca 含量整体上也随着树龄增长呈波动上升趋势，24a 略有下降；Mg 含量在 7a 龄最高，老龄最低。树皮中 N 含量在幼龄 7a 最高，下降到 19a 后又回升；P 含量随着树龄增长呈上升趋势，到 26a 后有所下降；K 含量在 7～9a 较高，11～16a 较低，19～24a 整体上又处于上升趋势；Ca 含量在 7～24a 整体呈上升趋势；Mg 含量在 9a 最高，19a 时最低，24a 又有所升高。树干中 N 含量在 7～19a 高于 24～26a；P 含量在 7～19a 呈逐渐下降趋势，24a 后开始上升；K、Ca 含量在 7～26a 呈波动式上升趋势；Mg 含量在整体上呈波动下降趋势。树根中 N 含量在 7～19a 逐年下降，24a 后有所上升；P 含量呈波动式上下变化趋势；K、Ca 含量整体呈上升趋势，老龄后有所下降；Mg 含量在幼龄 9a 最高，老龄 26a 最低。胶乳中除了 K 元素外，其他大量元素都随着树龄增长而逐渐减少，其中以 19a 的含量最低。

表 6-5 PR107 橡胶树养分含量分布（%）

| 器官 | 树龄 | N | P | K | Ca | Mg | 平均值 |
|---|---|---|---|---|---|---|---|
| 树叶 | 7a | 3.673 | 0.216 | 1.230 | 0.999 | 0.335 | 1.291 |
| | 9a | 3.615 | 0.219 | 1.238 | 0.720 | 0.329 | 1.224 |
| | 11a | 3.562 | 0.225 | 1.356 | 1.175 | 0.323 | 1.328 |
| | 16a | 3.734 | 0.227 | 1.413 | 1.186 | 0.310 | 1.374 |
| | 19a | 3.743 | 0.219 | 1.480 | 1.208 | 0.294 | 1.389 |
| | 24a | 3.925 | 0.255 | 1.510 | 0.981 | 0.285 | 1.391 |
| | 26a | 3.912 | 0.251 | 1.598 | 1.235 | 0.272 | 1.454 |
| | 平均值 | 3.738 | 0.230 | 1.404 | 1.072 | 0.307 | 1.350 |

（续）

| 器官 | 树龄 | N | P | K | Ca | Mg | 平均值 |
|---|---|---|---|---|---|---|---|
| 树枝 | 7 a | 1.079 | 0.102 | 1.035 | 1.356 | 0.203 | 0.755 |
| | 9 a | 1.054 | 0.108 | 1.168 | 1.423 | 0.195 | 0.790 |
| | 11 a | 0.825 | 0.112 | 1.135 | 1.526 | 0.196 | 0.759 |
| | 16 a | 0.912 | 0.123 | 1.135 | 1.797 | 0.178 | 0.829 |
| | 19 a | 0.912 | 0.151 | 1.268 | 1.712 | 0.175 | 0.844 |
| | 24 a | 1.254 | 0.169 | 1.310 | 1.725 | 0.167 | 0.925 |
| | 26 a | 1.115 | 0.169 | 1.286 | 1.868 | 0.161 | 0.920 |
| | 平均值 | 1.022 | 0.133 | 1.191 | 1.630 | 0.182 | 0.832 |
| 树皮 | 7 a | 0.923 | 0.062 | 1.031 | 2.921 | 0.316 | 1.051 |
| | 9 a | 0.828 | 0.058 | 0.960 | 2.930 | 0.329 | 1.021 |
| | 11 a | 0.697 | 0.055 | 0.974 | 3.510 | 0.263 | 1.100 |
| | 16 a | 0.721 | 0.052 | 1.032 | 4.231 | 0.254 | 1.258 |
| | 19 a | 0.622 | 0.048 | 1.034 | 4.400 | 0.255 | 1.272 |
| | 24 a | 0.777 | 0.057 | 1.084 | 4.809 | 0.329 | 1.411 |
| | 26 a | 0.822 | 0.062 | 1.100 | 4.454 | 0.316 | 1.351 |
| | 平均值 | 0.770 | 0.056 | 1.031 | 3.894 | 0.295 | 1.209 |
| 树干 | 7 a | 0.598 | 0.058 | 0.285 | 0.224 | 0.078 | 0.249 |
| | 9 a | 0.590 | 0.043 | 0.311 | 0.189 | 0.094 | 0.245 |
| | 11 a | 0.560 | 0.044 | 0.336 | 0.223 | 0.079 | 0.248 |
| | 16 a | 0.555 | 0.046 | 0.379 | 0.312 | 0.082 | 0.275 |
| | 19 a | 0.475 | 0.045 | 0.402 | 0.310 | 0.073 | 0.261 |
| | 24 a | 0.599 | 0.059 | 0.412 | 0.295 | 0.077 | 0.288 |
| | 26 a | 0.677 | 0.058 | 0.429 | 0.432 | 0.064 | 0.332 |
| | 平均值 | 0.579 | 0.050 | 0.365 | 0.284 | 0.078 | 0.271 |
| 树根 | 7 a | 1.320 | 0.100 | 0.821 | 1.329 | 0.218 | 0.758 |
| | 9 a | 1.259 | 0.097 | 0.835 | 1.179 | 0.247 | 0.723 |
| | 11 a | 1.200 | 0.106 | 0.828 | 1.354 | 0.217 | 0.741 |
| | 16 a | 1.088 | 0.099 | 0.832 | 1.330 | 0.201 | 0.710 |
| | 19 a | 1.030 | 0.134 | 0.829 | 1.367 | 0.200 | 0.712 |
| | 24 a | 1.254 | 0.110 | 0.921 | 1.559 | 0.208 | 0.810 |
| | 26 a | 1.116 | 0.096 | 0.908 | 1.388 | 0.195 | 0.741 |
| | 平均值 | 1.181 | 0.106 | 0.853 | 1.358 | 0.212 | 0.742 |

（续）

| 器官 | 树龄 | N | P | K | Ca | Mg | 平均值 |
|---|---|---|---|---|---|---|---|
| | 7 a | 0.869 | 0.169 | 0.579 | 0.004 9 | 0.053 | 0.335 |
| | 9 a | 0.862 | 0.198 | 0.576 | 0.005 2 | 0.052 | 0.339 |
| | 11 a | 0.827 | 0.185 | 0.581 | 0.005 1 | 0.052 | 0.330 |
| 胶乳 | 16 a | 0.798 | 0.173 | 0.590 | 0.005 1 | 0.051 | 0.323 |
| | 19 a | 0.724 | 0.143 | 0.512 | 0.004 8 | 0.049 | 0.287 |
| | 24 a | 0.787 | 0.181 | 0.553 | 0.004 3 | 0.042 | 0.313 |
| | 26 a | 0.792 | 0.213 | 0.532 | 0.004 2 | 0.051 | 0.318 |
| | 平均值 | 0.808 | 0.180 | 0.560 | 0.004 8 | 0.050 | 0.321 |

**2. 养分含量数学模型**

本研究运用 SAS 统计软件分别对 PR107 橡胶树树叶、树枝、树根、树皮、树干，胶乳中 N、P、K、Ca、Mg 含量与月份、树龄进行回归分析并建立模型。通过各回归分析方程的显著性检验结果均为 $P(Pr>F)<0.05$，即各项回归分析方程有显著差异。说明橡胶树各器官各养分含量均受月份和树龄的影响（表 6-6 至表 6-11）。

（1）树叶

利用 SAS 统计软件对试验数据进行统计分析。结果表明，橡胶树无性系 PR107 树叶中 N、P、K、Ca 和 Mg 含量在不同月份达极显著差异，不同树龄之间亦达极显著差异。说明橡胶树树叶中全量养分含量不仅与叶龄有关，还与树龄有关。

进一步对 PR107 橡胶树树叶中全量养分含量与叶龄和树龄进行线性回归分析，结果见表 6-6。比较叶片中 5 种大量元素（N、P、K、Ca、Mg）的含量，其为 N>K>Ca>Mg>P。

表 6-6 树叶养分含量模型

| 元素 | 直线回归方程 | 显著性测验 |
|---|---|---|
| N | $y=4.323\ 074+0.008\ 280\ x_1-0.124\ 339\ x_2$ | $F=42.341$，$P(Pr>F)=0.000\ 1$ |
| P | $y=0.306\ 591+0.008\ 280\ x_1-0.016\ 777\ x_2$ | $F=43.263$，$P(Pr>F)=0.000\ 1$ |
| K | $y=1.651\ 820+0.020\ 123\ x_1-0.089\ 712\ x_2$ | $F=86.051$，$P(Pr>F)=0.000\ 1$ |
| Ca | $y=0.105\ 645-0.008\ 956\ x_1+0.251\ 541\ x_2$ | $F=141.948$，$P(Pr>F)=0.000\ 1$ |
| Mg | $y=0.330\ 447+0.000\ 701\ x_1-0.002\ 871\ x_2$ | $F=12.501$，$P(Pr>F)=0.030\ 5$ |

说明：$y$ 为树叶中全量养分含量（%）；$x_1$ 为树龄（a）；$x_2$ 为叶龄（月）。

（2）树枝

利用 SAS 统计软件对试验数据进行统计分析。结果表明，PR107 橡胶树树枝中 N、P、K、Ca 和 Ma 含量在不同月份达极显著差异，不同树龄之间亦达极显著（或显著）差异。说明橡胶树树枝中全量养分含量不仅与季节有关，还与树龄有关。

进一步对 PR107 橡胶树树枝中全量养分含量与季节和树龄进行线性回归分析，结果见表 6-7。比较树枝中 5 种大量元素（N、P、K、Ca、Mg）的含量，其为 Ca>K>N>Mg>P。

表 6-7 树枝养分含量模型

| 元素 | 直线回归方程 | 显著性测验 |
|---|---|---|
| N | $y=0.906\,593-0.004\,360\,x_1+0.027\,938\,x_2$ | $F=8.100$，$P(Pr>F)=0.001\,2$ |
| P | $y=0.120\,661+0.002\,219\,x_1-0.002\,583\,x_2$ | $F=5.930$，$P(Pr>F)=0.005\,8$ |
| K | $y=1.446\,684+0.005\,223\,x_1-0.045\,007\,x_2$ | $F=7.984$，$P(Pr>F)=0.001\,3$ |
| Ca | $y=0.859\,553+0.014\,474\,x_1+0.142\,123\,x_2$ | $F=25.344$，$P(Pr>F)=0.000\,1$ |
| Mg | $y=0.228\,304+0.000\,537\,x_1-0.009\,720\,x_2$ | $F=39.722$，$P(Pr>F)=0.000\,1$ |

说明：$y$ 为树枝中全量养分含量（%）；$x_1$ 为树龄（a）；$x_2$ 为叶龄（月）。

（3）树皮

利用 SAS 统计软件对试验数据进行统计分析。结果表明，PR107 橡胶树树皮中 N、P、K、Ca 和 Ma 含量在不同月份达极显著差异，不同树龄之间亦达极显著差异。说明橡胶树树皮中全量养分含量不仅与季节有关，还与树龄有关。

进一步对 PR107 橡胶树树皮中全量养分含量与季节和树龄进行线性回归分析，结果见表 6-8。通过比较树皮中 5 种大量元素（N、P、K、Ca、Mg）的含量，其为 Ca>N>K>Mg>P。

表 6-8 树皮养分含量模型

| 元素 | 直线回归方程 | 显著性测验 |
|---|---|---|
| N | $y=1.493\,691-0.014\,585\,x_1-0.063\,930\,x_2$ | $F=8.759$，$P(Pr>F)=0.000\,8$ |
| P | $y=0.086\,549-0.001\,225\,x_1-0.000\,915\,x_2$ | $F=7.158$，$P(Pr>F)=0.002\,4$ |
| K | $y=1.193\,635-0.004\,141\,x_1-0.002\,550\,x_2$ | $F=6.585$，$P(Pr>F)=0.050\,62$ |
| Ca | $y=1.580\,521+0.028\,219\,x_1+0.392\,770\,x_2$ | $F=22.853$，$P(Pr>F)=0.000\,1$ |
| Mg | $y=0.351\,005-0.001\,623\,x_1-0.008\,163\,x_2$ | $F=14.034$，$P(Pr>F)=0.000\,1$ |

说明：$y$ 为树皮中全量养分含量（%）；$x_1$ 为树龄（a）；$x_2$ 为叶龄（月）。

（4）树干

利用 SAS 统计软件对试验数据进行统计分析。结果表明，PR107 橡胶树树干中 N、P、K、Ca 和 Ma 含量在不同月份达极显著差异，不同树龄之间亦达极显著差异。说明橡胶树树干中全量养分含量不仅与季节有关，还与树龄有关。

进一步对 PR107 橡胶树树干中全量养分含量与季节和树龄进行线性回归分析，结果见表 6-9。比较树干中 5 种大量元素（N、P、K、Ca、Mg）的含量，其为 N＞K＞Ca＞Mg＞P。

**表 6-9 树干养分含量模型**

| 元素 | 直线回归方程 | 显著性测验 |
|---|---|---|
| N | $y=0.832982-0.004454 x_1-0.015129 x_2$ | $F=2.593, P(Pr>F)=0.0503$ |
| P | $y=0.063239-0.000219 x_1-0.001379 x_2$ | $F=3.772, P(Pr>F)=0.0323$ |
| K | $y=0.568330-0.002670 x_1-0.022845 x_2$ | $F=10.620, P(Pr>F)=0.0002$ |
| Ca | $y=0.052125+0.002075 x_1+0.040835 x_2$ | $F=20.633, P(Pr>F)=0.0001$ |
| Mg | $y=0.085682-0.000683 x_1-0.000452 x_2$ | $F=3.444, P(Pr>F)=0.0425$ |

说明：$y$ 为树干中全量养分含量（%）；$x_1$ 为树龄（a）；$x_2$ 为叶龄（月）。

（5）树根

利用 SAS 统计软件对试验数据进行统计分析，结果表明，PR107 橡胶树树根中 N、P、K、Ca 和 Mg 含量在不同月份达极显著差异，不同树龄之间亦达极显著（或显著）差异。说明橡胶树树根中全量养分含量不仅与季节有关，还与树龄有关。

进一步对 PR107 橡胶树树根中全量养分含量与季节和树龄进行线性回归分析，结果见表 6-10。比较树根中 5 种大量元素（N、P、K、Ca、Mg）的含量，其为 Ca＞N＞K＞Mg＞P。

**表 6-10 树根养分含量模型**

| 元素 | 直线回归方程 | 显著性测验 |
|---|---|---|
| N | $y=1.854322-0.013198 x_1-0.061777 x_2$ | $F=15.768, P(Pr>F)=0.0001$ |
| P | $y=0.122391-0.000868 x_1-0.00053333 x_2$ | $F=10.414, P(Pr>F)=0.05072$ |
| K | $y=0.242555+0.015750 x_1+0.040520 x_2$ | $F=19.367, P(Pr>F)=0.0001$ |
| Ca | $y=0.246381+0.002565 x_1+0.149643 x_2$ | $F=9.634, P(Pr>F)=0.0004$ |
| Mg | $y=0.164157+0.000698 x_1+0.002668 x_2$ | $F=4.388, P(Pr>F)=0.0504$ |

说明：$y$ 为树根中全量养分含量（%）；$x_1$ 为树龄（a）；$x_2$ 为叶龄（月）。

（6）胶乳

利用 SAS 统计软件对试验数据进行统计分析，结果表明，PR107 橡胶树胶乳中 N、P、K、Ca 和 Mg 含量在不同月份达极显著差异，不同树龄之间亦达极显著（或显著）差异。说明橡胶树胶乳中全量养分含量不仅与季节有关，还与树龄有关。

进一步对 PR107 橡胶树胶乳中养分含量与季节和树龄进行线性回归分析，结果见表 6-11。比较胶乳中 5 种大量元素（N、P、K、Ca、Mg）的含量，其为 N＞K＞P＞Mg＞Ca。

**表 6-11  胶乳养分含量模型**

| 元素 | 直线回归方程 | 显著性测验 |
|---|---|---|
| N | $y=0.653\,305-0.003\,140\,x_1+0.022\,949\,x_2$ | $F=8.438,P(Pr>F)=0.000\,5$ |
| P | $y=0.184\,659-0.001\,016\,x_1+0.004\,582\,x_2$ | $F=4.518,P(Pr>F)=0.014\,3$ |
| K | $y=0.102\,009-0.001\,820\,x_1+0.056\,795\,x_2$ | $F=34.777,P(Pr>F)=0.000\,1$ |
| Ca | $y=0.017\,468-0.000\,034\,907\,x_1-0.000\,563\,x_2$ | $F=5.067,P(Pr>F)=0.034\,3$ |
| Mg | $y=0.164\,913+0.000\,377\,x_1-0.006\,446\,x_2$ | $F=4.538,P(Pr>F)=0.046\,4$ |

说明：$y$ 为胶乳中全量养分含量（%）；$x_1$ 为树龄（a）；$x_2$ 为叶龄（月）。

### （二）橡胶树养分积累分配

**1. 各器官养分积累量**

由表 6-12 可知，PR107 橡胶树 7～26 a 大量元素积累量在 1 934.09～5 955.08 kg/hm²。大量元素在各器官中的积累量排列顺序为树枝（31.22%）＞树皮（29.29%）＞树干（25.24%）＞树叶（9.51%）＞树根（4.74%）。各器官中 N、P、K、Ca、Mg 积累量由高到低的排列顺序：树叶、树干为 N＞K＞Ca＞Mg＞P，树枝、树皮为 Ca＞K＞N＞Mg＞P，树根为 Ca＞N＞K＞Mg＞P。橡胶树各元素总积累量由高到低的排列顺序为 Ca＞N＞K＞Mg＞P。橡胶树各器官中养分积累量分布规律与养分含量基本相同。

PR107 橡胶树不同年龄段中各器官内养分分配格局有差异。N 素积累量的分配规律为树干＞树枝＞树叶＞树皮＞树根；P 在 7～24 a 为树干＞树枝＞树叶＞树皮＞树根，26 a 为树枝＞树干＞树叶＞树皮＞树根；K 为树枝＞树干＞树皮＞树叶＞树根；Ca 在 7 a 为树皮＞树枝＞树干＞树叶＞树根，9～26 a 为树皮＞树枝＞树干＞树根＞树叶；Mg 在 7 a 和 24 a 为树皮＞树干＞树枝＞树叶＞树根，11 a 为树干＞树枝＞树皮＞树叶＞树根，9 a、16 a、19 a 为树枝＞树干＞树皮＞树叶＞树根，26 a 为树皮＞树枝＞树干＞树叶＞树根。橡胶树各器官养分平均积累量由高到低的排列顺序为树枝＞树皮＞树干＞树叶＞树根。整体上，随着树龄的增长，橡胶树各器官以及全树的养分积累量几乎呈线性增长。

表 6-12　PR107 橡胶树各器官养分积累量（kg/hm²）

| 器官 | 树龄 | N | P | K | Ca | Mg | 合计 |
|---|---|---|---|---|---|---|---|
| 树叶 | 7 a | 122.30 | 8.33 | 42.73 | 43.31 | 12.94 | 229.61 |
| | 9 a | 141.37 | 9.53 | 50.11 | 54.69 | 13.95 | 269.65 |
| | 11 a | 143.13 | 10.03 | 52.61 | 58.10 | 14.39 | 278.26 |
| | 16 a | 172.29 | 11.02 | 69.82 | 63.02 | 15.05 | 331.20 |
| | 19 a | 200.03 | 14.92 | 84.05 | 83.44 | 19.58 | 402.02 |
| | 24 a | 267.60 | 18.17 | 107.59 | 81.71 | 20.94 | 496.01 |
| | 26 a | 246.94 | 16.72 | 101.81 | 85.16 | 17.14 | 467.77 |
| | 平均值 | 184.81 | 12.67 | 72.67 | 67.06 | 16.28 | 353.50 |
| 树枝 | 7 a | 131.25 | 12.24 | 150.03 | 262.63 | 22.37 | 578.52 |
| | 9 a | 158.51 | 13.71 | 213.07 | 323.26 | 33.89 | 742.44 |
| | 11 a | 174.57 | 19.07 | 231.48 | 372.85 | 35.96 | 833.93 |
| | 16 a | 199.06 | 25.43 | 309.02 | 442.26 | 44.44 | 1 020.21 |
| | 19 a | 259.14 | 40.75 | 380.19 | 605.01 | 55.41 | 1 340.50 |
| | 24 a | 430.57 | 61.34 | 458.51 | 879.61 | 61.27 | 1 891.30 |
| | 26 a | 409.45 | 64.39 | 468.39 | 707.17 | 59.68 | 1 709.08 |
| | 平均值 | 251.79 | 33.85 | 315.81 | 513.25 | 44.72 | 1 159.43 |
| 树皮 | 7 a | 89.41 | 5.76 | 98.55 | 328.60 | 26.72 | 549.04 |
| | 9 a | 92.63 | 6.20 | 114.20 | 371.67 | 27.73 | 612.43 |
| | 11 a | 97.03 | 6.74 | 137.56 | 436.14 | 33.25 | 710.72 |
| | 16 a | 108.25 | 6.92 | 149.21 | 706.54 | 30.94 | 1 001.86 |
| | 19 a | 121.16 | 9.39 | 208.16 | 950.64 | 48.16 | 1 337.51 |
| | 24 a | 201.40 | 12.58 | 284.13 | 1 264.90 | 76.43 | 1 839.44 |
| | 26 a | 205.74 | 17.21 | 279.88 | 997.29 | 62.89 | 1 563.01 |
| | 平均值 | 130.80 | 9.26 | 181.67 | 722.25 | 43.73 | 1 087.72 |

（续）

| 器官 | 树龄 | N | P | K | Ca | Mg | 合计 |
|---|---|---|---|---|---|---|---|
| 树干 | 7 a | 248.61 | 21.56 | 105.57 | 90.51 | 26.66 | 492.91 |
| | 9 a | 294.03 | 19.46 | 134.75 | 116.10 | 32.80 | 597.14 |
| | 11 a | 331.56 | 21.66 | 163.31 | 146.71 | 38.56 | 701.80 |
| | 16 a | 399.19 | 28.38 | 223.91 | 209.41 | 42.71 | 903.60 |
| | 19 a | 461.41 | 34.80 | 258.77 | 252.84 | 54.71 | 1 062.53 |
| | 24 a | 582.28 | 42.98 | 405.37 | 330.88 | 64.74 | 1 426.25 |
| | 26 a | 598.22 | 51.41 | 283.34 | 387.63 | 55.99 | 1 376.59 |
| | 平均值 | 416.47 | 31.46 | 225.00 | 219.15 | 45.17 | 937.26 |
| 树根 | 7 a | 31.67 | 1.94 | 18.11 | 28.20 | 4.12 | 84.04 |
| | 9 a | 33.43 | 2.63 | 24.17 | 36.80 | 6.19 | 103.22 |
| | 11 a | 38.97 | 3.39 | 25.93 | 44.60 | 7.00 | 119.89 |
| | 16 a | 47.31 | 4.95 | 35.21 | 54.72 | 9.97 | 152.16 |
| | 19 a | 64.11 | 6.59 | 45.57 | 84.87 | 10.89 | 212.03 |
| | 24 a | 91.81 | 7.94 | 70.38 | 113.82 | 18.16 | 302.11 |
| | 26 a | 80.16 | 6.83 | 62.33 | 95.23 | 13.48 | 258.03 |
| | 平均值 | 55.35 | 4.90 | 40.24 | 65.46 | 9.97 | 175.93 |
| 总量 | 7 a | 623.24 | 49.83 | 414.99 | 753.25 | 92.81 | 1 934.12 |
| | 9 a | 719.97 | 51.53 | 536.30 | 902.52 | 114.56 | 2 324.88 |
| | 11 a | 785.26 | 60.89 | 610.89 | 1 058.40 | 129.16 | 2 644.60 |
| | 16 a | 926.10 | 76.70 | 787.17 | 1 475.95 | 143.11 | 3 409.03 |
| | 19 a | 1 105.85 | 106.45 | 976.74 | 1 976.80 | 188.75 | 4 354.59 |
| | 24 a | 1 573.66 | 143.01 | 1 325.98 | 2 670.92 | 241.54 | 5 955.11 |
| | 26 a | 1 540.51 | 156.56 | 1 195.75 | 2 272.48 | 209.18 | 5 374.48 |
| | 平均值 | 1 039.23 | 92.14 | 835.40 | 1 587.19 | 159.87 | 3 713.83 |

从表6-13可知，PR107橡胶树中胶乳养分总积累量为13.43～508.66 kg/hm²。随着树龄的增长，橡胶树排胶带走的养分量也逐渐增加。胶乳中各元素积累量比较中，N为6.42～242.98 kg/hm²，平均值121.51 kg/hm²；P为1.66～61.40 kg/hm²，平均值30.69 kg/hm²；K为4.40～160.27 kg/hm²，平均值80.16 kg/hm²；Ca为0.12～3.89 kg/hm²，平均值1.91 kg/hm²；Mg为0.83～40.08 kg/hm²，平均值19.76 kg/hm²。胶乳中各元素积累量为N＞K＞P＞Mg＞Ca，说明橡胶树产胶对N、P、K、Mg养分需求较大，Ca素吸收

较小。

表 6 - 13  PR107 橡胶树胶乳养分积累量（kg/hm²）

| 树龄 | N | P | K | Ca | Mg | 合计 |
|---|---|---|---|---|---|---|
| 7 a | 6.42 | 1.66 | 4.40 | 0.12 | 0.83 | 13.43 |
| 9 a | 28.26 | 7.40 | 17.54 | 0.44 | 4.13 | 57.79 |
| 11 a | 53.50 | 13.74 | 32.28 | 0.82 | 8.49 | 108.85 |
| 16 a | 140.85 | 35.94 | 95.53 | 2.17 | 22.49 | 296.98 |
| 19 a | 164.52 | 41.43 | 110.56 | 2.53 | 26.66 | 345.72 |
| 24 a | 214.02 | 53.28 | 140.51 | 3.43 | 35.66 | 446.92 |
| 26 a | 242.98 | 61.40 | 160.27 | 3.89 | 40.08 | 508.66 |
| 平均值 | 121.51 | 30.69 | 80.16 | 1.91 | 19.76 | 254.05 |

**2. 养分积累量数学模型**

（1）树叶

利用 SAS 统计软件对试验数据进行统计分析。结果表明，橡胶无性系 PR107 树叶中 N、P、K、Ca 和 Ma 积累量在不同月份达极显著差异，不同树龄之间亦达极显著差异。说明橡胶树树叶中全量养分积累量不仅与季节有关，还与树龄有关。

进一步对无性系 PR107 橡胶树单株树叶的养分积累量与季节和树龄进行线性回归分析，结果见表 6 - 14。比较树叶中 5 种大量元素（N、P、K、Ca、Mg）的积累量，其为 N>Ca>K>Mg>P。

表 6 - 14  树叶养分积累量模型

| 元素 | 直线回归方程 | 显著性测验 |
|---|---|---|
| N | $y = 0.113\,523 + 0.018\,919\,x_1 - 0.008\,891\,x_2$ | $F = 308.918,\ P(Pr>F) = 0.000\,1$ |
| P | $y = 0.011\,298 + 0.001\,299\,x_1 - 0.001\,412\,x_2$ | $F = 142.245,\ P(Pr>F) = 0.000\,1$ |
| K | $y = 0.052\,564 + 0.008\,404\,x_1 - 0.006\,882\,x_2$ | $F = 277.561,\ P(Pr>F) = 0.000\,1$ |
| Ca | $y = -0.102\,884 + 0.006\,772\,x_1 + 0.022\,677\,x_2$ | $F = 135.269,\ P(Pr>F) = 0.000\,1$ |
| Mg | $y = 0.008\,199 + 0.001\,426\,x_1 + 0.000\,167\,x_2$ | $F = 123.076,\ P(Pr>F) = 0.000\,1$ |

说明：$y$ 为树叶中养分积累量（kg）；$x_1$ 为树龄（a）；$x_2$ 为叶龄（月）。

（2）树枝

利用 SAS 统计软件对试验数据进行统计分析。结果表明，PR107 橡胶树树枝中 N、P、K、Ca 和 Ma 积累量在不同月份达极显著差异，不同树龄之间亦达极显著差异。说明橡胶树树枝中全量养分积累量不仅与季节有关，还与树龄有关。

进一步对 PR107 橡胶树单株树枝的养分积累量与季节和树龄进行线性回归分析，结果见表 6-15。比较树枝中 5 种大量元素（N、P、K、Ca、Mg）的积累量，其为 Ca>K>N>Mg>P。

表 6-15  树枝养分积累量模型

| 元素 | 直线回归方程 | 显著性测验 |
|---|---|---|
| N | $y=-0.158\,793+0.031\,162\,x_1+0.022\,997\,x_2$ | $F=120.750$，$P(Pr>F)=0.000\,1$ |
| P | $y=-0.008\,948+0.005\,319\,x_1-0.000\,699\,x_2$ | $F=72.687$，$P(Pr>F)=0.000\,1$ |
| K | $y=0.019\,858+0.039\,868\,x_1-0.007\,238\,x_2$ | $F=105.088$，$P(Pr>F)=0.000\,1$ |
| Ca | $y=-0.520\,958+0.065\,644\,x_1+0.074\,893\,x_2$ | $F=57.124$，$P(Pr>F)=0.000\,1$ |
| Mg | $y=0.020\,986+0.005\,397\,x_1-0.003\,263\,x_2$ | $F=96.085$，$P(Pr>F)=0.000\,1$ |

说明：$y$ 为树枝中养分积累量（kg）；$x_1$ 为树龄（a）；$x_2$ 为叶龄（月）。

（3）树皮

利用 SAS 统计软件对试验数据进行统计分析。结果表明，PR107 橡胶树树皮中 N、P、K、Ca 和 Ma 积累量在不同月份达极显著差异，不同树龄之间亦达极显著差异。说明橡胶树树皮的养分积累量不仅与季节有关，还与树龄有关。

进一步对 PR107 橡胶树单株树皮养分积累量与季节和树龄进行线性回归分析，结果见表 6-16。比较树皮中 5 种大量元素（N、P、K、Ca、Mg）的积累量，其为 Ca>N>K>Mg>P。

表 6-16  树皮养分积累量模型

| 元素 | 直线回归方程 | 显著性测验 |
|---|---|---|
| N | $y=0.076\,434+0.015\,852\,x_1-0.011\,394\,x_2$ | $F=37.372$，$P(Pr>F)=0.000\,1$ |
| P | $y=-0.001\,153+0.001\,198\,x_1+0.000\,042\,767\,x_2$ | $F=129.829$，$P(Pr>F)=0.000\,1$ |
| K | $y=-0.039\,438+0.023\,676\,x_1+0.002\,914\,x_2$ | $F=226.065$，$P(Pr>F)=0.000\,1$ |
| Ca | $y=-1.059\,489+0.105\,566\,x_1+0.143\,076\,x_2$ | $F=76.776$，$P(Pr>F)=0.000\,1$ |
| Mg | $y=0.006\,891+0.005\,440\,x_1-0.001\,065\,x_2$ | $F=123.892$，$P(Pr>F)=0.000\,1$ |

说明：$y$ 为树皮中养分积累量（kg）；$x_1$ 为树龄（a）；$x_2$ 为叶龄（月）。

（4）树干

利用 SAS 统计软件对试验数据进行统计分析。结果表明，PR107 橡胶树树干中 N、P、K、Ca 和 Ma 积累量在不同月份达极显著差异，不同树龄之间亦达极显著差异。说明橡胶树树干的养分积累量不仅与季节有关，还与树龄有关。

进一步对 PR107 橡胶树单株树干的养分积累量与季节和树龄进行线性回归分析，结果见表 6-17。比较树干中 5 种大量元素（N、P、K、Ca、Mg）的积累量，其为 N＞K＞Ca＞Mg＞P。

表 6-17　树干养分积累量模型

| 元素 | 直线回归方程 | 显著性测验 |
|---|---|---|
| N | $y=0.044\ 197+0.047\ 194\ x_1-0.000\ 502\ x_2$ | $F=138.979，P(Pr＞F)=0.000\ 1$ |
| P | $y=0.004\ 646+0.003\ 832\ x_1-0.000\ 700\ x_2$ | $F=101.681，P(Pr＞F)=0.000\ 1$ |
| K | $y=0.116\ 841+0.028\ 443\ x_1-0.019\ 326\ x_2$ | $F=120.268，P(Pr＞F)=0.000\ 1$ |
| Ca | $y=-0.323\ 741+0.028\ 531\ x_1+0.045\ 723\ x_2$ | $F=49.331，P(Pr＞F)=0.000\ 1$ |
| Mg | $y=0.005\ 181+0.005\ 093\ x_1-0.000\ 006\ 651\ x_2$ | $F=87.263，P(Pr＞F)=0.000\ 1$ |

说明：$y$ 为树干中养分积累量（kg）；$x_1$ 为树龄（a）；$x_2$ 为叶龄（月）。

（5）树根

利用 SAS 统计软件对试验数据进行统计分析。结果表明，PR107 橡胶树树根中 N、P、K、Ca 和 Ma 积累量在不同月份达极显著差异，不同树龄之间亦达极显著差异。说明橡胶树树根的养分积累量不仅与季节有关，还与树龄有关。

进一步对 PR107 橡胶树单株树根的养分积累量与季节和树龄进行线性回归分析，结果见表 6-18。比较树根中 5 种大量元素（N、P、K、Ca、Mg）的积累量，其为 N＞K＞P＞Mg＞Ca。

表 6-18　树根养分积累量模型

| 元素 | 直线回归方程 | 显著性测验 |
|---|---|---|
| N | $y=0.009\ 257+0.007\ 275\ x_1-0.002\ 015\ x_2$ | $F=81.557，P(Pr＞F)=0.000\ 1$ |
| P | $y=-0.002\ 709+0.000\ 712\ x_1+0.000\ 210\ x_2$ | $F=60.819，P(Pr＞F)=0.000\ 1$ |
| K | $y=0.054\ 165+0.005\ 151\ x_1-0.005\ 987\ x_2$ | $F=39.369，P(Pr＞F)=0.000\ 1$ |
| Ca | $y=0.010\ 220+0.005\ 984\ x_1+0.006\ 817\ x_2$ | $F=7.560，P(Pr＞F)=0.001\ 8$ |
| Mg | $y=0.010\ 684+0.000\ 954\ x_1-0.000\ 655\ x_2$ | $F=12.265，P(Pr＞F)=0.000\ 1$ |

说明：$y$ 为树根中养分积累量（kg）；$x_1$ 为树龄（a）；$x_2$ 为叶龄（月）。

（6）胶乳

利用 SAS 统计软件对试验数据进行统计分析。结果表明，PR107 橡胶树胶乳中 N、P、K、Ca 和 Ma 流失量在不同月份达极显著差异，不同树龄之间亦达极显著差异。说明橡胶树胶乳的养分流失量不仅与季节有关，还与树龄有关。

进一步对 PR107 橡胶树单株胶乳的养分流失量与季节和树龄进行线性回归分析，结果见表 6 - 19。比较胶乳中 5 种大量元素（N、P、K、Ca、Mg）的积累量，其为 N＞K＞P＞Mg＞Ca。

表 6 - 19 胶乳养分流失量模型

| 元素 | 直线回归方程 | 显著性测验 |
|---|---|---|
| N | $y=0.001\ 465+0.000\ 046\ 629\ x_1+0.000\ 045\ 833\ x_2$ | $F=3.180$，$P(Pr>F)=0.047\ 8$ |
| P | $y=0.000\ 324+0.000\ 012\ 483\ x_1+0.000\ 017\ 271\ x_2$ | $F=3.829$，$P(Pr>F)=0.026\ 5$ |
| K | $y=-0.000\ 204+0.000\ 034\ 892\ x_1+0.000\ 170\ x_2$ | $F=9.745$，$P(Pr>F)=0.000\ 2$ |
| Ca | $y=0.000\ 311-0.000\ 022\ 761\ x_1+0.000\ 029\ 075\ x_2$ | $F=3.429$，$P(Pr>F)=0.046\ 6$ |
| Mg | $y=0.000\ 583+0.000\ 008\ 188\ x_1-0.000\ 035\ 587\ x_2$ | $F=4.264$，$P(Pr>F)=0.017\ 9$ |

说明：$y$ 为胶乳中养分流失量（kg）；$x_1$ 为树龄（a）；$x_2$ 为叶龄（月）。

**3. 橡胶树养分年积累量**

由表 6 - 20 可知，PR107 橡胶树 7～26 a 养分积累年增量为 599.82～1 123.59 kg/hm²，各器官中养分积累年增量平均值分别为树叶 402.47 kg/hm²、树皮 157.10 kg/hm²、树枝 150.28 kg/hm²、树干 115.87 kg/hm²、树根 32.13 kg/hm²、胶乳 23.46 kg/hm²，各器官养分积累年增量占比分别为 45.67%、17.83%、17.05%、13.15%、3.65%、2.66%。PR107 橡胶树各器官中不同元素年增量大小顺序，树叶为 N＞K＞Ca＞P＞Mg、树枝为 Ca＞K＞N＞Mg＞P、树根为 Ca＞N＞K＞Mg＞P、树皮为 Ca＞K＞N＞Mg＞P、树干为 N＞Ca＞K＞Mg＞P、胶乳为 N＞K＞P＞Mg＞Ca。橡胶树各养分积累的年平均增量为 N＞Ca＞K＞Mg＞P。

PR107 橡胶树各养分元素在不同器官中年积累量分配规律不同，N 素的分配规律为树叶＞树干＞树枝＞树皮＞胶乳＞树根，P 为树叶＞树枝＞树干＞胶乳＞树皮＞树根，K 为树叶＞树枝＞树干＞树皮＞树根＞胶乳，Ca 为树皮＞树枝＞树干＞树叶＞树根＞胶乳，Mg 为树叶＞树皮＞树干＞树枝＞树根＞胶乳。各器官养分的平均年积累量为树叶＞树皮＞树枝＞树干＞树根＞胶乳。

表6-20　PR107橡胶树各器官养分积累年增量（kg/hm²）

| 器官 | 树龄 | N | P | K | Ca | Mg | 合计 |
|---|---|---|---|---|---|---|---|
| 树叶 | 7 a | 131.13 | 8.6 | 56.13 | 14.46 | 9.76 | 220.08 |
| | 9 a | 169.57 | 15.57 | 90.32 | 17.22 | 12.65 | 305.33 |
| | 11 a | 174.86 | 14.23 | 76.21 | 19.78 | 13.11 | 298.19 |
| | 16 a | 216.75 | 19.77 | 111.53 | 30.07 | 19.23 | 397.35 |
| | 19 a | 325.02 | 25.34 | 143.22 | 26.54 | 21.33 | 541.45 |
| | 24 a | 314.06 | 27.56 | 144.26 | 24.93 | 19.20 | 530.01 |
| | 26 a | 311.55 | 26.04 | 142.84 | 25.98 | 18.50 | 524.91 |
| | 平均值 | 234.71 | 19.59 | 109.22 | 22.71 | 16.25 | 402.47 |
| 树枝 | 7 a | 27.81 | 2.32 | 28.80 | 45.30 | 3.90 | 108.13 |
| | 9 a | 31.06 | 3.32 | 36.26 | 59.44 | 5.85 | 135.93 |
| | 11 a | 27.40 | 3.07 | 33.07 | 61.50 | 4.99 | 130.03 |
| | 16 a | 32.22 | 4.97 | 44.70 | 74.91 | 6.60 | 163.40 |
| | 19 a | 36.32 | 5.97 | 44.75 | 82.84 | 6.81 | 176.69 |
| | 24 a | 40.56 | 5.29 | 40.05 | 85.99 | 5.21 | 177.10 |
| | 26 a | 36.81 | 5.25 | 39.02 | 74.45 | 5.12 | 160.65 |
| | 平均值 | 33.17 | 4.31 | 38.09 | 69.20 | 5.50 | 150.28 |
| 树皮 | 7 a | 17.70 | 0.91 | 20.13 | 75.56 | 5.89 | 120.19 |
| | 9 a | 18.03 | 1.11 | 21.38 | 81.21 | 5.54 | 127.27 |
| | 11 a | 13.38 | 0.94 | 19.52 | 97.01 | 5.04 | 135.89 |
| | 16 a | 14.85 | 1.19 | 26.02 | 124.90 | 6.03 | 172.99 |
| | 19 a | 18.60 | 1.29 | 26.15 | 147.66 | 6.12 | 199.82 |
| | 24 a | 17.42 | 1.16 | 26.03 | 127.22 | 6.89 | 178.72 |
| | 26 a | 17.64 | 1.41 | 25.85 | 113.61 | 6.28 | 164.79 |
| | 平均值 | 16.80 | 1.14 | 23.58 | 109.60 | 5.97 | 157.10 |
| 树干 | 7 a | 53.12 | 3.64 | 23.71 | 27.52 | 5.88 | 113.87 |
| | 9 a | 48.98 | 3.12 | 21.59 | 20.67 | 5.46 | 99.82 |
| | 11 a | 49.26 | 3.44 | 24.85 | 22.75 | 5.28 | 105.58 |
| | 16 a | 53.89 | 4.11 | 29.51 | 32.01 | 6.37 | 125.89 |
| | 19 a | 54.75 | 4.31 | 25.96 | 37.83 | 6.15 | 128.99 |
| | 24 a | 49.82 | 3.71 | 24.93 | 31.91 | 5.45 | 115.82 |
| | 26 a | 50.36 | 4.08 | 27.26 | 34.35 | 5.06 | 121.13 |
| | 平均值 | 51.45 | 3.77 | 25.40 | 29.58 | 5.66 | 115.87 |

（续）

| 器官 | 树龄 | N | P | K | Ca | Mg | 合计 |
|------|------|-----|-----|-----|-----|-----|------|
| 树根 | 7 a | 8.51 | 0.55 | 5.14 | 8.95 | 1.15 | 24.30 |
| | 9 a | 9.05 | 0.61 | 5.46 | 9.44 | 1.43 | 25.99 |
| | 11 a | 8.58 | 0.72 | 6.76 | 12.75 | 1.54 | 30.35 |
| | 16 a | 9.92 | 1.06 | 7.26 | 14.96 | 1.78 | 34.98 |
| | 19 a | 10.84 | 1.30 | 8.11 | 16.84 | 1.91 | 39.00 |
| | 24 a | 10.81 | 0.95 | 8.33 | 15.61 | 2.18 | 37.88 |
| | 26 a | 9.28 | 0.82 | 7.37 | 13.33 | 1.62 | 32.42 |
| | 平均值 | 9.57 | 0.86 | 6.92 | 13.13 | 1.66 | 32.13 |
| 胶乳 | 7 a | 6.42 | 1.86 | 3.90 | 0.13 | 0.94 | 13.25 |
| | 9 a | 10.92 | 2.87 | 5.57 | 0.17 | 1.46 | 20.99 |
| | 11 a | 12.07 | 2.57 | 6.05 | 0.18 | 0.34 | 21.21 |
| | 16 a | 14.07 | 3.52 | 6.32 | 0.20 | 1.49 | 25.60 |
| | 19 a | 17.47 | 4.44 | 12.65 | 0.27 | 2.80 | 37.63 |
| | 24 a | 9.90 | 2.37 | 5.99 | 0.19 | 1.80 | 20.25 |
| | 26 a | 11.68 | 3.65 | 7.68 | 0.21 | 2.05 | 25.27 |
| | 平均值 | 11.79 | 3.04 | 6.88 | 0.19 | 1.55 | 23.46 |
| 总量 | 7 a | 244.69 | 17.88 | 137.81 | 171.92 | 27.52 | 599.82 |
| | 9 a | 287.61 | 26.60 | 180.58 | 188.15 | 32.39 | 715.33 |
| | 11 a | 285.55 | 24.97 | 166.46 | 213.97 | 30.30 | 721.25 |
| | 16 a | 341.70 | 34.62 | 225.34 | 277.05 | 41.50 | 920.21 |
| | 19 a | 463.00 | 42.65 | 260.84 | 311.98 | 45.12 | 1 123.59 |
| | 24 a | 442.57 | 41.04 | 249.59 | 285.85 | 40.73 | 1 059.78 |
| | 26 a | 437.32 | 41.25 | 250.02 | 261.93 | 38.63 | 1 029.15 |
| | 平均值 | 357.49 | 32.72 | 210.09 | 244.41 | 36.60 | 881.30 |

　　PR107 橡胶树各器官养分积累的年增量随树龄变化的趋势与养分总积累量不同。橡胶树树叶中各元素积累的年增量均随着树龄增长而先增加后减少，其中 N、Mg 在 19 a 时最高，P、K 到 24 a 达最大值，Ca 则在 16 a 最大；树枝中养分积累年增量整体上随年龄变化呈上升趋势，中老龄养分增量较大；树皮中 N 素增量变化幅度不大，其他元素逐渐增多，Ca、Mg 积累趋势明显；树干中各元素在不同树龄的增量相差较小，不易受树龄影响；树根中中龄段（16～24 a）各养分年增量较大，高于幼龄段和老龄段。橡胶树在中龄段处于胶乳旺

产期，养分积累高于幼龄段和开割初期（7～11 a），26 a 后产胶能力有所减弱，养分积累量也随之减少。

### 三、枯落物养分归还与释放

#### （一）枯落物养分含量

由表 6-21 可以看出，PR107 橡胶林枯叶中 5 种大量元素含量为 N＞Ca＞K＞Mg＞P，这决定了橡胶树对 5 种大量元素最终归还量的多少。说明 N 素在树体树叶、树枝鲜嫩器官向枯叶、枯枝衰老器官转移量较大；Ca 在树体中处于逐步积累状态，因此衰老组分中含量也高于其他元素；而 P、Mg 作为胶树生理结构的重要元素，不易移动，因此在枯落物养分含量中较低。

比较枯叶、枯枝养分含量差异，枯叶平均含量为枯枝的 1.5 倍，并且枯叶中各元素含量均高于枯枝。枯落物中养分含量大小主要与鲜叶、鲜枝养分含量有关，其本质原因是不同年龄橡胶树生理特性的差异。随着树龄的增长，橡胶林枯叶和枯枝中 N、K、Ca 含量波动较大，P、Mg 含量变化较小，老龄段Ca、Mg 含量高于幼龄段和中龄段。

表 6-21　PR107 橡胶林枯叶、枯枝养分含量（%）

| 树龄 | 枯叶 | | | | | 枯枝 | | | | |
|---|---|---|---|---|---|---|---|---|---|---|
| | N | P | K | Ca | Mg | N | P | K | Ca | Mg |
| 7 a | 1.694 | 0.051 | 0.740 | 1.267 | 0.247 | 0.860 | 0.032 | 0.425 | 1.217 | 0.149 |
| 9 a | 1.712 | 0.062 | 0.580 | 1.264 | 0.272 | 0.999 | 0.040 | 0.364 | 1.199 | 0.187 |
| 11 a | 1.579 | 0.052 | 0.564 | 1.360 | 0.266 | 0.987 | 0.042 | 0.384 | 1.215 | 0.186 |
| 16 a | 1.824 | 0.043 | 0.489 | 1.525 | 0.233 | 1.023 | 0.026 | 0.184 | 0.845 | 0.124 |
| 19 a | 2.086 | 0.088 | 0.429 | 1.462 | 0.317 | 0.829 | 0.033 | 0.263 | 1.031 | 0.150 |
| 24 a | 1.743 | 0.049 | 0.623 | 1.607 | 0.274 | 0.915 | 0.034 | 0.263 | 1.703 | 0.165 |
| 26 a | 1.720 | 0.052 | 0.890 | 1.220 | 0.250 | 0.820 | 0.041 | 0.601 | 1.422 | 0.151 |
| 平均值 | 1.765 | 0.057 | 0.616 | 1.386 | 0.266 | 0.919 | 0.035 | 0.355 | 1.233 | 0.159 |

#### （二）枯落物养分归还量

已知橡胶林枯落物及养分含量，就可以计算各树龄橡胶树枯落物中潜在的养分年归还量（表 6-22）。PR107 橡胶林枯落物养分总归还量在161.50～431.39 kg/hm²，枯枝、枯叶分别为 21.95～113.75 kg/hm²、139.55～317.64 kg/hm²，枯叶为枯枝的 3.2 倍。枯叶中各元素归还量为 N＞Ca＞K＞Mg＞P，枯枝为 Ca＞N＞K＞Mg＞P，总养分归还为 N＞Ca＞K＞Mg＞P。

由表 6-22 可以看出，橡胶树树龄越大，枯枝、枯叶养分归还量亦越大。7 a 幼龄树枯枝落叶较少，枯枝自然凋落极少，其养分归还量最少，枯落物养分总归还量为 161.50 kg/hm²；在 24 a 时养分归还量达最大值 431.39 kg/hm²，到老龄 26 a 时有所下降。枯落物养分归还主要受枯落物生物量和各元素含量影响，枯叶生物量较大，养分含量高，因而枯叶养分归还量远大于枯枝，说明土壤中养分归还来源主要取决于枯叶养分含量。

表 6-22　PR107 橡胶树枯枝、枯叶养分归还量（kg/hm²）

| 树龄 | 枯叶 | | | | | | 枯枝 | | | | | |
|---|---|---|---|---|---|---|---|---|---|---|---|---|
| | N | P | K | Ca | Mg | 合计 | N | P | K | Ca | Mg | 合计 |
| 7 a | 63.25 | 1.89 | 18.26 | 47.25 | 8.90 | 139.55 | 5.98 | 0.20 | 3.47 | 10.26 | 2.04 | 21.95 |
| 9 a | 73.26 | 2.56 | 20.26 | 55.34 | 12.27 | 163.69 | 27.90 | 1.24 | 8.98 | 20.26 | 5.98 | 64.36 |
| 11 a | 84.31 | 2.44 | 22.29 | 68.70 | 12.53 | 190.27 | 29.83 | 1.34 | 7.02 | 21.78 | 5.09 | 65.06 |
| 16 a | 92.71 | 3.19 | 23.61 | 72.18 | 13.24 | 204.93 | 32.98 | 1.09 | 5.19 | 22.91 | 3.22 | 65.39 |
| 19 a | 122.03 | 5.17 | 25.08 | 85.55 | 18.52 | 256.35 | 30.24 | 1.19 | 9.61 | 37.61 | 5.48 | 84.13 |
| 24 a | 128.83 | 3.64 | 46.09 | 118.82 | 20.26 | 317.64 | 33.79 | 1.26 | 9.71 | 62.89 | 6.10 | 113.75 |
| 26 a | 123.76 | 4.03 | 55.02 | 95.48 | 18.21 | 296.50 | 28.30 | 1.55 | 12.50 | 43.41 | 4.65 | 90.41 |
| 平均值 | 98.31 | 3.27 | 30.09 | 77.62 | 14.85 | 224.13 | 27.00 | 1.12 | 8.07 | 31.30 | 4.65 | 72.15 |

利用 SAS 统计软件对枯落物中养分归还量与树龄之间的关系进行线性回归分析，结果见表 6-23。

表 6-23　枯落物养分归还量模型

| 元素 | 回归方程 | 显著性测验 |
|---|---|---|
| N | $y=27.229\ 847+5.499\ 337\ x$ | $F=46.172$；$P(Pr>F)=0.000\ 1$ |
| P | $y=0.756\ 666+0.209\ 495\ x$ | $F=27.45$；$P(Pr>F)=0.000\ 8$ |
| K | $y=4.137\ 396+2.413\ 841\ x$ | $F=29.650$；$P(Pr>F)=0.000\ 6$ |
| Ca | $y=23.204\ 542+5.278\ 810\ x$ | $F=28.686$；$P(Pr>F)=0.000\ 7$ |
| Mg | $y=4.826\ 026+0.777\ 922\ x$ | $F=18.052$；$P(Pr>F)=0.002\ 8$ |

说明：$y$ 为枯落物中养分归还量（kg/hm²）；$x$ 为树龄（a）。

### （三）枯落物分解养分释放量

**1. 枯落物分解剩余量**

PR107 橡胶树林地枯落物分解剩余量如表 6-24 所示。随着时间（月份）的推移，枯落物中干物质量越来越少，即其损失量越来越多。本试验中，枯枝、枯叶分解初期的干重分别为 80.00 g、50.00 g，经过一年的腐解作用，最后残留量分别为 42.12 g、2.82 g，平均损失量分别为 37.88 g、47.18 g。此外，随着树龄的增加，林地枯落物分解残留量逐渐减少。说明树龄越大的林分土壤更有利于地表枯落物的分解。

表 6 - 24　PR107 橡胶树枯枝、枯叶分解剩余量（g）

| 组分 | 12 月 | 1 月 | 2 月 | 3 月 | 4 月 | 5 月 | 6 月 | 7 月 | 8 月 | 9 月 | 10 月 | 11 月 | 12 月 |
|---|---|---|---|---|---|---|---|---|---|---|---|---|---|
| 枯叶 | 50.00 | 46.15 | 42.94 | 37.87 | 30.25 | 15.07 | 8.71 | 6.78 | 5.51 | 4.85 | 3.64 | 2.94 | 2.82 |
| 枯枝 | 80.00 | 79.48 | 79.24 | 78.57 | 78.31 | 75.67 | 73.08 | 67.33 | 62.33 | 50.07 | 44.31 | 43.51 | 42.12 |

**2. 枯落物分解率**

枯落物残留率按下式计算：

$$D_i = (W_i/W_0) \times 100$$

式中，$D_i$ 为第 $i$ 月的残留率（%）；$W_i$ 为第 $i$ 月所取样品的剩余重量（g）；$W_0$ 为投放时分解袋内样品重量（g）。

如图 6 - 4 所示，经过一年的腐解作用，橡胶树林地枯落物并未完全分解，枯枝、枯叶分解后的残留率分别为 52.63%、5.65%，失重率分别为 47.37%、94.35%，枯落物平均分解率为 70.95%，与热带地区其他林分枯落物分解率相似。1—6 月枯叶失重最多，5—10 月枯枝失重比较明显。

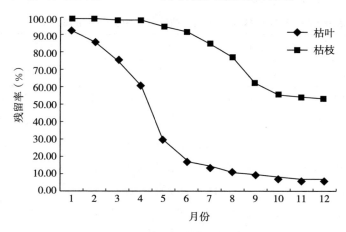

图 6 - 4　橡胶树枯落物分解残留率月变化

根据试验中枯落物分解残留率，利用奥尔森（Olson，1963）指数衰减模型：$Y = ae^{-kt}$ [$Y$ 为月残留率，$t$ 为分解时间（月），$k$ 为分解指数，$a$ 为修正系数]，对橡胶树枯落物分解动态进行拟合，并估算出其分解系数。所有系数均达到显著或极显著水平（表 6 - 25），说明拟合效果较好。

表 6 - 25　枯枝、枯叶分解残留率的 Olson 指数模型

| 组分 | 回归方程 | 相关系数 | 分解系数 | 半分解时间 | 分解 95% 所需时间 |
|------|----------|----------|----------|------------|-------------------|
| 枯枝 | $Y=1.162\,1e^{-0.059\,3t}$ | 0.854 2** | 0.059 3 | 14.21 | 53.02 |
| 枯叶 | $Y=1.359\,4e^{-0.266\,2t}$ | 0.933 5** | 0.266 2 | 3.76 | 12.41 |

说明：$t$ 为分解时间（月）；$Y$ 为分解 $t$ 时的残留率（%）；** 表示差异达 0.01 显著水平。

### 3. 枯落物分解养分释放量

枯落物中的养分并不是一年内在土壤中全部释放。本研究采用分解袋法计算枯落物养分的年平均分解释放率，并计算一年中枯落物分解释放的养分量。

PR107 橡胶树林地枯落物分解养分释放量如表 6 - 26 所示。枯落物养分年释放量为 130.32～321.16 kg/hm²，平均释放量为 221.31 kg/hm²。枯叶、枯枝养分平均释放量分别为 196.65 kg/hm²、24.67 kg/hm²，枯叶约为枯枝的 8 倍。枯枝木质成分较多，腐解速率较慢。枯落物中各元素的释放特点不一样，N 素流动性较大，在枯叶中含量较高，故 N 释放量最大；K 为离子态元素，存在富集特征，释放量相对较小；枯叶、枯枝中 Ca 含量也较高，释放量仅次于 N；Mg、P 在枯落物中含量较低，故年释放量也最低。因此，橡胶树林地枯落物各元素的年释放量为 N＞Ca＞K＞Mg＞P，并且整体上各林分枯落物养分释放量随树龄增长而增加。

表 6 - 26　PR107 橡胶树枯枝、枯叶分解中养分释放量（kg/hm²）

| 树龄 | 枯叶 | | | | | | 枯枝 | | | | | |
|------|------|------|------|------|------|------|------|------|------|------|------|------|
| | N | P | K | Ca | Mg | 合计 | N | P | K | Ca | Mg | 合计 |
| 7 a | 51.92 | 1.35 | 17.06 | 43.69 | 8.22 | 122.24 | 1.16 | 0.02 | 1.59 | 4.47 | 0.84 | 8.08 |
| 9 a | 60.13 | 1.84 | 18.93 | 51.17 | 11.35 | 143.42 | 5.42 | 0.15 | 4.12 | 8.83 | 2.49 | 21.01 |
| 11 a | 69.21 | 1.75 | 20.82 | 63.52 | 11.58 | 166.88 | 5.79 | 0.16 | 3.23 | 9.49 | 2.12 | 20.79 |
| 16 a | 76.10 | 2.29 | 22.06 | 66.74 | 12.24 | 179.43 | 6.40 | 0.14 | 2.39 | 9.98 | 1.35 | 20.26 |
| 19 a | 100.17 | 3.71 | 23.42 | 79.11 | 17.12 | 223.53 | 5.87 | 0.15 | 4.41 | 16.39 | 2.29 | 29.11 |
| 24 a | 105.75 | 2.61 | 43.06 | 109.87 | 18.74 | 280.03 | 6.56 | 0.16 | 4.46 | 27.41 | 2.54 | 41.13 |
| 26 a | 101.59 | 2.89 | 51.39 | 88.29 | 16.84 | 261.00 | 5.50 | 0.19 | 5.74 | 18.92 | 1.94 | 32.29 |
| 平均值 | 80.70 | 2.35 | 28.11 | 71.77 | 13.73 | 196.65 | 5.24 | 0.14 | 3.71 | 13.64 | 1.94 | 24.67 |

### （四）枯落物养分平衡指数

由表 6 - 22 和表 6 - 26 计算可得，橡胶林枯落物养分平衡指数分别为 N

0.81～0.90、P 0.78～0.90、K 0.80～0.86、Ca 0.80～0.86、Mg 0.79～0.86。说明各年龄段橡胶林的枯落物层养分元素都处于富集状态。不同元素在枯落物中平衡指数表现为 N＞K＞P＞Mg＞Ca，养分元素在枯落物中平衡指数越大则富集程度越低。Ca 素平衡指数最小，其富集程度最高，说明林分枯落物中 Ca 积累量高于其他养分；N 素平衡指数最大，其在枯落物中富集程度最低，循环速率最快；P、K、Mg 元素的富集程度居中。

## 四、橡胶林水文中养分输入与输出

本研究中橡胶林降水分配受到林冠枝叶的数量、林冠叶面积指数、湿润程度以及气象因素、年龄、林分的密度等多种因素影响，地表径流受到降水强度、地形、坡度、地表覆盖度、土壤含水量等因素影响，而且野外试验经常受到人为和牲畜的破坏，所以该试验结果仅代表该试验条件下所得。

### （一）橡胶林水文分配特征

橡胶林生态系统水文分配直接影响到水文养分量。由表 6 - 27 可知，本试验区降水主要集中在 5—11 月，其中穿透雨及树干茎流均随着降雨量的增加而增加。试验地区年降水量为 1 658.60 mm，年穿透雨和树干茎流雨分别为 1 001.00 mm、239.40 mm，穿透雨占整个降水量的 60.39%，树干茎流占 14.45%，剩余为林冠截留。通过试验测定，地表径流和渗漏主要发生在降水量较大的月份。本试验地表径流深度为 132.80 mm，渗漏深度为 145.30 mm，分别占林内雨（穿透雨＋树干茎流）的比例为 10.69%、11.70%。

**表 6 - 27　橡胶林水文分配特征（mm）**

| 月份 | 降水量 | 树干茎流雨 | 穿透雨 | 地表径流 | 渗漏 |
|------|--------|-----------|--------|---------|------|
| 1 | 7.80 | — | — | — | — |
| 2 | 4.60 | — | — | — | — |
| 3 | 95.20 | 10.50 | 85.10 | 12.50 | 4.20 |
| 4 | 85.50 | 9.20 | 50.20 | 5.20 | 1.40 |
| 5 | 196.70 | 12.50 | 109.40 | 9.20 | 5.90 |
| 6 | 189.40 | 14.20 | 83.30 | 10.30 | 11.60 |
| 7 | 287.40 | 23.30 | 119.80 | 14.10 | 9.90 |
| 8 | 362.60 | 52.30 | 277.90 | 27.20 | 17.30 |
| 9 | 169.70 | 68.60 | 103.50 | 23.60 | 56.80 |

（续）

| 月份 | 降水量 | 树干茎流雨 | 穿透雨 | 地表径流 | 渗漏 |
|------|--------|-----------|--------|----------|------|
| 10 | 79.80 | 35.30 | 46.80 | 29.10 | 28.10 |
| 11 | 111.70 | 13.50 | 66.20 | 1.60 | 8.60 |
| 12 | 68.20 | —— | 58.80 | —— | 1.50 |
| 总计 | 1 658.60 | 239.40 | 1 001.00 | 132.80 | 145.30 |

### （二）降水养分输入

降水的组成受到一系列自然和人为因素的影响，因而降水中养分含量在不同地区有很大的差异，而同一地区的不同年份也有差异。

由表 6-28 可知，全年随林外雨输入 5 种矿质元素为 2.438 1 kg/hm²，穿透雨输入养分量为 9.039 9 kg/hm²，树干茎流输入养分量为 3.843 4 kg/hm²，养分总输入量为 15.311 4 kg/hm²。水文中养分输入量为穿透雨＞树干茎流＞林外雨。全年中降水输入 N、P、K、Mg、Ca 养分量分别为 14.168 9 kg/hm²、0.892 3 kg/hm²、0.217 8 kg/hm²、0.026 4 kg/hm²、0.006 1 kg/hm²，比较各元素输入量为 N＞P＞K＞Ca＞Mg，说明降水中养分归还以 N、P、K 为主。

本试验仅测定了地表径流量和养分含量。根据径流量及其养分含量计算出橡胶林地表径流输出养分量分别为 N 3.790 0 kg/hm²、P 0.765 0 kg/hm²、K 0.966 0 kg/hm²、Ca 0.913 5 kg/hm²、Mg 0.025 4 kg/hm²。总养分输出量为 6.459 9 kg/hm²，地表径流各元素输出量为 N＞K＞Ca＞P＞Mg，这与降雨各养分输入量比较不同。其中 P 元素受土壤固定作用，因此在地表径流中流失量低于 K、Ca 元素。此外，地表径流除了与降雨强度有关外，还与土壤含水量、坡度和土壤质地等因素有关，因而水流中溶解养分输出不同于降雨中养分分配特征。

**表 6-28　橡胶林水文中养分分配**（kg/hm²）

| 元素 | 林外雨 | 穿透雨 | 树干茎流 | 小计 | 地表径流 |
|------|--------|--------|----------|------|----------|
| N | 2.356 2 | 8.262 5 | 3.550 2 | 14.168 9 | 3.790 0 |
| P | 0.005 68 | 0.664 2 | 0.222 5 | 0.892 3 | 0.765 0 |
| K | 0.065 85 | 0.086 44 | 0.065 48 | 0.217 8 | 0.966 0 |
| Ca | 0.000 24 | 0.023 5 | 0.002 65 | 0.026 4 | 0.913 5 |

（续）

| 元素 | 林外雨 | 穿透雨 | 树干茎流 | 小计 | 地表径流 |
|------|--------|--------|----------|------|----------|
| Mg | 0.000 15 | 0.003 25 | 0.002 6 | 0.006 1 | 0.025 4 |
| 合计 | 2.428 1 | 9.039 9 | 3.843 4 | 15.311 5 | 6.459 9 |

# 第三节 橡胶林养分平衡分析

本研究中，橡胶林土壤养分输入主要包括林外雨带入、林内雨与树干茎流归还、枯落物分解释放、人工施肥等途径，养分输出主要包含树体吸收（树体存留、枯落物归还、胶乳带走）和地表径流等途径。通过计算公式即养分盈亏量＝土壤养分输入－养分输出，土壤养分平衡指数＝养分输入/养分输出，得出 PR107 橡胶林生态系统养分平衡分析结果，详见表 6-29。

表 6-29 PR107 橡胶林生态系统养分平衡分析（kg/hm²）

| 元素 | 树龄 | 降雨输入 | 穿透雨 | 树干茎流 | 分解释放 | 人工施肥 | 小计 | 植物吸收 | 地表径流 | 小计 | 盈亏量 | 土壤平衡指数 |
|------|------|----------|--------|----------|----------|----------|------|----------|----------|------|--------|--------------|
| N | 7 a | 2.356 2 | 8.262 5 | 3.550 2 | 53.08 | 64.80 | 132.05 | 313.92 | 3.790 0 | 317.71 | −185.66 | 0.416 |
| | 9 a | 2.356 2 | 8.262 5 | 3.550 2 | 65.55 | 64.80 | 144.52 | 388.77 | 3.790 0 | 392.56 | −248.04 | 0.368 |
| | 11 a | 2.356 2 | 8.262 5 | 3.550 2 | 75.00 | 64.80 | 153.97 | 399.69 | 3.790 0 | 403.48 | −249.51 | 0.382 |
| | 16 a | 2.356 2 | 8.262 5 | 3.550 2 | 82.50 | 64.80 | 161.47 | 467.39 | 3.790 0 | 471.18 | −309.71 | 0.343 |
| | 19 a | 2.356 2 | 8.262 5 | 3.550 2 | 106.04 | 64.80 | 185.01 | 615.27 | 3.790 0 | 619.06 | −434.05 | 0.299 |
| | 24 a | 2.356 2 | 8.262 5 | 3.550 2 | 112.31 | 64.80 | 191.28 | 605.19 | 3.790 0 | 608.98 | −417.70 | 0.314 |
| | 26 a | 2.356 2 | 8.262 5 | 3.550 2 | 107.09 | 64.80 | 186.06 | 589.38 | 3.790 0 | 593.17 | −407.11 | 0.314 |
| | 平均值 | 2.356 2 | 8.262 5 | 3.550 2 | 85.94 | 64.80 | 164.91 | 482.80 | 3.790 0 | 486.59 | −321.68 | 0.339 |
| P | 7 a | 0.005 7 | 0.664 2 | 0.222 5 | 1.38 | 11.86 | 14.13 | 19.97 | 0.765 0 | 20.74 | −6.61 | 0.681 |
| | 9 a | 0.005 7 | 0.664 2 | 0.222 5 | 1.99 | 11.86 | 14.75 | 30.40 | 0.765 0 | 31.17 | −16.43 | 0.473 |
| | 11 a | 0.005 7 | 0.664 2 | 0.222 5 | 1.91 | 11.86 | 14.66 | 28.75 | 0.765 0 | 29.52 | −14.86 | 0.497 |
| | 16 a | 0.005 7 | 0.664 2 | 0.222 5 | 2.42 | 11.86 | 15.17 | 38.90 | 0.765 0 | 39.67 | −24.50 | 0.382 |
| | 19 a | 0.005 7 | 0.664 2 | 0.222 5 | 3.85 | 11.86 | 16.60 | 49.01 | 0.765 0 | 49.78 | −33.18 | 0.333 |
| | 24 a | 0.005 7 | 0.664 2 | 0.222 5 | 2.76 | 11.86 | 15.51 | 45.94 | 0.765 0 | 46.71 | −31.20 | 0.332 |
| | 26 a | 0.005 7 | 0.664 2 | 0.222 5 | 3.08 | 11.86 | 15.83 | 46.84 | 0.765 0 | 47.61 | −31.78 | 0.332 |
| | 平均值 | 0.005 7 | 0.664 2 | 0.222 5 | 2.48 | 11.86 | 15.23 | 37.12 | 0.765 0 | 37.89 | −22.66 | 0.402 |

（续）

| 元素 | 树龄 | 养分输入 | | | | | | 养分输出 | | | 盈亏量 | 土壤平衡指数 |
|---|---|---|---|---|---|---|---|---|---|---|---|---|
| | | 降雨输入 | 穿透雨 | 树干茎流 | 分解释放 | 人工施肥 | 小计 | 植物吸收 | 地表径流 | 小计 | | |
| K | 7 a | 0.065 9 | 0.086 4 | 0.065 5 | 18.65 | 47.60 | 66.47 | 159.54 | 0.966 0 | 160.51 | −94.04 | 0.414 |
| | 9 a | 0.065 9 | 0.086 4 | 0.065 5 | 23.05 | 47.60 | 70.87 | 209.82 | 0.966 0 | 210.79 | −139.92 | 0.336 |
| | 11 a | 0.065 9 | 0.086 4 | 0.065 5 | 24.05 | 47.60 | 71.87 | 195.77 | 0.966 0 | 196.74 | −124.87 | 0.365 |
| | 16 a | 0.065 9 | 0.086 4 | 0.065 5 | 24.44 | 47.60 | 72.26 | 254.14 | 0.966 0 | 255.11 | −182.85 | 0.283 |
| | 19 a | 0.065 9 | 0.086 4 | 0.065 5 | 27.84 | 47.60 | 75.66 | 295.53 | 0.966 0 | 296.50 | −220.84 | 0.255 |
| | 24 a | 0.065 9 | 0.086 4 | 0.065 5 | 47.52 | 47.60 | 95.34 | 305.39 | 0.966 0 | 306.36 | −211.02 | 0.311 |
| | 26 a | 0.065 9 | 0.086 4 | 0.065 5 | 57.13 | 47.60 | 104.95 | 317.54 | 0.966 0 | 318.51 | −213.56 | 0.330 |
| | 平均值 | 0.065 9 | 0.086 4 | 0.065 5 | 31.81 | 47.60 | 79.63 | 248.25 | 0.966 0 | 249.21 | −169.59 | 0.320 |
| Ca | 7 a | 0.000 2 | 0.023 5 | 0.002 7 | 48.16 | 71.40 | 119.59 | 229.43 | 0.913 5 | 230.34 | −110.75 | 0.519 |
| | 9 a | 0.000 2 | 0.023 5 | 0.002 7 | 60.00 | 71.40 | 131.43 | 263.75 | 0.913 5 | 264.66 | −133.23 | 0.497 |
| | 11 a | 0.000 2 | 0.023 5 | 0.002 7 | 73.02 | 71.40 | 144.45 | 304.45 | 0.913 5 | 305.36 | −160.91 | 0.473 |
| | 16 a | 0.000 2 | 0.023 5 | 0.002 7 | 76.72 | 71.40 | 148.15 | 372.14 | 0.913 5 | 373.05 | −224.90 | 0.397 |
| | 19 a | 0.000 2 | 0.023 5 | 0.002 7 | 95.50 | 71.40 | 166.93 | 435.14 | 0.913 5 | 436.05 | −269.12 | 0.383 |
| | 24 a | 0.000 2 | 0.023 5 | 0.002 7 | 137.27 | 71.40 | 208.70 | 467.55 | 0.913 5 | 468.46 | −259.76 | 0.446 |
| | 26 a | 0.000 2 | 0.023 5 | 0.002 7 | 107.20 | 71.40 | 178.63 | 400.82 | 0.913 5 | 401.73 | −223.10 | 0.445 |
| | 平均值 | 0.000 2 | 0.023 5 | 0.002 7 | 85.41 | 71.40 | 156.84 | 353.33 | 0.913 5 | 354.24 | −197.40 | 0.443 |
| Mg | 7 a | 0.000 2 | 0.003 3 | 0.002 6 | 9.07 | 15.52 | 24.60 | 38.45 | 0.025 4 | 38.48 | −13.88 | 0.639 |
| | 9 a | 0.000 2 | 0.003 3 | 0.002 6 | 13.84 | 15.52 | 29.37 | 50.64 | 0.025 4 | 50.67 | −21.30 | 0.580 |
| | 11 a | 0.000 2 | 0.003 3 | 0.002 6 | 13.70 | 15.52 | 29.23 | 47.92 | 0.025 4 | 47.95 | −18.72 | 0.610 |
| | 16 a | 0.000 2 | 0.003 3 | 0.002 6 | 13.59 | 15.52 | 29.12 | 57.96 | 0.025 4 | 57.99 | −28.87 | 0.502 |
| | 19 a | 0.000 2 | 0.003 3 | 0.002 6 | 19.41 | 15.52 | 34.94 | 69.12 | 0.025 4 | 69.15 | −34.21 | 0.505 |
| | 24 a | 0.000 2 | 0.003 3 | 0.002 6 | 21.28 | 15.52 | 36.81 | 67.09 | 0.025 4 | 67.12 | −30.31 | 0.548 |
| | 26 a | 0.000 2 | 0.003 3 | 0.002 6 | 18.77 | 15.52 | 34.30 | 61.49 | 0.025 4 | 61.52 | −27.22 | 0.558 |
| | 平均值 | 0.000 2 | 0.003 3 | 0.002 6 | 15.67 | 15.52 | 31.19 | 56.10 | 0.025 4 | 56.13 | −24.93 | 0.556 |
| 总量 | 7 a | 2.428 2 | 9.039 9 | 3.843 5 | 130.34 | 211.18 | 356.83 | 761.31 | 6.459 9 | 767.77 | −410.94 | 0.465 |
| | 9 a | 2.428 2 | 9.039 9 | 3.843 5 | 164.43 | 211.18 | 390.92 | 943.38 | 6.459 9 | 949.84 | −558.92 | 0.412 |
| | 11 a | 2.428 2 | 9.039 9 | 3.843 5 | 187.68 | 211.18 | 414.17 | 976.58 | 6.459 9 | 983.04 | −568.87 | 0.421 |
| | 16 a | 2.428 2 | 9.039 9 | 3.843 5 | 199.67 | 211.18 | 426.16 | 1 190.53 | 6.459 9 | 1 196.99 | −770.83 | 0.356 |
| | 19 a | 2.428 2 | 9.039 9 | 3.843 5 | 252.64 | 211.18 | 479.13 | 1 464.07 | 6.459 9 | 1 470.53 | −991.40 | 0.326 |
| | 24 a | 2.428 2 | 9.039 9 | 3.843 5 | 321.14 | 211.18 | 547.63 | 1 491.16 | 6.459 9 | 1 497.62 | −949.99 | 0.366 |
| | 26 a | 2.428 2 | 9.039 9 | 3.843 5 | 293.27 | 211.18 | 519.76 | 1 416.07 | 6.459 9 | 1 422.53 | −902.77 | 0.365 |
| | 平均值 | 2.428 2 | 9.039 9 | 3.843 5 | 221.31 | 211.18 | 447.80 | 1 177.59 | 6.459 9 | 1 184.05 | −736.25 | 0.378 |

## 一、橡胶林土壤养分平衡分析

由表 6-29 可知，7～26 a PR107 橡胶林全年养分总输入量为 356.83～547.63 kg/hm²，养分总输出量为 767.77～1 497.62 kg/hm²。各树龄的养分总亏损量分别 7 a 为 410.94 kg/hm²、9 a 为 558.92 kg/hm²、11 a 为 568.87 kg/hm²、16 a 为 770.83 kg/hm²、19 a 为 991.40 kg/hm²、24 a 为 949.99 kg/hm²、26 a 为 902.77 kg/hm²，平均亏损量 736.25 kg/hm²。7～11 a 胶园土壤养分严重不足，并且随着树龄的增长，橡胶林土壤养分亏损量逐渐增加，19 a 亏损量最大，到老龄 26 a 亏损程度有所减缓。

不同年龄橡胶林土壤中不同元素的亏损程度有差别。N 亏损量为 185.66～434.05 kg/hm²，平均亏缺量为 321.68 kg/hm²；P 亏损量为 6.61～33.18 kg/hm²，平均亏缺量为 22.66 kg/hm²；K 亏损量为 94.04～220.84 kg/hm²，平均亏缺量为 169.59 kg/hm²；Ca 亏损量为 110.75～269.12 kg/hm²，平均亏缺量为 197.40 kg/hm²；Mg 亏损量为 13.88～34.21 kg/hm²，平均亏缺量为 24.93 kg/hm²。

## 二、橡胶林土壤养分平衡指数分析

从表 6-29 中可以看出，不同年龄 PR107 橡树林土壤中 5 大元素的养分平衡指数平均值分别为 N 0.339、P 0.402、K 0.320、Ca 0.443、Mg 0.556，且均小于 1，说明整个开割期橡胶林土壤养分收支状况都表现为输出高于输入，土壤养分处于亏缺状态。各种养分元素平衡指数大小比较为 Mg＞Ca＞P＞N＞K，表明 K 素失衡程度最大，其次是 N、P，Mg 亏缺程度最小。

综上表明，PR107 橡胶树在整个生长周期和开割期间土壤养分收支严重失衡，尤其以中龄养分消耗量最多，土壤养分亏损最为严重。幼龄和开割初期，橡胶树生长较慢、割胶对养分需求影响较小，养分消耗较少。老龄胶园随着橡胶树生长速度减慢、产胶能力下降，对养分的需求逐渐减少，橡胶林生态系统养分平衡开始恢复，亏缺程度逐渐缓解。总之，现行施肥方式还不能完全满足不同年龄橡胶林的实际养分需求，今后还要进一步完善施肥管理方式。

# 本 章 小 结

PR107 是中国较早引种并试种成功的国外橡胶树优良无性系之一，在中国大规模种植后对推动中国天然橡胶产业发展具有重要意义。自 20 世纪 60 年代起，PR107 逐步被作为亲本进行杂交授粉，成功选育出了一大批优良的无性系品种，成为我国各植胶区主栽品种之一。该品种属于生势中等、晚熟品种，虽初产期产量较低，但刺激割胶后增产幅度较大，有效减少了劳动成本，提高了劳动效率，是海南长期主推的品种。近年来，随着新割制的普遍推广和刺激剂的广泛应用，逐渐出现了地力退化加剧、橡胶增产缺乏持续动力等环境和生产问题。本研究通过对 7~26 a PR107 橡胶林生态系统生物量积累、养分积累分配、枯落物归还分解、降雨养分输出输入、土壤养分平衡等方面进行试验与分析，探讨了不同树龄橡胶树在生长和生产过程中对不同营养元素的需求规律以及土壤养分盈亏情况。其主要结论如下。

（1）PR107 橡胶林（7~26 a）单株橡胶树生物量积累大小为 133.61~339.87 kg，随着树龄的增长，树体生物量呈线性增加的趋势。各器官生物量中树干占比最大，平均占比 59.35%，树叶、树根生物量最小，占比分别为 4.48%、4.45%。其中树干占比约为树枝的 2.6 倍、树皮的 7.2 倍、树叶的 13.4 倍、树根的 13.0 倍。随着橡胶树年龄的增长，树体生长变化规律呈现由同化器官叶片增多，再向非同化器官地下部分根系增长的变化趋势。PR107 橡胶树生物量的年总增量并不是同步增长，而是呈先减小后增大再减小的变化规律，中龄生物量增量最大，老龄最小。PR107 橡胶林 7~26 a 枯落物凋落量为 4 590.80~11 085.80 kg/hm²，枯枝、枯叶分别占 34.44%、65.56%。随着树龄的增加，橡胶林枯枝、枯叶凋落量及总量均逐渐增大。

（2）由于各器官具有不同生理和生物学的特性，不同营养元素在橡胶树各器官中的含量也各不同。幼龄橡胶树生长旺盛，对 N 素的需求较高，中龄后 Ca 素的含量逐渐增加。橡胶树中不同器官中不同元素分配规律亦有差异。总体上，PR107 橡胶树各器官中 N、K、Ca 元素含量较高，P、Mg 元素含量较低。表明橡胶树除了 N、K 元素以外，对 Ca 素的需求也较大。随着树龄的增长，橡胶树各器官养分含量并未表现出明显的变化规律，但仍有差异。PR107 橡胶林枯叶中 5 种大量元素含量为 N>Ca>K>Mg>P，这决定了橡胶树对 5 种大量元素最终归还量的多少。比较橡胶林枯叶、枯枝养分含量差异，枯叶中各元素含量均高于枯枝，差异的原因主要跟不同年龄的鲜叶、鲜枝养分含量有关，其本质原因是不同年龄橡胶树生理特性不同。

（3）橡胶林是以胶乳为主要产物的人工经济林，不仅生长需要吸收养分，产胶也会消耗带走大量养分，因而橡胶树养分积累分配不同于其他林木。7~26 a PR107 橡胶树各器官中养分积累量排列顺序为树枝>树皮>树干>树叶>树根。各器官中养分年积累量为树叶>树皮>树枝>树干>树根>胶乳。各种营养元素的年积累量为 N>Ca>K>Mg>P，其中 N、Ca、K 三种元素的年积累量最多，约为 Mg、P 的 11 倍。不同器官、不同养分元素积累的年增量随树龄增长的变化规律不同。树叶、树枝、树根和树干中 N、K、Ca 年积累增量，树皮中 Ca 年增量及胶乳中 N、K 年增量，随树龄增长的变化波动较大；树叶、树枝、树根和树干中 P、Mg 年增量，树皮中 N、K、P、Mg 年增量及胶乳中 P、Ca、Mg 年增量随树龄增长而变化较小。

(4) 受树龄和各器官老化程度的影响，橡胶林枯枝、枯叶凋落量均随树龄增加逐渐增大，随之发生变化的是枯落物养分归还也增加。橡胶林枯落物中 5 种大量元素归还量为 N>Ca>K>Mg>P，基本上与枯落物养分含量和树体养分积累量相同。说明 N、K 元素虽然在树体中会发生转移、再吸收利用，但大多数养分也随枯落物归还到土壤中。橡胶林枯落物分解过程中整体上枯落物养分释放量随年龄增长而增加。各元素的分解释放特点不同，其枯落物养分年释放量为 N>Ca>K>Mg>P。通过枯落物平衡分析比较得出各元素指数为 N>K>P>Mg>Ca，说明枯落物 Ca 的富集程度高于其他四种元素，即林分枯落物层中 Ca 素积累高于其他元素而循环水平低，N 和 K 素富集程度最低，即积累量低而循环水平高。降雨的组成受到自然和人为因素的影响，因而降雨中养分含量在不同地区、不同时间表现出很大的差异。地表径流各元素输出量为 N>K>Ca>P>Mg，N、K、Ca 是流失量较大的三种元素。其原因在于土壤水溶性养分受土壤含水量、土壤质地、立地环境等因素的影响，如 P 元素在土壤易被固定，因此地表径流中流失量低于 K、Ca 元素。

(5) 土壤养分状况分析已成为了橡胶林营养指导和平衡施肥的重要部分。然而多年来，胶园土壤肥力状况又一直令人担忧。前期我国对海南、云南、广东三大垦区胶园进行土壤测评，结果表明，土壤中 N、P、K 等肥力呈严重下降趋势。本研究也发现胶园土壤养分收支严重失衡，$7 \sim 26$ a 橡胶树林地养分平均亏缺量为 $410.94 \sim 902.77$ kg/hm²，各养分元素平均亏缺量分别为 N $321.68$ kg/hm²、P $22.66$ kg/hm²、K $169.59$ kg/hm²、Ca $197.40$ kg/hm²、Mg $24.93$ kg/hm²。可见，土壤中 N 素亏损量最多，相比中龄胶园，幼龄和老龄胶园亏损量较小；K 和 Ca 素亏损量都较大，平衡指数最低，养分输入与输出极为失衡；P 和 Mg 素亏损量最小，但 P 的平衡指数较小，说明养分失衡较为严重，而 Mg 相对其他元素，养分失衡程度较轻。因此，橡胶施肥管理需要结合橡胶树品系的生长阶段和产胶期的养分需求，进行精确施肥，才能保持橡胶树在新割制和刺激剂后保持养分平衡，实现橡胶稳产高产，提高肥料利用效率与生产力。

# 第七章 热研 7 - 33 - 97 橡胶林
# 养分循环规律

## 第一节 橡胶林干物质积累与分配

生物量是研究生态系统的基本指标特征之一，也是衡量森林生产力和研究生态系统物质循环的基础。橡胶林的生物量及其分配很大程度上决定了橡胶林养分的分布和积累格局。因此，测定橡胶人工林的生物量及其枯落物层的分配情况，对于了解橡胶人工林生态系统的结构和功能、生物量的分配、养分的分配、养分循环以及营养特性具有重要意义。

本章节中采用的橡胶树生物量估算模型和计算方法同前面章节一致。

### 一、橡胶树生物量积累

#### （一）橡胶树现存生物量

橡胶林各组分的生物量分配与树体的生长发育阶段和生理特性密切相关。由表 7 - 1 可知，随着树龄的增加，热研 7 - 33 - 97 橡胶树的现存生物量呈同步增长，其中 10 a、16 a 和 22 a 橡胶树单株现存生物量分别为 241.36 kg、329.57 kg、436.81 kg。橡胶树的不同器官现存生物量及其占比差异较大。其中树干生物量最大，三个树龄的树干平均生物量为 178.09 kg，占整株生物量的 53.02%；其次是树枝平均生物量为 75.98 kg，占 22.62%；树皮生物量为 52.10 kg，占 15.49%；树根和树叶的生物量分别为 15.94 kg、13.80 kg，占比分别为 4.70%、4.18%。橡胶林中各组分生物量的大小顺序依次为树干＞树枝＞树皮＞树根＞树叶，但在幼龄 10 a 橡胶林中，各组分生物量大小顺序依次为树干＞树枝＞树皮＞树叶＞树根。可见，随着年龄的增加，各器官生物量占比不同，树叶在幼龄中占比最大，但在中龄占比最小，树根在不同树龄中占比的变化规律与树叶相反。这可能与橡胶树自身的生长周期规律有关。

表 7 - 1　热研 7 - 33 - 97 橡胶树各器官现存生物量

| 器官 | 10 a | | 16 a | | 22 a | |
|---|---|---|---|---|---|---|
| | 现存生物量<br>(kg) | 占比<br>(%) | 现存生物量<br>(kg) | 占比<br>(%) | 现存生物量<br>(kg) | 占比<br>(%) |
| 树叶 | 11.09 | 4.59 | 13.70 | 4.16 | 16.60 | 3.80 |
| 树枝 | 54.61 | 22.63 | 74.66 | 22.65 | 98.68 | 22.59 |
| 树干 | 127.91 | 53.00 | 174.69 | 53.01 | 231.68 | 53.04 |
| 树皮 | 37.10 | 15.37 | 51.05 | 15.49 | 68.16 | 15.60 |
| 树根 | 10.65 | 4.41 | 15.47 | 4.69 | 21.69 | 4.97 |
| 合计 | 241.36 | 100.00 | 329.57 | 100.00 | 436.81 | 100.00 |

## (二) 橡胶树年增生物量

从表 7 - 2 可以看出，随着树龄的增加，热研 7 - 33 - 97 橡胶树单株生物量的年总增量呈先增加后减少的趋势，10 a、16 a 和 22 a 橡胶树生物量年总增量分别为 29.18 kg、32.60 kg、25.51 kg。除树叶的增量逐年减少外，不同树龄橡胶树其他器官生物量年增量的大小变化一致，都表现为16 a>10 a>22 a。同时，树干的年增量最大，三个树龄的平均生物量增量占总增量的比例为53.40%，其次是树枝，占比为22.15%，树皮和树根的占比分别为15.94%、5.60%，树叶最小，占比为2.89%。由此可见，橡胶树体的干物质积累主要贮存于树干中。

表 7 - 2　热研 7 - 33 - 97 橡胶树各器官生物量年增量

| 器官 | 10 a | | 16 a | | 22 a | |
|---|---|---|---|---|---|---|
| | 年增量<br>(kg) | 占比<br>(%) | 年增量<br>(kg) | 占比<br>(%) | 年增量<br>(kg) | 占比<br>(%) |
| 树叶 | 0.95 | 3.26 | 0.94 | 2.88 | 0.66 | 2.59 |
| 树枝 | 6.31 | 21.62 | 7.32 | 22.46 | 5.71 | 22.38 |
| 树干 | 15.71 | 53.84 | 17.34 | 53.19 | 13.55 | 53.12 |
| 树皮 | 4.66 | 15.97 | 5.18 | 15.89 | 4.08 | 15.99 |
| 树根 | 1.55 | 5.31 | 1.82 | 5.58 | 1.51 | 5.92 |
| 合计 | 29.18 | 100.00 | 32.60 | 100.00 | 25.51 | 100.00 |

## 二、枯落物生物量

### （一）枯落物年凋落量

由图 7-1 可知，10 a、16 a 和 22 a 热研 7-33-97 橡胶林枯枝、枯叶凋落总量分别为 5 960.55 kg/hm²、5 852.10 kg/hm²、6 723.84 kg/hm²，平均凋落量为 6 178.83 kg/hm²，三个林段的凋落量大小顺序表现为 22 a＞10 a＞16 a。因此，枯枝、枯叶凋落量主要是受橡胶林的树龄影响。

橡胶林枯落物主要包括枯枝、枯叶、胶果及花等组分，其中枯枝、枯叶的凋落量约占总凋落量的 96%。枯枝、枯叶中，枯枝、枯叶平均凋落量为 1 905.41 kg/hm²、4 273.42 kg/hm²，分别占其凋落量的 30.84%、69.14%。可见，枯叶在橡胶林生态系统养分归还中起到关键作用。

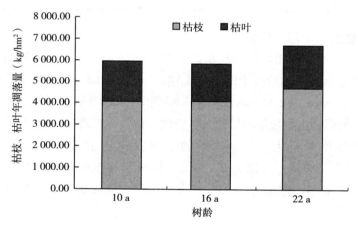

图 7-1　热研 7-33-97 橡胶林枯枝、枯叶年凋落量

### （二）枯落物月凋落量

橡胶林各年龄段全年均有枯落物产生，受橡胶林物候学特性和当年台风等气候影响，枯落物的组分和数量在全年各月份的分布是不均匀的。图 7-2 显示，热研 7-33-97 橡胶林枯叶与枯枝凋落量的月变化表现出双峰型特征，其中枯叶凋落量主要集中在 1、2 月份和 8、9 月份。由于橡胶树属于落叶树，前期主要受温度影响叶片大量凋落，占全年凋落量的 71.77%，而后期则受台风天气影响，叶片凋落，占全年凋落量的 12.73%。枯枝凋落量主要集中在 4、5 月份和 8、9 月份，前期主要因为橡胶树的自然疏枝，占全年凋落量的 21.69%，后期也是受台风天气影响，橡胶树产生大量的非生理性落枝，占全年凋落量的 31.86%。可见，枯叶、枯枝凋落不仅与橡胶树的生理特性有关，

也与气候因素有关。

此外，枯落物凋落量中还包括少部分胶果、花等物质，其凋落量分别约占2.86％、1.02％。胶果凋落期主要分布在1、2月份和8、9、10月份，花凋落期是在全年的3、4、6月份。这些枯落物的凋落分布规律都与橡胶树的生理特性有关。

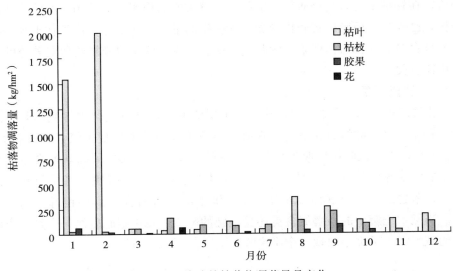

图7−2　橡胶林枯落物凋落量月变化

## 三、干胶产量

热研7−33−97不同树龄橡胶树其单株干胶产量有差异（表7−3）。整体来看，开割中期16 a橡胶树单株干胶产量相对较高，开割初期10 a和中龄22 a相对较低。同时，开割月份中5、6、7月份因橡胶树正处于生长旺盛阶段，橡胶林管理措施也达到很好的水准，干胶产量相对较高，且胶乳产量比较丰富，4月和12月为开割始末月份，胶乳含量最低。

表7−3　热研7−33−97橡胶树干胶产量（kg）

| 树龄 | 4月 | 5月 | 6月 | 7月 | 8月 | 9月 | 10月 | 11月 | 12月 | 合计 |
|---|---|---|---|---|---|---|---|---|---|---|
| 10 a | 0.25 | 0.40 | 0.35 | 0.31 | 0.22 | 0.27 | 0.31 | 0.41 | 0.24 | 2.76 |
| 16 a | 0.14 | 0.35 | 0.35 | 0.44 | 0.38 | 0.27 | 0.27 | 0.54 | 0.35 | 3.09 |
| 22 a | 0.15 | 0.24 | 0.37 | 0.38 | 0.39 | 0.34 | 0.38 | 0.38 | 0.23 | 2.86 |

# 第二节　橡胶林养分循环规律

## 一、土壤养分积累量

土壤是生态系统养分元素的重要来源，也是养分迁移、转化和积累的重要场所，在森林生态系统物质循环中起着十分重要的作用。对胶园土壤养分状况分析，已成为了橡胶树营养指导和平衡施肥的重要组成部分。橡胶林土壤中有效养分含量的变化与枯枝落叶的归还分解、压青、施肥以及橡胶树对养分的吸收规律有关。

### （一）碱解氮

由图7-3可以看出，橡胶林三个土层的碱解氮含量变化规律基本是一致的。每年6月，碱解氮含量的高峰值与枯枝落叶的分解过程中氮素释放有关。6—11月，由于橡胶树快速生长及产胶量的增加，使土壤中的碱解氮含量出现一个非常明显的低谷，12月到来年的3月由于橡胶树养分吸收基本停止，同时，枯落物的归还分解释放养分，使土壤中的碱解氮含量维持相对较高的水平。当然，土壤中的碱解氮含量还受施肥的影响，每次施肥后约一个月，土壤中的碱解氮含量都会出现一个小高峰。

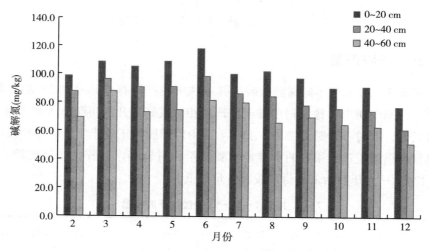

图7-3　橡胶林土壤碱解氮含量

### （二）有效磷

由图7-4可以看出，橡胶林各土层有效磷的变化规律基本是一致的。土壤有效磷的含量受到枯落物归还和施肥的影响。每年5月前后，有效磷含量较高，这主要受枯落物分解过程中磷素的释放及施肥的影响较大。8—9月，受橡胶园施肥的补充，土壤中的有效磷含量进一步增加。到了10月含量有所下降，12月到来年的2月有效磷含量都处于相对较低的水平。

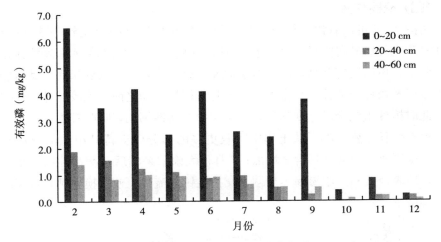

图 7-4 橡胶林土壤有效磷含量

## （三）速效钾

由图 7-5 可以看出，橡胶林各土层土壤速效钾的变化趋势基本一致，总体呈现先升后降再升再降的态势。土壤速效钾是植物体可以被直接吸收利用的，随着4月份雨季的到来，降水量的增加、土壤活性的提高，植株对养分的需求也相应增加，根系对土壤中的速效钾吸收加快，因此4—6月土壤速效钾

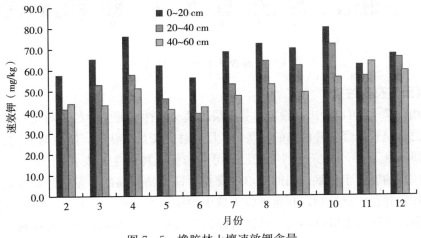

图 7-5 橡胶林土壤速效钾含量

含量降低；6—10 月，枯落物的分解过程中钾素的释放，使土壤中速效钾含量再次升高；进入 11—12 月，随着植物进入生长减缓期，对速效钾吸收缓慢，而速效钾积累较多，土壤速效钾含量趋于平稳。

### （四）交换性钙

由图 7-6 可以看出，橡胶林各土层土壤交换性钙的变化趋势基本一致，总体呈现先降后升再降的态势。从 2 月份开始，土壤交换性钙的含量逐渐下降，到 6 月份后迅速升高，而 8 月份后又开始下降，并持续到年底。其可能与降水量以及植株季节性生长有关。在 4 月份植株萌动之前，橡胶树处于休眠状态，此时植株组织合成速度降低，对土壤中交换性钙元素吸收较少；到了 4 月份，植株生长旺盛，需要从土壤中吸收更多的养分以支持其组织的合成与增长，土壤释放的交换性钙含量增加；7 月份大雨季来临后，交换性钙的水溶性增加，地表径流和土壤渗漏等加剧了交换性钙的流失，使交换性钙含量下降。

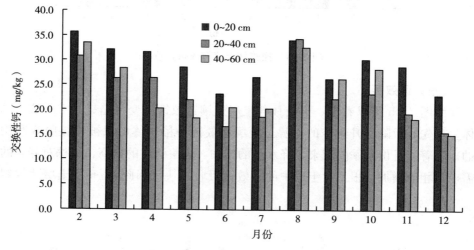

图 7-6　橡胶林土壤交换性钙含量

### （五）交换性镁

由图 7-7 可以看出，橡胶林各土层土壤交换性镁的变化趋势与交换性钙相似，总体呈现先降后升再降的态势。2 月份时处于最高状态，随着时间的推移，其含量不断下降，并持续到年底，这可能与橡胶树的生长发育相关。一方面，橡胶树在初春处于休眠，因此土壤中交换性镁保持较高的含量，初春过后，橡胶树积累并合成有机物，开始吸收土壤中的镁元素。另一方面土壤交换性镁含量有限，植株需求量也不大，且镁可以进行转移，所以树体吸收的镁到一定程度后主要依靠植物体内镁元素自身循环，而对土壤含量的要求降低。

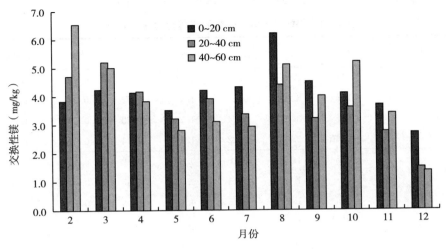

图 7－7　橡胶林土壤交换性镁含量

## 二、橡胶树养分积累与分配

### （一）橡胶树养分含量

由表 7－4 可知，热研 7－33－97 橡胶树 5 种大量元素含量在不同器官中分配规律不同，N 素平均含量为树叶＞树根＞树枝＞胶乳＞树皮＞树干、P 为树叶＞树枝＝树根＞胶乳＞树干＞树皮、K 为树叶＞树枝＞树根＞树皮＞胶乳＞树干、Ca 为树皮＞树根＞树枝＞树叶＞树干＞胶乳、Mg 为树叶＞树皮＞树根＞树枝＞树干＞胶乳。橡胶树各器官养分平均含量由高到低的排列顺序为树叶＞树皮＞树根＞树枝＞胶乳＞树干。

比较各器官中不同养分含量，树叶为 N＞K＞Ca＞Mg＞P，树枝为 N＞K＞Ca＞P＞Mg、树根和树皮为 Ca＞N＞K＞Mg＞P、树干为 N＞K＞Ca＞Mg＞P、胶乳为 N＞K＞P＞Mg＞Ca。橡胶树中各养分含量由高到低的排列顺序为 N＞Ca＞K＞Mg＞P。

不同器官中，不同养分元素含量的年变化规律也不相同。随着树龄的增加，树叶中的 N、P 含量先降后升，而 K、Mg 含量逐渐下降，Ca 含量逐步上升；树枝中的 N、P 含量先降后升，而 K、Mg 含量先升后降，Ca 含量逐步上升；树皮中的 N 含量呈下降趋势，P 变化不大，K、Mg 含量先升后降，Ca 含量逐步上升；树干中 N、P 含量呈下降趋势，K、Ca 含量先降后升，Mg 含量呈先升后降变化；树根中 N 含量先降后升，P、K、Mg 含量先升后降，Ca 含量逐步上升；胶乳中除了 N 含量呈上升趋势外，其他整体上呈下降趋势。

表 7 - 4　热研 7 - 33 - 97 橡胶树养分含量分布（%）

| 器官 | 树龄 | N | P | K | Ca | Mg | 平均值 |
|---|---|---|---|---|---|---|---|
| 树叶 | 10 a | 3.85 | 0.22 | 1.26 | 0.72 | 0.33 | 1.28 |
| | 16 a | 3.44 | 0.21 | 1.17 | 0.72 | 0.32 | 1.17 |
| | 22 a | 3.65 | 0.24 | 1.15 | 0.79 | 0.29 | 1.22 |
| | 平均值 | 3.65 | 0.22 | 1.19 | 0.74 | 0.31 | 1.22 |
| 树枝 | 10 a | 1.30 | 0.16 | 0.88 | 0.72 | 0.13 | 0.64 |
| | 16 a | 1.22 | 0.14 | 0.95 | 0.85 | 0.14 | 0.66 |
| | 22 a | 1.23 | 0.15 | 0.92 | 1.03 | 0.13 | 0.69 |
| | 平均值 | 1.25 | 0.15 | 0.92 | 0.87 | 0.13 | 0.66 |
| 树皮 | 10 a | 0.80 | 0.06 | 0.41 | 3.36 | 0.29 | 0.98 |
| | 16 a | 0.77 | 0.06 | 0.43 | 3.46 | 0.32 | 1.01 |
| | 22 a | 0.74 | 0.06 | 0.42 | 4.56 | 0.20 | 1.20 |
| | 平均值 | 0.77 | 0.06 | 0.42 | 3.79 | 0.27 | 1.06 |
| 树干 | 10 a | 0.71 | 0.08 | 0.32 | 0.26 | 0.08 | 0.29 |
| | 16 a | 0.67 | 0.07 | 0.31 | 0.25 | 0.10 | 0.28 |
| | 22 a | 0.65 | 0.07 | 0.32 | 0.26 | 0.09 | 0.28 |
| | 平均值 | 0.68 | 0.07 | 0.32 | 0.26 | 0.09 | 0.28 |
| 树根 | 10 a | 1.32 | 0.12 | 0.78 | 1.18 | 0.24 | 0.73 |
| | 16 a | 1.30 | 0.19 | 0.89 | 1.43 | 0.28 | 0.82 |
| | 22 a | 1.32 | 0.14 | 0.79 | 1.61 | 0.25 | 0.82 |
| | 平均值 | 1.31 | 0.15 | 0.82 | 1.41 | 0.26 | 0.79 |
| 胶乳 | 10 a | 0.79 | 0.15 | 0.42 | 0.004 2 | 0.063 | 0.29 |
| | 16 a | 0.82 | 0.14 | 0.40 | 0.004 3 | 0.054 | 0.28 |
| | 22 a | 0.82 | 0.13 | 0.38 | 0.003 6 | 0.042 | 0.28 |
| | 平均值 | 0.81 | 0.14 | 0.40 | 0.004 0 | 0.053 | 0.28 |

## （二）橡胶树养分积累分配

### 1. 各器官养分积累量

由表 7 - 5 可知，10 a、16 a、22 a 三个年龄热研 7 - 33 - 97 橡胶树养分总积累量分别为 1 759.24 kg/hm²、2 308.87 kg/hm²、2 526.89 kg/hm²。各器官中养分积累总量的大小顺序为树枝＞树皮＞树干＞树叶＞树根，其占比分别为 30.72%、28.97%、25.01%、8.91%、6.30%。各养分元素在不同器官中积累量的大小顺序：树叶为 N＞K＞Ca＞Mg＞P、树枝为 Ca＞N＞K＞P＞Mg、树皮和树根为 Ca＞N＞K＞Mg＞P、树干为 N＞Ca＞K＞Mg＞P。橡胶树各养分元素积累量由高到低的排列顺序为 Ca＞N＞K＞Mg＞P。

热研 7-33-97 橡胶树养分积累量在各器官中分布规律不同。N 积累量：10 a 为树干＞树枝＞树叶＞树皮＞树根、16 a 为树干＞树枝＞树叶＞树皮＞树根、22 a 为树干＞树枝＞树叶＞树皮＞树根；P 积累量：10 a 为树枝＞树干＞树根＞树叶＞树皮、16 a 为树枝＞树干＞树根＞树皮＞树叶、22 a 为树枝＞树干＞树皮＞树根＞树叶；K 积累量：10 a 为树枝＞树干＞树皮＞树叶＞树根、16 a 为树枝＞树干＞树皮＞树叶＞树根、22 a 为树枝＞树干＞树皮＞树叶＞树根；Ca 积累量各树龄段均为树皮＞树枝＞树干＞树根＞树叶；Mg 积累量：10 a 为树枝＞树干＞树皮＞树根＞树叶、16 a 为树枝＞树干＞树皮＞树根＞树叶、22 a 为树枝＞树干＞树皮＞树根＞树叶。整体上，随着树龄的增长，橡胶树各器官以及全树的养分积累量几乎呈线性增长。

表 7-5 热研 7-33-97 橡胶树各器官养分积累量（kg/hm²）

| 器官 | 树龄 | N | P | K | Ca | Mg | 合计 |
|---|---|---|---|---|---|---|---|
| 树叶 | 10 a | 104.96 | 4.10 | 23.63 | 28.05 | 7.90 | 168.64 |
| | 16 a | 121.25 | 5.60 | 29.56 | 31.08 | 8.78 | 196.27 |
| | 22 a | 135.98 | 6.61 | 39.88 | 33.15 | 7.09 | 222.71 |
| | 平均值 | 120.73 | 5.44 | 31.02 | 30.76 | 7.92 | 195.87 |
| 树枝 | 10 a | 157.15 | 34.10 | 110.57 | 253.11 | 30.59 | 585.52 |
| | 16 a | 196.50 | 42.67 | 134.69 | 304.23 | 39.39 | 717.48 |
| | 22 a | 229.55 | 55.48 | 144.74 | 259.47 | 33.92 | 723.16 |
| | 平均值 | 194.40 | 44.08 | 130.00 | 272.27 | 34.63 | 675.39 |
| 树皮 | 10 a | 69.25 | 3.74 | 77.34 | 302.06 | 16.68 | 469.07 |
| | 16 a | 97.90 | 7.36 | 89.36 | 414.08 | 17.80 | 626.50 |
| | 22 a | 125.38 | 10.35 | 97.28 | 566.66 | 15.49 | 815.16 |
| | 平均值 | 97.51 | 7.15 | 87.99 | 427.60 | 16.66 | 636.91 |
| 树干 | 10 a | 194.91 | 14.67 | 88.16 | 115.19 | 25.68 | 438.61 |
| | 16 a | 325.86 | 19.29 | 93.51 | 149.69 | 33.95 | 622.30 |
| | 22 a | 287.31 | 41.15 | 110.36 | 126.22 | 29.17 | 594.21 |
| | 平均值 | 269.36 | 25.04 | 97.34 | 130.37 | 29.60 | 551.71 |

（续）

| 器官 | 树龄 | N | P | K | Ca | Mg | 合计 |
|---|---|---|---|---|---|---|---|
| 树根 | 10 a | 32.36 | 4.26 | 15.61 | 34.90 | 10.27 | 97.40 |
| | 16 a | 41.40 | 7.48 | 25.97 | 57.40 | 14.07 | 146.32 |
| | 22 a | 51.46 | 9.41 | 34.31 | 64.28 | 12.19 | 171.65 |
| | 平均值 | 41.74 | 7.05 | 25.30 | 52.19 | 12.18 | 138.46 |
| 总量 | 10 a | 558.64 | 60.85 | 315.32 | 733.30 | 91.12 | 1 759.23 |
| | 16 a | 782.92 | 82.39 | 373.10 | 956.47 | 113.98 | 2 308.86 |
| | 22 a | 829.68 | 122.99 | 426.57 | 1 049.78 | 97.85 | 2 526.87 |
| | 平均值 | 723.75 | 88.74 | 371.66 | 913.18 | 100.98 | 2 198.32 |

由表 7-6 可知，热研 7-33-97 橡胶树三个树龄的胶乳养分总积累量分别是，10 a 为 112.05 kg/hm²、16 a 为 299.67 kg/hm²、22 a 为 549.97 kg/hm²。随着树龄的增长，胶乳中养分积累量也逐渐增加。胶乳中各元素积累量大小为 N＞K＞P＞Mg＞Ca，说明橡胶树产胶对 N、P、K、Mg 养分需求较大，Ca 素吸收较少。

**表 7-6　热研 7-33-97 橡胶树中胶乳养分积累量（kg/hm²）**

| 树龄 | N | P | K | Ca | Mg | 合计 |
|---|---|---|---|---|---|---|
| 10 a | 51.80 | 14.05 | 36.00 | 3.35 | 6.85 | 112.05 |
| 16 a | 143.12 | 35.77 | 97.50 | 7.79 | 15.49 | 299.67 |
| 22 a | 265.16 | 68.65 | 177.00 | 13.13 | 25.03 | 549.97 |
| 平均值 | 153.36 | 39.49 | 103.50 | 8.09 | 15.79 | 320.23 |

**2. 橡胶树养分积累年增量**

由表 7-7 可知，10 a、16 a、22 a 三个树龄热研 7-33-97 橡胶树养分积累量的年增量分别为 403.91 kg/hm²、570.91 kg/hm²、506.13 kg/hm²。各器官中养分积累年增量的大小顺序为树叶＞树枝＞树皮＞树干＞树根＞胶乳，其占比分别为 45.02%、17.50%、17.30%、12.70%、4.67%、2.82%。橡胶树各器官中不同元素积累量的年增量大小顺序：树叶为 N＞K＞Ca＞P＞Mg、树枝为 Ca＞N＞K＞P＞Mg、树皮为 Ca＞N＞K＞Mg＞P、树干和树根为 N＞Ca＞K＞Mg＞P、胶乳为 N＞K＞P＞Mg＜Ca。橡胶树各养分元素积累量的年平均增量由高到低的排列顺序为 N＞Ca＞K＞Mg＞P。

热研 7-33-97 橡胶树各养分积累量的年增量在各器官中分布规律不同，

N 的年增量分配规律为树叶＞树干＞树枝＞树皮＞树根＞胶乳、P 为树叶＞树枝＞树干＞胶乳＞树皮＞树根、K 为树叶＞树枝＞树皮＞树干＞树根＞胶乳、Ca 为树皮＞树枝＞树叶＞树干＞树根＞胶乳、Mg 为树叶＞树干＞树皮＞树枝＞树根＞胶乳。各器官中养分积累量的平均年增量大小顺序为树叶＞树枝＞树皮＞树干＞树根胶乳。

热研 7－33－97 橡胶树各器官中养分积累的年增量随树龄的变化趋势与养分积累量不同。树叶中各元素积累量的年增量均随着树龄增长而先增加后减少，为 16 a＞22 a＞10 a；树枝中 N、P、K 年增量均随着树龄增长而增加，Ca、Mg 则先增加后减少；树皮中除 P 呈增加趋势外，其余 4 种元素都是先增后减的变化规律；树干与树根变化趋势相同，N 与 Ca、Mg 元素都是先增后减，P、K 则呈逐步增加趋势；胶乳中各元素的年增量随树龄增长而增加。

表 7－7　热研 7－33－97 橡胶树各器官养分积累年增量（kg/hm²）

| 器官 | 树龄 | N | P | K | Ca | Mg | 合计 |
|---|---|---|---|---|---|---|---|
| 树叶 | 10 a | 131.20 | 6.83 | 24.31 | 18.70 | 7.90 | 188.94 |
| | 16 a | 169.97 | 11.01 | 41.02 | 24.05 | 8.78 | 254.83 |
| | 22 a | 151.57 | 7.67 | 34.53 | 22.10 | 7.09 | 222.96 |
| | 平均值 | 150.91 | 8.50 | 33.29 | 21.62 | 7.92 | 222.24 |
| 树枝 | 10 a | 19.64 | 4.26 | 9.59 | 33.75 | 3.78 | 71.02 |
| | 16 a | 36.19 | 6.94 | 16.02 | 40.57 | 4.87 | 104.59 |
| | 22 a | 28.31 | 4.71 | 11.68 | 34.60 | 4.19 | 83.49 |
| | 平均值 | 28.05 | 5.30 | 12.43 | 36.31 | 4.28 | 86.37 |
| 树皮 | 10 a | 8.88 | 1.04 | 7.23 | 45.77 | 5.97 | 68.89 |
| | 16 a | 20.24 | 1.51 | 8.34 | 62.74 | 7.57 | 100.40 |
| | 22 a | 16.07 | 1.87 | 9.10 | 55.56 | 4.27 | 86.87 |
| | 平均值 | 15.06 | 1.47 | 8.22 | 54.69 | 5.94 | 85.39 |
| 树干 | 10 a | 21.65 | 1.63 | 7.05 | 12.80 | 5.71 | 48.84 |
| | 16 a | 36.20 | 2.15 | 7.48 | 16.63 | 7.55 | 70.01 |
| | 22 a | 35.26 | 4.57 | 8.83 | 14.03 | 6.48 | 69.17 |
| | 平均值 | 31.04 | 2.78 | 7.79 | 14.49 | 6.58 | 62.67 |
| 树根 | 10 a | 5.39 | 0.71 | 1.87 | 5.82 | 1.70 | 15.49 |
| | 16 a | 11.57 | 0.92 | 2.60 | 9.57 | 2.37 | 27.03 |
| | 22 a | 9.90 | 1.57 | 4.12 | 9.08 | 2.03 | 26.70 |
| | 平均值 | 8.95 | 1.07 | 2.86 | 8.16 | 2.03 | 23.07 |

（续）

| 器官 | 树龄 | N | P | K | Ca | Mg | 合计 |
|------|------|------|------|------|------|------|------|
| 胶乳 | 10 a | 6.22 | 1.41 | 2.07 | 0.34 | 0.69 | 10.73 |
| | 16 a | 8.20 | 1.81 | 2.95 | 0.37 | 0.72 | 14.05 |
| | 22 a | 9.13 | 2.74 | 3.82 | 0.45 | 0.80 | 16.94 |
| | 平均值 | 7.85 | 1.99 | 2.95 | 0.39 | 0.74 | 13.91 |
| 总量 | 10 a | 192.98 | 15.88 | 52.12 | 117.18 | 25.75 | 403.91 |
| | 16 a | 282.37 | 24.34 | 78.41 | 153.93 | 31.86 | 570.91 |
| | 22 a | 250.24 | 23.13 | 72.08 | 135.82 | 24.86 | 506.13 |
| | 平均值 | 241.86 | 21.12 | 67.54 | 135.64 | 27.49 | 493.65 |

## 三、枯落物养分归还与释放

### （一）枯落物养分含量

由表 7-8 可知，热研 7-33-97 橡胶林枯枝、枯叶中 5 种大量元素含量为 N>Ca>K>Mg>P。枯叶中 N 含量随树龄增加呈先降后升趋势，P 和 Ca 均逐步上升，K、Mg 逐渐下降；枯枝中 N、P 先降后升，K、Mg 则先升后降，Ca 逐步增加。枯叶中各元素含量均高于枯枝，枯叶的平均养分含量约为枯枝的 1.5 倍。枯落物中枯叶、枯枝各元素含量随树龄的变化趋势与鲜叶、鲜枝基本相同。

**表 7-8　橡胶林枯叶、枯枝养分含量（%）**

| 组分 | 树龄 | N | P | K | Ca | Mg | 合计 |
|------|------|------|------|------|------|------|------|
| 枯叶 | 10 a | 1.93 | 0.06 | 0.53 | 0.80 | 0.28 | 3.60 |
| | 16 a | 1.72 | 0.06 | 0.49 | 0.80 | 0.27 | 3.34 |
| | 22 a | 1.83 | 0.07 | 0.48 | 0.88 | 0.24 | 3.50 |
| | 平均值 | 1.83 | 0.06 | 0.50 | 0.83 | 0.26 | 3.48 |
| 枯枝 | 10 a | 1.26 | 0.05 | 0.25 | 0.55 | 0.11 | 2.23 |
| | 16 a | 1.18 | 0.04 | 0.27 | 0.65 | 0.12 | 2.26 |
| | 22 a | 1.19 | 0.05 | 0.26 | 0.79 | 0.11 | 2.40 |
| | 平均值 | 1.21 | 0.05 | 0.26 | 0.66 | 0.11 | 2.29 |

### （二）枯落物养分归还量

通过枯落物的凋落量和养分含量，计算出热研 7－33－97 橡胶林枯落物中养分年归还量。从表 7－9 可知，10 a、16 a、22 a 枯落物养分年归还量分别为 232.24 kg/hm²、280.90 kg/hm²、261.76 kg/hm²。三个树龄中枯叶养分年归还量分别为 178.99 kg/hm²、213.82 kg/hm²、226.29 kg/hm²，枯枝养分年归还量为 53.25 kg/hm²、67.08 kg/hm²、35.47 kg/hm²，枯叶平均养分归还量约为枯枝的 3.9 倍。5 种大量元素年归还量为 N＞Ca＞K＞Mg＞P。

由表 7－9 还可以看出，热研 7－33－97 橡胶林枯落物养分归还量随树龄的增长而整体呈增加趋势，但是 22 a 后枯落物养分归还量的增加幅度逐渐减少。由于枯叶生物较大，其养分含量也比枯枝高，因而枯叶养分归还量远大于枯枝。橡胶林枯落物中不同元素归还量与树龄有直接关系，随着树龄的增长，N、P 归还量也呈逐渐增加趋势，K 逐渐减少，Ca、Mg 则先增后减。

表 7－9　热研 7－33－97 橡胶林枯枝、枯叶养分归还量（kg/hm²）

| 组分 | 树龄 | N | P | K | Ca | Mg | 合计 |
|---|---|---|---|---|---|---|---|
| 枯叶 | 10 a | 84.21 | 4.34 | 27.36 | 54.66 | 8.42 | 178.99 |
| | 16 a | 95.64 | 4.81 | 25.78 | 77.16 | 10.43 | 213.82 |
| | 22 a | 105.78 | 4.83 | 26.68 | 77.89 | 11.11 | 226.29 |
| | 平均值 | 95.21 | 4.66 | 26.61 | 69.90 | 9.99 | 206.37 |
| 枯枝 | 10 a | 12.55 | 1.01 | 7.02 | 17.22 | 15.45 | 53.25 |
| | 16 a | 11.38 | 0.91 | 5.80 | 27.26 | 21.73 | 67.08 |
| | 22 a | 14.32 | 0.90 | 2.35 | 9.76 | 8.14 | 35.47 |
| | 平均值 | 12.75 | 0.94 | 5.06 | 18.08 | 15.11 | 51.93 |

### （三）枯落物分解养分释放量

#### 1. 枯落物分解剩余量

热研 7－33－97 橡胶林林地枯落物分解剩余量如表 7－10 所示。随着时间（月份）的推移，枯落物的干物质重量越来越小，即其损失量随着时间的增加而增大。本试验中枯枝、枯叶分解初期的干重为 50.0 g，经过一年的腐解作用，他们的最后平均残留量分别为 25.6 g、3.1 g，相应的平均损失量分别为 24.4 g、46.9 g。同时，胶果作为种子被人为带出橡胶人工林，而花则完全归还于橡胶林地。因此胶果和花不纳入枯落物分解试验。

表7-10 橡胶林枯叶、枯枝分解剩余量（g）

| 组分 | 12月 | 1月 | 2月 | 3月 | 4月 | 5月 | 6月 | 7月 | 8月 | 9月 | 10月 | 11月 | 12月 |
|---|---|---|---|---|---|---|---|---|---|---|---|---|---|
| 枯叶 | 50.0 | 47.9 | 44.6 | 39.9 | 32.0 | 15.8 | 9.5 | 7.4 | 6.1 | 4.9 | 3.9 | 3.2 | 3.1 |
| 枯枝 | 50.0 | 49.7 | 49.3 | 48.9 | 48.2 | 46.5 | 44.9 | 41.4 | 38.2 | 30.6 | 27.0 | 26.4 | 25.6 |

**2. 枯落物分解率**

枯落物残留率按照下式计算：

$$D_i = (W_i / W_0) \times 100\%$$

式中，$D_i$ 为第 $i$ 月的残留率（%）；$W_i$ 为第 $i$ 月所取样品的剩余重量（g）；$W_0$ 为投放时分解袋内样品重量（g）。

如图7-8所示，经过一年的腐解作用，橡胶林林地枯落物并未完全分解，枯枝、枯叶分解后的残留率分别为51.18%、6.15%，失重率分别为48.82%、93.85%，其中1—6月枯叶失重最多，5—10月枯枝失重较多。

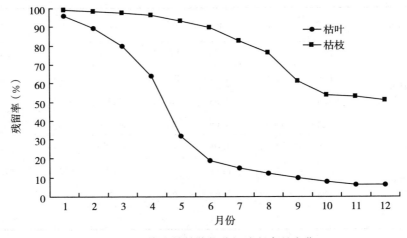

图7-8 橡胶林枯落物分解残留率月变化

**3. 枯落物分解养分释放量**

枯落物分解受枯落物组分所占比例以及环境（例如，土壤温度、湿度）等影响，因此橡胶林枯叶与枯枝的养分释放量存在明显的差异。

（1）枯落物养分释放模型

① 氮素

本试验采用分解袋法计算枯落物中氮素年分解释放率。分解袋中枯落物氮素的剩余量（氮素的剩余量＝剩余枯枝落叶量×其中氮的含量）见表7-11。

通过测定数据计算出枯落物中氮素的残留率（图7-9、图7-10）。

**表7-11　枯叶、枯枝分解中氮的剩余量（g）**

| 组分 | 1月 | 2月 | 3月 | 4月 | 5月 | 6月 | 7月 | 8月 | 9月 | 10月 | 11月 | 12月 |
|------|------|------|------|------|------|------|------|------|------|------|------|------|
| 枯叶 | 2.29 | 1.99 | 1.82 | 1.55 | 1.16 | 1.18 | 1.05 | 0.78 | 0.52 | 0.53 | 0.40 | 0.17 |
| 枯枝 | 0.81 | 0.79 | 0.79 | 0.74 | 0.78 | 0.64 | 0.66 | 0.66 | 0.62 | 0.50 | 0.49 | 0.42 |

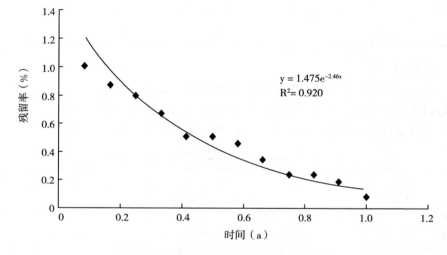

图7-9　枯叶中氮素Olson分解释放模型

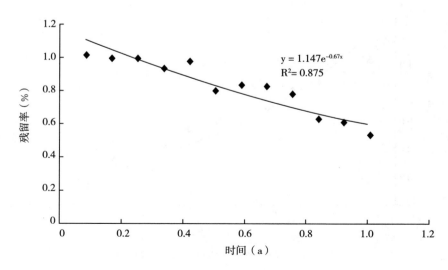

图7-10　枯枝中氮素Olson分解释放模型

由图 7-9 和图 7-10 计算得出橡胶林枯叶、枯枝的氮素释放模型参数（表 7-12）。结果表明，橡胶林枯叶的氮素释放率高于枯枝，枯叶、枯枝的氮素分解释放率分别为 87.39%、41.31%，周转期分别为 1.14 年、2.42 年。

表 7-12　枯叶、枯枝分解及氮素的释放模型参数

| 组分 | 修正系数 a | 腐解系数 K | 相关系数 $R^2$ | 年分解率 d | 周转期 T |
|---|---|---|---|---|---|
| 枯叶 | 1.475 | 2.46 | 0.920** | 0.873 9 | 1.14 |
| 枯枝 | 1.147 | 0.67 | 0.875** | 0.413 1 | 2.42 |

② 磷素

本试验采用分解袋法计算枯落物中磷素年分解释放率。分解袋中枯落物磷素的剩余量（磷素剩余量＝剩余枯枝落叶量×其中磷的含量）见表 7-13。通过测定数据计算出枯落物中磷素的残留率（图 7-11、图 7-12）。

表 7-13　枯叶、枯枝分解中磷的剩余量（g）

| 组分 | 1月 | 2月 | 3月 | 4月 | 5月 | 6月 | 7月 | 8月 | 9月 | 10月 | 11月 | 12月 |
|---|---|---|---|---|---|---|---|---|---|---|---|---|
| 枯叶 | 0.077 | 0.072 | 0.066 | 0.062 | 0.051 | 0.047 | 0.044 | 0.040 | 0.032 | 0.028 | 0.023 | 0.010 |
| 枯枝 | 0.035 | 0.033 | 0.033 | 0.033 | 0.032 | 0.031 | 0.030 | 0.030 | 0.030 | 0.026 | 0.025 | 0.025 |

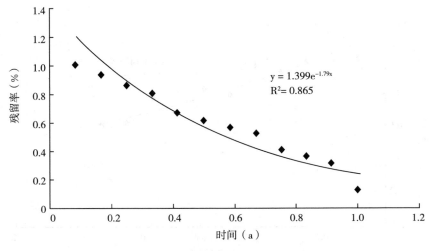

图 7-11　枯叶中磷素 Olson 分解释放模型

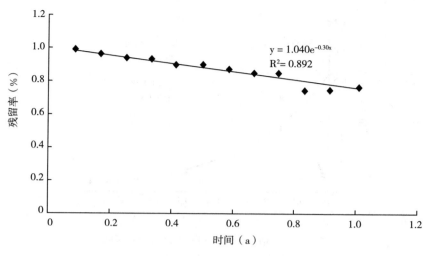

图 7-12  枯枝中磷素 Olson 分解释放模型

由图 7-11 和图 7-12 计算得出橡胶林枯叶、枯枝的磷素释放模型参数（表 7-14）。结果表明，橡胶林枯叶的磷素释放率高于枯枝，枯叶、枯枝的磷素分解释放率分别为 76.77%、25.58%，周转期分别为 1.30 年、3.91 年。

表 7-14  枯叶、枯枝分解及磷素的释放模型参数

| 组分 | 修正系数 a | 腐解系数 K | 相关系数 $R^2$ | 年分解率 d | 周转期 T |
|------|-----------|-----------|---------------|-----------|----------|
| 枯叶 | 1.399 8 | 1.796 | 0.865 2** | 0.767 7 | 1.30 |
| 枯枝 | 1.042 | 0.353 | 0.892** | 0.255 8 | 3.91 |

③ 钾素

本试验采用分解袋法计算枯落物中钾素年分解释放率。分解袋中枯落物钾素的剩余量（钾素的剩余量＝剩余枯枝落叶量×其中钾的含量）见表 7-15。通过测定数据计算出枯落物中钾素的残留率（图 7-13、图 7-14）。

表 7-15  枯叶、枯枝分解中钾的剩余量（g）

| 组分 | 4 月 | 6 月 | 8 月 | 10 月 | 12 月 | 翌年 2 月 |
|------|------|------|------|-------|-------|-----------|
| 枯叶 | 0.412 | 0.144 | 0.063 | 0.044 | 0.026 | 0.006 |
| 枯枝 | 0.256 | 0.115 | 0.063 | 0.034 | 0.022 | 0.016 |

由图 7-13 和图 7-14 计算得出橡胶林枯叶、枯枝的钾素释放模型参数

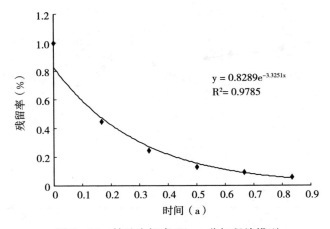

图 7 - 13  枯叶中钾素 Olson 分解释放模型

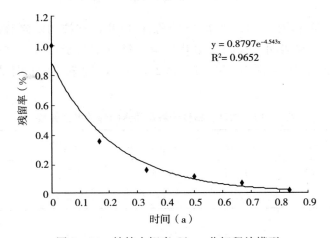

图 7 - 14  枯枝中钾素 Olson 分解释放模型

（表 7 - 16）。结果表明，橡胶林枯叶的钾素释放率高于枯枝，枯叶、枯枝的钾素分解释放率分别为 99.06%、97.02%，周转期分别为 1.009 4 年、1.030 7 年。

表 7 - 16  枯叶、枯枝分解及钾素的释放模型参数

| 组分 | 修正系数 a | 腐解系数 k | 相关系数 $R^2$ | 年分解率 d | 周转期 T |
|------|-----------|-----------|--------------|-----------|---------|
| 枯叶 | 0.879 7 | 4.543 0 | 0.965 2 | 0.990 6 | 1.009 4 |
| 枯枝 | 0.828 9 | 3.325 1 | 0.978 5 | 0.970 2 | 1.030 7 |

④ 钙素

本试验采用分解袋法计算枯落物中钙素年分解释放率。分解袋中枯落物钙素的剩余量（钙素的剩余量＝剩余枯枝落叶量×其中钙的含量）见表 7－17。通过测定数据计算出枯落物中钙素的残留率（图 7－15、图 7－16）。

表 7－17　枯叶、枯枝分解中钙的剩余量（g）

| 组分 | 4 月 | 6 月 | 8 月 | 10 月 | 12 月 | 翌年 2 月 |
|------|------|------|------|------|------|------|
| 枯叶 | 1.848 | 1.228 | 0.569 | 0.298 | 0.168 | 0.030 |
| 枯枝 | 2.333 | 1.834 | 1.298 | 0.729 | 0.466 | 0.264 |

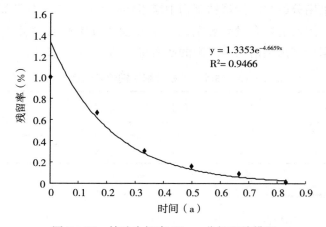

图 7－15　枯叶中钙素 Olson 分解释放模型

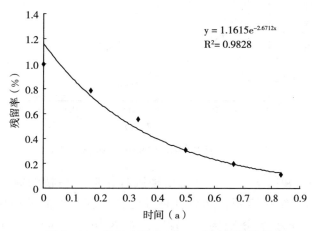

图 7－16　枯枝中钙素 Olson 分解释放模型

由图 7-15 和图 7-16 计算得出橡胶林枯叶、枯枝的钙素释放模型参数（表 7-18）。结果表明，橡胶林枯叶的钙素释放率高于枯枝，枯叶、枯枝的钙素分解释放率分别为 98.74%、91.96%，周转期分别为 1.012 8 年、1.087 4 年。

**表 7-18 枯叶、枯枝分解及钙素的释放模型参数**

| 组分 | 修正系数 a | 腐解系数 k | 相关系数 $R^2$ | 年分解率 d | 周转期 T |
| --- | --- | --- | --- | --- | --- |
| 枯叶 | 1.335 3 | 4.665 9 | 0.946 6 | 0.987 4 | 1.012 8 |
| 枯枝 | 1.161 5 | 2.671 2 | 0.982 8 | 0.919 6 | 1.087 4 |

⑤ 镁素

本试验采用分解袋法计算枯落物中镁素年分解释放率。分解袋中枯落物镁素的剩余量（镁素的剩余量＝剩余枯枝落叶量×其中镁的含量）见表 7-19。通过测定数据计算出枯落物中镁素的残留率（图 7-17、图 7-18）。

**表 7-19 枯叶、枯枝分解中镁的剩余量（g）**

| 组分 | 4 月 | 6 月 | 8 月 | 10 月 | 12 月 | 翌年 2 月 |
| --- | --- | --- | --- | --- | --- | --- |
| 枯叶 | 0.231 | 0.132 | 0.083 | 0.038 | 0.021 | 0.005 |
| 枯枝 | 0.162 | 0.139 | 0.114 | 0.066 | 0.044 | 0.024 |

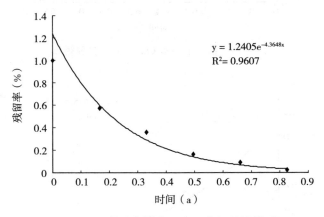

$$y = 1.2405e^{-4.3648x}$$
$$R^2 = 0.9607$$

图 7-17 枯叶中镁素 Olson 分解释放模型

由图 7-17 和图 7-18 计算得出橡胶林枯叶、枯枝的镁素释放模型参数（表 7-20）。结果表明，橡胶林枯叶的镁素释放率高于枯枝，枯叶、枯枝的镁素分解释放率分别为 98.42%、88.04%，周转期分别为 1.016 年、1.135 年。

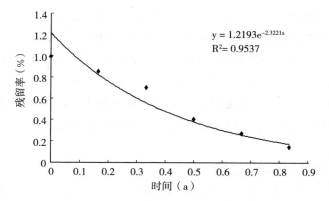

图 7 - 18　枯枝中镁素 Olson 分解释放模型

**表 7 - 20　枯叶、枯枝分解及镁素的释放模型**

| 组分 | 修正系数 a | 腐解系数 k | 相关系数 $R^2$ | 年分解率 d | 周转期 T |
|------|-----------|-----------|--------------|-----------|---------|
| 枯叶 | 1.240 5 | 4.364 8 | 0.960 7 | 0.984 2 | 1.016 |
| 枯枝 | 1.219 3 | 2.322 1 | 0.953 7 | 0.880 4 | 1.135 |

（2）枯落物养分释放量

本研究采用分解袋法计算橡胶林枯落物分解释放的养分量。热研 7 - 33 - 97 橡胶林林地枯落物分解养分释放量如表 7 - 21 所示。

**表 7 - 21　热研 7 - 33 - 97 橡胶林枯枝、枯叶分解中养分释放量**（kg/hm²）

| 组分 | 树龄 | N | P | K | Ca | Mg | 总量 |
|------|------|------|------|------|------|------|------|
| 枯叶 | 10 a | 79.52 | 3.64 | 19.66 | 41.72 | 10.39 | 154.93 |
|  | 16 a | 82.90 | 3.25 | 20.99 | 48.83 | 9.86 | 165.83 |
|  | 22 a | 98.58 | 4.43 | 23.50 | 51.90 | 15.23 | 193.64 |
|  | 平均值 | 87.00 | 3.77 | 21.38 | 47.48 | 11.83 | 171.47 |
| 枯枝 | 10 a | 4.80 | 0.25 | 2.90 | 11.42 | 1.31 | 20.68 |
|  | 16 a | 5.21 | 0.22 | 4.71 | 17.45 | 1.58 | 29.17 |
|  | 22 a | 6.14 | 0.25 | 0.66 | 6.11 | 0.72 | 13.88 |
|  | 平均值 | 5.38 | 0.24 | 2.76 | 11.66 | 1.20 | 21.24 |

热研 7 - 33 - 97 橡胶林中 10 a、16 a、22 a 的枯落物养分年释放量分别为 175.61 kg/hm²、195.00 kg/hm²、207.52 kg/hm²，平均释放量为 192.71 kg/hm²。三个年龄中枯叶养分年释放量分别 154.93 kg/hm²、165.83 kg/hm²、193.64 kg/hm²，枯枝分别为 20.68 kg/hm²、29.17 kg/hm²、13.88 kg/hm²，

枯叶平均养分释放量为枯枝的 8 倍。枯落物中枯叶比枯枝更容易腐解，而枯叶中大量元素均高于枯枝，因此枯叶中养分释放量比枯枝大得多。

热研 7 - 33 - 97 橡胶林枯落物分解过程中 N、P、K、Ca、Mg 的平均释放量分别为 92.38 kg/hm²、4.01 kg/hm²、24.14 kg/hm²、59.14 kg/hm²、13.03 kg/hm²。可见，5 种大量元素释放量大小为 N＞Ca＞K＞Mg＞P，说明分解过程中 N、Ca 和 K 素的释放量最大，而 Mg 和 P 最小，不利于土壤养分平衡。

**（四）枯落物养分平衡指数**

由表 7 - 9 和表 7 - 21 计算得知，热研 7 - 33 - 97 橡胶林枯落物养分平衡指数分别为 N 素 0.82～0.87、P 素 0.60～0.81、K 素 0.66～0.83、Ca 素 0.63～0.74、Mg 素 0.35～0.82，表示各年龄段胶林的枯落物层中养分元素都处于富集状态（分解平衡指数小于 1）。富集程度大小比较为 N＞K＞P＞Ca＞Mg，说明 Mg 素在分解中释放较慢，在枯落物层中处于积累状态，而其他元素释放较快，在枯落物层中表现出较大的流动性。

## 四、橡胶林水文中养分输入与输出

降水归还与淋溶是热带森林生态系统中养分输入与输出的重要途径。本试验在每次雨后测定橡胶林的降水量、穿透雨量、树干茎流量以及地表径流量和渗漏量，同时测定其中养分含量，然后根据林地各类降雨量和养分含量计算出雨水的养分输入量与输出量。

**（一）橡胶林水文分配特征**

由表 7 - 22 可知，该地区主要的降水集中在 5—11 月，年降水量为 1 556.10 mm，穿透雨和树干茎流雨分别为 1 139.75 mm 和 142.01 mm。二者分别占整个降水量的 73.24％和 9.13％，其余为林冠截留。穿透雨量及树干茎流量均随着降水量的增加而增加。地表径流和渗漏主要发生在降水量较大的月份，全年地表径流量深度为 93.90 mm，渗漏量深度为 199.70 mm，分别占林内雨（穿透雨＋树干茎流）的比例为 7.33％和 15.58％。

表 7 - 22　橡胶林水文分配特征

| 月份 | 降水<br>(mm) | 树干茎流雨<br>(mm) | 穿透雨<br>(mm) | 地表径流<br>(mm) | 渗漏<br>(mm) |
|---|---|---|---|---|---|
| 1 | 5.20 | — | — | — | — |
| 2 | 4.60 | — | — | — | — |

（续）

| 月份 | 降水<br>（mm） | 树干茎流雨<br>（mm） | 穿透雨<br>（mm） | 地表径流<br>（mm） | 渗漏<br>（mm） |
|---|---|---|---|---|---|
| 3 | 115.30 | 12.08 | 92.16 | 9.80 | 5.60 |
| 4 | 95.50 | 7.61 | 56.85 | 3.40 | 0.40 |
| 5 | 176.70 | 12.03 | 169.42 | 5.50 | 5.90 |
| 6 | 129.40 | 13.07 | 103.30 | 10.20 | 21.60 |
| 7 | 207.40 | 13.34 | 139.86 | 14.10 | 21.90 |
| 8 | 352.60 | 32.37 | 257.96 | 7.20 | 18.30 |
| 9 | 179.70 | 18.65 | 123.52 | 23.00 | 60.80 |
| 10 | 69.80 | 5.39 | 56.65 | 19.10 | 40.10 |
| 11 | 121.70 | 13.51 | 76.27 | 1.60 | 22.60 |
| 12 | 98.20 | 13.96 | 63.76 | — | 2.50 |
| 总计 | 1 556.10 | 142.01 | 1 139.75 | 93.90 | 199.70 |

### （二）降雨养分输入

#### 1. 林外雨

由表 7 - 23 可知，一年中的不同月份因降水量和养分含量不同，降雨为橡胶林带入的养分量亦存在差异。全年中，随雨水输入养分量以 9 月最高（1.380 9 kg/hm²），12 月最低（0.071 2 kg/hm²），输入总养分量为 6.886 0 kg/hm²。5 种矿质元素在降雨中的输入量分别为：N 6.501 0 kg/hm²、P 0.318 9 kg/hm²、K 0.059 5 kg/hm²、Ca 0.006 2 kg/hm²、Mg 0.000 4 kg/hm²，林外雨中输入养分最多的是 N、P、K 元素。

表 7 - 23　林外雨中养分量（kg/hm²）

| 月份 | 林外雨（mm） | N | P | K | Ca | Mg | 合计 |
|---|---|---|---|---|---|---|---|
| 1 | 5.20 | 0.075 0 | 0.003 7 | 0.000 9 | 0.000 25 | 0.000 080 | 0.079 9 |
| 2 | 4.60 | 0.085 0 | 0.003 1 | 0.005 6 | 0.000 35 | 0.000 087 | 0.094 1 |
| 3 | 115.30 | 0.141 0 | 0.004 2 | 0.006 5 | 0.000 45 | 0.000 090 | 0.152 2 |
| 4 | 95.50 | 0.390 0 | 0.011 6 | 0.008 0 | 0.000 71 | 0.000 013 | 0.410 3 |
| 5 | 176.70 | 0.355 0 | 0.032 6 | 0.007 2 | 0.000 80 | 0.000 023 | 0.395 6 |
| 6 | 129.40 | 1.145 0 | 0.028 9 | 0.007 1 | 0.000 76 | 0.000 014 | 1.181 8 |
| 7 | 207.40 | 1.235 0 | 0.048 2 | 0.003 3 | 0.000 69 | 0.000 005 | 1.287 2 |
| 8 | 352.60 | 0.565 0 | 0.030 7 | 0.005 2 | 0.000 09 | 0.000 042 | 0.601 0 |

（续）

| 月份 | 林外雨（mm） | N | P | K | Ca | Mg | 合计 |
|---|---|---|---|---|---|---|---|
| 9 | 179.70 | 1.305 0 | 0.066 4 | 0.009 1 | 0.000 39 | 0.000 016 | 1.380 9 |
| 10 | 69.80 | 0.955 0 | 0.075 2 | 0.001 2 | 0.000 57 | 0.000 006 | 1.032 0 |
| 11 | 121.70 | 0.185 0 | 0.011 6 | 0.002 1 | 0.000 95 | 0.000 013 | 0.199 7 |
| 12 | 98.20 | 0.065 0 | 0.002 7 | 0.003 3 | 0.000 18 | 0.000 009 | 0.071 2 |
| 总计 | 1 556.10 | 6.501 0 | 0.318 9 | 0.059 5 | 0.006 20 | 0.000 400 | 6.886 0 |

### 2. 树干茎流

由表 7-24 可知，橡胶林一年中不同月份通过树干茎流输入的养分量以 9 月最高（0.492 4 kg/hm²），3 月最低（0.008 1 kg/hm²），全年共输入总养分量为 2.228 2 kg/hm²。5 种矿质元素在树干茎流中的输入量分别为，N 1.680 0 kg/hm²、P 0.088 1 kg/hm²、K 0.422 8 kg/hm²、Ca 0.035 93 kg/hm²、Mg 0.001 33 kg/hm²，树干茎流输入养分量位居前三的是 N、P、K 元素。

**表 7-24 树干茎流中养分量**（kg/hm²）

| 月份 | 树干雨（mm） | N | P | K | Ca | Mg | 合计 |
|---|---|---|---|---|---|---|---|
| 1 | — | — | — | — | — | — | — |
| 2 | — | — | — | — | — | — | — |
| 3 | 12.08 | 0.005 0 | 0.000 3 | 0.002 8 | 0.000 03 | 0.000 00 | 0.008 1 |
| 4 | 7.61 | 0.070 0 | 0.005 3 | 0.115 0 | 0.005 20 | 0.000 28 | 0.195 8 |
| 5 | 12.03 | 0.115 0 | 0.008 3 | 0.025 0 | 0.007 01 | 0.000 15 | 0.155 5 |
| 6 | 13.07 | 0.270 0 | 0.015 3 | 0.045 0 | 0.004 12 | 0.000 12 | 0.334 5 |
| 7 | 13.34 | 0.295 0 | 0.019 1 | 0.075 0 | 0.003 23 | 0.000 06 | 0.392 4 |
| 8 | 32.37 | 0.115 0 | 0.006 9 | 0.040 0 | 0.003 01 | 0.000 32 | 0.165 2 |
| 9 | 18.65 | 0.435 0 | 0.015 0 | 0.035 0 | 0.007 23 | 0.000 14 | 0.492 4 |
| 10 | 5.39 | 0.355 0 | 0.016 8 | 0.010 0 | 0.002 77 | 0.000 11 | 0.384 6 |
| 11 | 13.51 | 0.020 0 | 0.001 1 | 0.035 0 | 0.002 05 | 0.000 11 | 0.058 3 |
| 12 | 13.96 | 0.000 0 | 0.000 0 | 0.040 0 | 0.001 28 | 0.000 12 | 0.041 4 |
| 总计 | 141.01 | 1.680 0 | 0.088 1 | 0.422 8 | 0.035 93 | 0.001 33 | 2.228 2 |

### 3. 穿透雨

由表 7-25 可知，橡胶林一年中不同月份由穿透雨输入的养分量以 10 月最高（2.502 1 kg/hm²），12 月最低（0.089 0 kg/hm²），全年共输入总养分量为 11.575 5 kg/hm²。全年穿透雨输入 5 种矿质元素分别为：N 10.445 0 kg/hm²、P 0.485 1 kg/hm²、K 0.638 7 kg/hm²、Ca 0.005 8 kg/hm²、Mg 0.000 9 kg/hm²，穿透雨中输入量前三的仍然是 N、K、P 元素。

表 7－25　穿透雨中养分量（kg/hm²）

| 月份 | 穿透雨（mm） | N | P | K | Ca | Mg | 合计 |
|---|---|---|---|---|---|---|---|
| 1 | — | — | — | — | — | — | — |
| 2 | — | — | — | — | — | — | — |
| 3 | 92.16 | 0.095 0 | 0.004 7 | 0.004 7 | 0.000 044 | 0.000 009 | 0.104 5 |
| 4 | 56.85 | 0.390 0 | 0.035 5 | 0.096 5 | 0.000 360 | 0.000 089 | 0.522 4 |
| 5 | 169.42 | 0.835 0 | 0.053 6 | 0.142 0 | 0.000 610 | 0.000 133 | 1.031 3 |
| 6 | 103.30 | 1.430 0 | 0.059 7 | 0.120 5 | 0.000 840 | 0.000 196 | 1.611 2 |
| 7 | 139.86 | 2.080 0 | 0.086 1 | 0.057 5 | 0.000 770 | 0.000 018 | 2.224 4 |
| 8 | 257.96 | 0.945 0 | 0.036 1 | 0.061 5 | 0.001 060 | 0.000 215 | 1.043 9 |
| 9 | 123.52 | 2.135 0 | 0.069 7 | 0.041 5 | 0.000 720 | 0.000 099 | 2.247 0 |
| 10 | 56.65 | 2.345 0 | 0.125 3 | 0.031 5 | 0.000 280 | 0.000 040 | 2.502 1 |
| 11 | 76.27 | 0.150 0 | 0.011 3 | 0.037 5 | 0.000 760 | 0.000 053 | 0.199 6 |
| 12 | 63.76 | 0.040 0 | 0.003 1 | 0.045 5 | 0.000 400 | 0.000 039 | 0.089 0 |
| 总计 | 1 139.75 | 10.445 0 | 0.485 1 | 0.638 7 | 0.005 8 | 0.000 9 | 11.575 5 |

综合上述结果，橡胶林降雨中输入养分的分配格局为穿透雨＞林外雨＞树干茎流。降雨输入养分总量为 21.125 4 kg/hm²，其中 N 18.626 0 kg/hm²、P 0.892 1 kg/hm²、K 1.121 0 kg/hm²、Ca 0.047 9 kg/hm²、Mg 0.002 6 kg/hm²。5 种大量元素养分输入量大小顺序为 N＞K＞P＞Ca＞Mg。

### （三）降雨养分输出

**1. 地表径流**

由表 7－26 可知，一年中不同月份因林地地表径流量和养分含量的不同，导致随地表径流输出林外的养分量亦不同。全年中橡胶林地表径流输出总养分量为 2.989 4 kg/hm²，9 月养分带走最多（0.826 9 kg/hm²），11 月养分输出量最少（0.033 3 kg/hm²）。5 种矿质元素在地表径流中的输出量分别为：N 1.439 6 kg/hm²、P 0.147 1 kg/hm²、K 0.450 0 kg/hm²、Ca 0.935 0 kg/hm²、Mg 0.017 7 kg/hm²，其中 N、Ca 元素流失量最大。

表 7-26 橡胶林地表径流养分量（kg/hm²）

| 月份 | 径流量（mm） | N | P | K | Ca | Mg | 合计 |
|---|---|---|---|---|---|---|---|
| 1 | — | — | — | — | — | — | — |
| 2 | — | — | — | — | — | — | — |
| 3 | 9.80 | 0.000 0 | 0.000 0 | 0.000 0 | 0.000 0 | 0.000 0 | 0.000 0 |
| 4 | 3.40 | 0.049 2 | 0.018 1 | 0.000 0 | 0.000 0 | 0.000 0 | 0.067 3 |
| 5 | 5.50 | 0.112 5 | 0.021 5 | 0.000 0 | 0.000 0 | 0.000 0 | 0.134 0 |
| 6 | 10.20 | 0.198 6 | 0.021 2 | 0.085 0 | 0.065 0 | 0.001 9 | 0.371 7 |
| 7 | 14.10 | 0.287 1 | 0.035 3 | 0.080 0 | 0.175 0 | 0.001 7 | 0.579 1 |
| 8 | 7.20 | 0.172 0 | 0.016 7 | 0.020 0 | 0.110 0 | 0.001 5 | 0.320 2 |
| 9 | 23.00 | 0.321 5 | 0.011 9 | 0.150 0 | 0.340 0 | 0.003 5 | 0.826 9 |
| 10 | 19.10 | 0.290 7 | 0.022 4 | 0.110 0 | 0.230 0 | 0.003 8 | 0.656 9 |
| 11 | 1.60 | 0.008 0 | 0.000 0 | 0.005 0 | 0.015 0 | 0.005 3 | 0.033 3 |
| 12 | — | — | — | — | — | — | — |
| 总计 | 93.90 | 1.439 6 | 0.147 1 | 0.450 0 | 0.935 0 | 0.017 7 | 2.989 4 |

## 2. 地下渗漏

由表 7-27 可知，一年中不同月份因雨水在地下的渗漏量和养分含量的不同，导致随渗漏输出林外的养分量亦不同。全年中橡胶林地下渗漏输出总养分量为 10.395 0 kg/hm²，其中以 9 月最高（3.638 0 kg/hm²），最低月份分别是 4 月（0.012 0 kg/hm²）、5 月（0.210 0 kg/hm²）和 12 月（0.388 0 kg/hm²）。5 种矿质元素随地下渗漏输出的养分量分别为：N 2.652 0 kg/hm²、P 0.268 0 kg/hm²、K 1.162 0 kg/hm²、Ca 5.988 0 kg/hm²、Mg 0.326 0 kg/hm²。

表 7-27 地下渗漏中养分量（kg/hm²）

| 月份 | 渗漏量（mm） | N | P | K | Ca | Mg | 合计 |
|---|---|---|---|---|---|---|---|
| 1 | — | — | — | — | — | — | — |
| 2 | — | — | — | — | — | — | — |
| 3 | 5.60 | 0.000 0 | 0.000 0 | 0.000 0 | 0.000 0 | 0.000 0 | 0.000 0 |
| 4 | 0.40 | 0.005 0 | 0.001 0 | 0.002 0 | 0.004 0 | 0.000 0 | 0.012 0 |
| 5 | 5.90 | 0.073 0 | 0.013 0 | 0.025 0 | 0.094 0 | 0.006 0 | 0.210 0 |

（续）

| 月份 | 渗漏量（mm） | N | P | K | Ca | Mg | 合计 |
|---|---|---|---|---|---|---|---|
| 6 | 21.60 | 0.310 0 | 0.050 0 | 0.150 0 | 0.330 0 | 0.036 0 | 0.876 0 |
| 7 | 21.90 | 0.315 0 | 0.042 0 | 0.135 0 | 0.580 0 | 0.021 0 | 1.093 0 |
| 8 | 18.30 | 0.254 0 | 0.025 0 | 0.040 0 | 0.640 0 | 0.037 0 | 0.996 0 |
| 9 | 60.80 | 0.832 0 | 0.087 0 | 0.295 0 | 2.320 0 | 0.104 0 | 3.638 0 |
| 10 | 40.10 | 0.530 0 | 0.023 0 | 0.165 0 | 1.070 0 | 0.073 0 | 1.861 0 |
| 11 | 22.60 | 0.299 0 | 0.026 0 | 0.080 0 | 0.870 0 | 0.045 0 | 1.320 0 |
| 12 | 2.50 | 0.034 0 | 0.000 0 | 0.270 0 | 0.080 0 | 0.004 0 | 0.388 0 |
| 总计 | 199.70 | 2.652 0 | 0.268 0 | 1.162 0 | 5.988 0 | 0.326 0 | 10.395 0 |

综合上述结果，橡胶林降雨输出养分的分配格局为地下渗漏大于地表径流。降雨输出养分总量为 13.384 4 $kg/hm^2$，其中 N 4.091 6 $kg/hm^2$、P 0.415 1 $kg/hm^2$、K 1.612 0 $kg/hm^2$、Ca 6.923 0 $kg/hm^2$、Mg 0.343 7 $kg/hm^2$。5 种大量元素养分输出量大小顺序为 Ca>N>K>P>Mg。

# 第三节　橡胶林养分平衡分析

本研究中，橡胶林土壤养分输入主要包括枯落物归还、树干茎流归还、降雨输入、人工施肥等，养分输出主要指林木吸收、地表径流、渗漏等。试验中暂未考虑氮素挥发、根际分泌、果实归还等因素。通过土壤平衡计算公式，即养分盈亏量＝土壤养分输入－养分输出，土壤养分平衡指数＝养分输入/养分输出，计算出橡胶林土壤盈亏量和土壤养分平衡指数等指标。本研究中，热研 7‑33‑97 橡胶林土壤养分平衡分析，见表 7‑28。

表 7‑28　热研 7‑33‑97 橡胶林土壤养分平衡分析（$kg/hm^2$）

| 元素 | 树龄 | 养分输入 | | | | | | 养分输出 | | | | 盈亏量 | 土壤平衡指数 |
|---|---|---|---|---|---|---|---|---|---|---|---|---|---|
| | | 降雨输入 | 穿透雨 | 树干茎流 | 分解释放 | 人工施肥 | 小计 | 植物吸收 | 地表径流 | 渗漏 | 小计 | | |
| N | 10 a | 6.501 0 | 10.445 0 | 1.680 0 | 84.32 | 154.80 | 257.75 | 289.74 | 1.439 6 | 2.652 0 | 293.83 | −36.09 | 0.877 |
| | 16 a | 6.501 0 | 10.445 0 | 1.680 0 | 88.11 | 154.80 | 261.54 | 389.39 | 1.439 6 | 2.652 0 | 393.48 | −131.94 | 0.665 |
| | 22 a | 6.501 0 | 10.445 0 | 1.680 0 | 104.72 | 154.80 | 278.15 | 370.34 | 1.439 6 | 2.652 0 | 374.43 | −96.28 | 0.743 |
| | 平均值 | 6.501 0 | 10.445 0 | 1.680 0 | 92.38 | 154.80 | 265.81 | 349.82 | 1.439 6 | 2.652 0 | 353.91 | −88.10 | 0.751 |

（续）

| 元素 | 树龄 | 养分输入 | | | | | | 养分输出 | | | | 盈亏量 | 土壤平衡指数 |
|---|---|---|---|---|---|---|---|---|---|---|---|---|---|
| | | 降雨输入 | 穿透雨 | 树干茎流 | 分解释放 | 人工施肥 | 小计 | 植物吸收 | 地表径流 | 渗漏 | 小计 | | |
| P | 10 a | 0.318 9 | 0.485 1 | 0.088 1 | 3.89 | 28.7 | 33.48 | 21.23 | 0.147 1 | 0.268 0 | 21.65 | 11.83 | 1.546 |
| | 16 a | 0.318 9 | 0.485 1 | 0.088 1 | 3.47 | 28.7 | 33.06 | 30.06 | 0.147 1 | 0.268 0 | 30.48 | 2.58 | 1.085 |
| | 22 a | 0.318 9 | 0.485 1 | 0.088 1 | 4.68 | 28.7 | 34.27 | 28.86 | 0.147 1 | 0.268 0 | 29.28 | 4.99 | 1.170 |
| | 平均值 | 0.318 9 | 0.485 1 | 0.088 1 | 4.01 | 28.70 | 33.60 | 26.72 | 0.147 1 | 0.268 0 | 27.14 | 6.47 | 1.238 |
| K | 10 a | 0.059 5 | 0.638 7 | 0.422 8 | 22.56 | 93.3 | 116.98 | 86.50 | 0.450 0 | 1.162 0 | 88.11 | 28.87 | 1.328 |
| | 16 a | 0.059 5 | 0.638 7 | 0.422 8 | 25.70 | 93.3 | 120.12 | 109.99 | 0.450 0 | 1.162 0 | 111.60 | 8.52 | 1.076 |
| | 22 a | 0.059 5 | 0.638 7 | 0.422 8 | 24.20 | 93.3 | 118.62 | 101.11 | 0.450 0 | 1.162 0 | 102.72 | 15.90 | 1.155 |
| | 平均值 | 0.059 5 | 0.638 7 | 0.422 8 | 24.15 | 93.30 | 118.57 | 99.20 | 0.450 0 | 1.162 0 | 100.81 | 17.76 | 1.176 |
| Ca | 10 a | 0.006 2 | 0.005 8 | 0.035 9 | 53.14 | 147.0 | 200.19 | 189.06 | 0.935 0 | 5.987 0 | 195.98 | 4.21 | 1.021 |
| | 16 a | 0.006 2 | 0.005 8 | 0.035 9 | 66.28 | 147.0 | 213.33 | 258.35 | 0.935 0 | 5.987 0 | 265.27 | −51.94 | 0.804 |
| | 22 a | 0.006 2 | 0.005 8 | 0.035 9 | 58.01 | 147.0 | 205.06 | 223.47 | 0.935 0 | 5.987 0 | 230.39 | −25.33 | 0.890 |
| | 平均值 | 0.006 2 | 0.005 8 | 0.035 9 | 59.14 | 147.00 | 206.19 | 223.63 | 0.935 0 | 5.987 0 | 230.55 | −24.36 | 0.894 |
| Mg | 10 a | 0.000 4 | 0.009 | 0.001 3 | 11.70 | 31.5 | 43.21 | 49.62 | 0.017 7 | 0.326 0 | 49.96 | −6.75 | 0.865 |
| | 16 a | 0.000 4 | 0.009 | 0.001 3 | 11.44 | 31.5 | 42.95 | 64.02 | 0.017 7 | 0.326 0 | 64.36 | −21.41 | 0.667 |
| | 22 a | 0.000 4 | 0.009 | 0.001 3 | 15.95 | 31.5 | 47.46 | 44.11 | 0.017 7 | 0.326 0 | 44.45 | 3.01 | 1.068 |
| | 平均值 | 0.000 4 | 0.009 0 | 0.001 3 | 13.03 | 31.50 | 44.54 | 52.58 | 0.017 7 | 0.326 0 | 52.92 | −8.38 | 0.842 |
| 总量 | 10 a | 6.886 0 | 11.583 6 | 2.228 2 | 175.61 | 455.30 | 651.61 | 636.15 | 2.989 4 | 10.395 0 | 649.53 | 2.08 | 1.003 |
| | 16 a | 6.886 0 | 11.583 6 | 2.228 2 | 195.00 | 455.30 | 671.00 | 851.81 | 2.989 4 | 10.395 0 | 865.19 | −194.19 | 0.776 |
| | 22 a | 6.886 0 | 11.583 6 | 2.228 2 | 207.56 | 455.30 | 683.56 | 767.89 | 2.989 4 | 10.395 0 | 781.27 | −97.71 | 0.875 |
| | 平均值 | 6.886 0 | 11.583 6 | 2.228 2 | 192.72 | 455.30 | 668.72 | 751.95 | 4.539 2 | 18.138 0 | 765.33 | −96.61 | 0.874 |

## 一、橡胶林土壤养分平衡分析

由表 7 - 28 可知，不同树龄橡胶林由于养分输入量、输出量的不同，导致土壤出现不同程度的盈亏状况。10 a、16 a、22 a 三个年龄热研 7 - 33 - 97 橡胶林土壤中养分总输入量分别为 651.61 kg/hm²、671.00 kg/hm²、683.56 kg/hm²，养分总输出量分别为 649.53 kg/hm²、865.19 kg/hm²、781.27 kg/hm²，总盈亏量分别为 1.83 kg/hm²、−194.19 kg/hm²、−97.71 kg/hm²。整体上，随着树龄的增长，橡胶园土壤养分亏损量呈先增加后减少的大致趋势，开割前期 10 a 胶园养分有富余，开割中期 16 a 胶园养分亏损比 22 a 严重。

比较热研7-33-97橡胶林土壤中5种大量元素的盈亏程度。由表7-28可知，N素在三个阶段都出现亏损，平均亏损量为88.11 kg/hm²，并且16 a亏损最为严重；P素和K素在整体生长周期都属于富余状态，但16 a的富余量小于10 a和22 a；Ca素在10 a时土壤含量富余，16 a时出现严重亏损，22 a时亏损程度有所减轻；Mg素在10 a时就开始亏损，16 a亏损程度最严重，但在22 a时土壤中镁素出现富余。

## 二、橡胶林土壤养分平衡指数

通过土壤养分输入量与输出量的比值即土壤养分平衡指数，可以反映出林分土壤的养分收支状况。从表7-28中热研7-33-97橡胶林土壤养分平衡分析可知，土壤中P、K素的平衡指数大于1，说明胶园中P、K处于盈余状态；N素的平衡指数小于1，表示氮素处于耗竭状态；Ca和Mg的平衡指数变化刚好相反，Ca在10 a时是盈余的，其他树龄则耗竭，Mg在前期10 a和16 a都处于耗竭状态，而到22 a时开始出现盈余。

从表7-28中还可以看出，热研7-33-97橡胶树在产胶初期（10 a）的土壤养分整体上处于富余、积累状态；进入产胶旺期（16 a）时，对养分消耗最大，导致土壤养分亏损程度最严重；而到割胶中后期（22 a），对养分消耗较少，土壤养分亏损程度也随之减轻。整个生长周期中，土壤中P、K素还比较丰富，而N素则耗竭最严重，Ca和Mg在不同产胶和生长期的不同而有所变化。由此表明，随着树龄和产胶周期的变化，橡胶林对各养分的需求和利用也发生了改变，从而导致胶园土壤中各养分元素的盈亏差异。

# 本 章 小 结

热研7-33-97是我国自主选育的大规模种植橡胶树品种，在品种特性上优于无性系RRIM600和PR107，也是橡胶树育种的对照品种。该品种在割胶初期就表现出高产的特性，并对风寒病等逆境具有较好的综合抗性。近年来，热研7-33-97已经发展成为海南植胶区种植面积最大的品种。前期研究证实，橡胶树的营养状态与其品种、树龄、割胶制度及割制使用时间、土壤管理技术水平和胶园土壤肥力等都有密切的关系。因此，本研究借鉴了森林生态系统养分循环的研究方法和手段，对采用刺激割制下海南高产新品系热研7-33-97橡胶林生态系统养分循环进行了系统研究，分析了热研7-33-97橡胶树氮、磷、钾、钙、镁元素循环的基本特征，并提出了科学合理的施肥建议。

（1）橡胶树现存生物量与年增生物量是研究橡胶林养分循环最基本的两个参数。其中，橡胶树年增生物量是指当年橡胶树净积累的生物量。本研究中，热研 7－33－97 橡胶树平均单株生物量和年增量均低于 PR107、RRIM600，这说明生物量不仅与树龄密切相关，还受到林木品种的影响。橡胶树不同器官现存生物量的占比差异较大，但同前两大品系相同，都以树干生物量积累量最大、树叶最小，各器官依次为树干＞树枝＞树皮＞树根＞树叶。这种差异主要受到不同树龄橡胶树生理特征的影响。随着树龄的增长，各器官生物量及其年增量占比在不同树龄阶段呈现的变化规律不同。如生物量的总积累量与树龄呈同步增加趋势，而其年增量则表现出先增加后减少的趋势。热研 7－33－97 橡胶林枯落物的平均年凋落量为 6 178.83 kg/hm²，三个阶段的枯落物凋落量为 22 a＞10 a＞16 a。这说明凋落量主要受橡胶林林龄大小的影响，越成熟的橡胶林其生物循环的规模也越大。海南橡胶林枯叶与枯枝凋落量还受物候学特性和当年台风等气候影响，因此不同品系橡胶枯叶与枯枝凋落量的月变化规律基本相同，其中枯叶凋落量主要集中于全年的 1、2 月份和 8、9 月份。

（2）橡胶树体各器官养分元素含量的高低与树龄、不同器官及养分元素种类有关。研究表明，热研 7－33－97 橡胶树各养分平均含量为 N＞Ca＞K＞P＞Mg，在其各器官中，总养分的平均含量为树叶＞树皮＞树根＞树枝＞胶乳＞树干。在一年的生长过程中，橡胶树各器官对大量元素的吸收和分布特点与其生长的物候期相吻合。此外，橡胶林养分量的积累受到树龄、生物量分配和各器官养分含量的影响。枯落物中枯叶、枯枝各元素含量随树龄增长的变化趋势与鲜叶、鲜枝基本相同。

（3）橡胶林养分积累主要分布在土壤层、树体和枯落物层。橡胶树和枯落物中养分积累决定了橡胶林生态系统养分循环的速率和通量。热研 7－33－97 橡胶树 10 a、16 a、22 a 的养分总积累量分别为 1 759.24 kg/hm²、2 308.87 kg/hm²、2 526.89 kg/hm²。在各器官中，养分积累总量的大小为树枝（30.72%）＞树皮（28.97%）＞树干（25.10%）＞树叶（8.91%）＞树根（6.30%）。热研 7－33－97 橡胶树各器官中养分积累量的年增量为树叶＞树枝＞树皮＞树干＞树根＞胶乳。各元素积累量的年增量大小为 N＞Ca＞K＞Mg＞P。这说明在养分年净积累中，树叶的养分吸收和利用率最高，而树体中积累量最大的两种元素是 N 和 Ca。

（4）枯落物养分归还与分解释放是橡胶林生态系统养分循环的重要环节。在三大品系中，橡胶林枯枝、枯叶中养分元素的变化规律基本相同，热研 7－33－97 枯落物中 5 种大量元素的归还量为 N＞Ca＞K＞Mg＞P。随着树龄的增长，枯落物中 N、P 归还量逐渐增加，而 K 则逐渐减少，Ca、Mg 的归还量则呈现先增后减的变化趋势。海南属于热带季风气候，所有林地的枯落物分解变化几乎相似，本试验中枯落物平均年失重率 71%。在枯落物分解过程中，枯叶养分的释放量也随着树龄增加而逐渐增大，且枯叶养分释放归还量远比枯枝多。同以往橡胶林水文分配研究结果类似，本试验橡胶林降雨输入养分的分配格局为穿透雨＞林外雨＞树干茎流，五种元素降水所给予养分补充量为 N＞Ca＞K＞Mg＞P。而橡胶林降雨输出养分的分配格局为地下渗漏＞地表径流，5 种元素的养分输出量为 Ca＞N＞K＞Mg＞P。降水带入橡胶林的养分量远远大于林地径流和渗漏带出的养分量，这表明橡胶林水文养分循环处于积累状态。

（5）在没有人为干扰下的人工林中，由于氮沉降及生物固氮作用，通常林地土壤的 N 会出现积累现象，而 P、K 由于补充途径少则出现亏损。在人为采收木材或有用器官后，没有外界养分的及时补充，土壤中的 N、P、K 也会出现亏缺现象。倘若人工采取合理的施肥措施，则可以缓解这种盈亏失衡的现象。本研究中，热研 7-33-97 橡胶林 10 a、16 a、22 a 土壤的平均养分盈亏量分别为 2.07 kg/hm²、−194.20 kg/hm²、−97.71 kg/hm²。整体上随着树龄的增加，土壤养分亏损量呈先增加后减少的大致趋势，产胶初期 10 a 胶园，土壤养分有富余，开割中期 16 a 胶园，土壤养分亏损比 22 a 胶园严重。土壤中 5 种大量元素以 N 亏损最为严重，P、K、Ca 一直处于积累状态。其原因主要是后期在橡胶林较以往管理中增加了施肥量，一定程度上补充了土壤部分养分的不足。但是纵观整个树龄胶园土壤养分盈亏现状，现行的施肥管理仍然需要结合不同品种、树龄、季节等实际情况的养分需求规律和亏缺程度，做到因地制宜、因树配肥。在保持原有磷、钾肥施用的基础上，还需注意氮肥和钙、镁肥的补充。

# 第八章　不同品系橡胶林养分循环特征比较

橡胶林作为热带地区重要的经济林，其衍生的天然橡胶产业已经成为当地不可或缺的支柱性基础产业。橡胶无性系 PR107、RRIM600、热研 7-33-97 是海南当前的主栽品种。不同品系橡胶树生长特性与养分需求研究既是橡胶生产中进行科学诊断施肥的基础，也是橡胶行业可持续发展的迫切需求。本章将从生理生长和营养需求的角度，对不同品系橡胶树生物量积累、养分利用特征以及生物循环规律等方面进行比较研究，旨在为今后进一步深入研究橡胶树营养需求规律、实现橡胶生产精准施肥提供理论依据。

## 第一节　不同品系橡胶树生物量

### 一、橡胶树生物量积累

从图 8-1 可以看出，不同品系橡胶树生物量（干物质）及其分配规律有所不同。

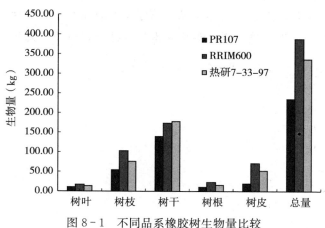

图 8-1　不同品系橡胶树生物量比较

RRIM600 单株胶树的总生物量为 387.74 kg，其中树干 173.86 kg、树枝 102.73 kg、树皮 71.13 kg、树根 22.97 kg、树叶 17.05 kg；PR107 单株胶树的总

生物量为 234.90 kg，其中树干 139.65 kg、树枝 54.25 kg、树皮 19.65 kg、树叶 10.59 kg、树根 10.76 kg；热研 7-33-97 单株胶树的总生物量为 335.91 kg，其中树干 178.09 kg、树枝 75.98 kg、树皮 52.10 kg、树叶 13.80 kg、树根 15.94 kg。三大品系中橡胶树单株总生物量大小比较为 RRIM600＞热研 7-33-97＞PR107，其中树干为热研 7-33-97＞RRIM600＞PR107，树枝为 RRIM600＞热研 7-33-97＞PR107，树皮为 RRIM600＞热研 7-33-97＞PR107，树根为 RRIM600＞热研 7-33-97＞PR107，树叶为 RRIM600＞热研 7-33-97＞PR107。说明不同品系橡胶树各器官生长特性不同，也会造成生物量积累的差异。

由图 8-2 至图 8-4 还可以看出，三个品系橡胶树各器官生物量占比均表现为树干＞树枝＞树皮＞树根＞树叶，不同品系之间橡胶树各器官生物量占比略有差异。PR107 树干、树叶的占比比 RRIM600 分别高 14.61％、0.11％，比热研 7-33-97 高 6.44％、0.40％；RRIM600 树枝、树根、树皮的占比比 PR107 分别高 3.40％、1.34％、9.98％，比热研 7-33-97 高 3.87％、1.18％、2.83％。

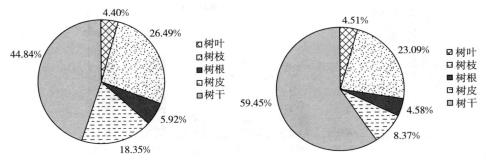

图 8-2　RRIM600 生物量占比　　　　图 8-3　PR107 生物量占比

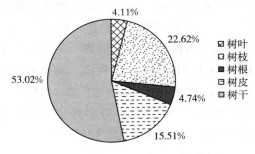

图 8-4　热研 7-33-97 生物量占比

## 二、橡胶树生物量年增量

从图 8-5 可以看出，不同品系橡胶树生物量增量及其分配规律也有所不同。RRIM600 单株总生物量增量为 36.44 kg，其中树干 13.92 kg、树枝 12.48 kg、树皮 5.02 kg、树叶 1.62 kg、树根 3.40 kg；PR107 单株总生物量增量为 26.95 kg，其中树干 16.80 kg、树枝 6.74 kg、树皮 0.88 kg、树叶 0.97 kg、树根 1.56 kg；热研 7-33-97 单株生物量增量为 29.10 kg，其中树干 15.53 kg、树枝 6.45 kg、树皮 4.64 kg、树叶 0.85 kg、树根 1.63 kg。三个品系橡胶树单株生物量年增量表现为 RRIM600＞热研 7-33-97＞PR107，树叶、树枝表现为 RRIM600＞PR107＞热研 7-33-97，树根、树皮表现为 RRIM600＞热研 7-33-97＞PR107，树干表现为 PR107＞热研 7-33-97＞RRIM600。

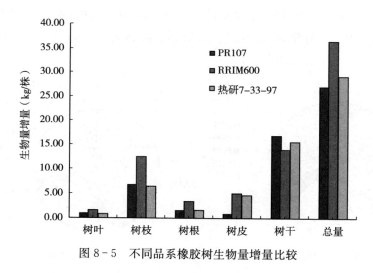

图 8-5　不同品系橡胶树生物量增量比较

从图 8-6 至图 8-8 可以看出，三个品系橡胶树各器官生物量增量不同，RRIM600 和热研 7-33-97 均表现为树干＞树枝＞树皮＞树根＞树叶，PR107 表现为树干＞树枝＞树根＞树叶＞树皮。不同品系橡胶树各器官生物量增量占比也略有差异，RRIM600 树叶、树枝、树根的占比分别较 PR107 高 0.87%、9.22%、3.55%，比热研 7-33-97 高 1.53%、12.09%、3.74%；热研 7-33-97 树皮比 PR107、RRIM600 分别高 12.67%、2.17%；PR107 树干比 RRIM600、热研 7-33-97 分别高 24.13%、8.94%。

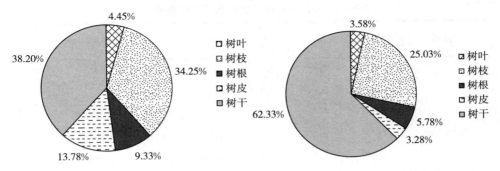

图 8-6　RRIM600 生物量增量占比　　图 8-7　PR107 生物量增量占比

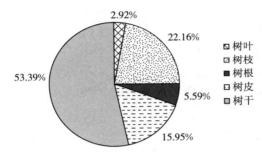

图 8-8　热研 7-33-97 生物量增量占比

# 第二节　不同品系橡胶树养分积累量

## 一、橡胶树各器官养分含量

由于橡胶树各器官生理特性不同，营养元素在不同器官的含量明显不同。由表 8-1 可知，三个品系橡胶树各器官中不同养分含量基本一致，均表现为 N＞Ca＞K＞Mg＞P，不同器官养分含量均表现为树叶＞树皮＞树根＞树枝＞树干＞胶乳。不同品系之间橡胶树总养分含量略有差异，其中树叶为 PR107＞RRIM600＞热研 7-33-97，树枝为 PR107＞RRIM600＞热研 7-33-97，树皮为 PR107＞热研 7-33-97＞RRIM600，树干为 PR107＝热研 7-33-97＞RRIM600，树根为热研 7-33-97＞RRIM600＞PR107，胶乳为热研 7-33-97＞RRIM600＞PR107。各养分含量 N 为热研 7-33-97＞PR107＞RRIM600、P 为热研 7-33-97＝RRIM600＞PR107、K 为 RRIM600＝PR107＞热研 7-33-97、Ca 为 PR107＞热研 7-33-97＞RRIM600、Mg 为 PR107＝热研 7-33-97＞RRIM600。

表 8-1　不同品系橡胶树各器官养分含量（％）

| 品系 | 器官 | N | P | K | Ca | Mg | 总含量 |
|---|---|---|---|---|---|---|---|
| RRIM600 | 树叶 | 3.69 | 0.24 | 1.56 | 0.97 | 0.36 | 6.82 |
| | 树枝 | 0.90 | 0.17 | 1.35 | 1.12 | 0.14 | 3.68 |
| | 树皮 | 0.52 | 0.04 | 0.71 | 2.86 | 0.19 | 4.32 |
| | 树干 | 0.57 | 0.05 | 0.33 | 0.16 | 0.08 | 1.19 |
| | 树根 | 1.14 | 0.13 | 0.98 | 1.24 | 0.28 | 3.77 |
| | 胶乳 | 0.61 | 0.10 | 0.34 | 0.00 | 0.04 | 1.09 |
| | 平均值 | 1.24 | 0.12 | 0.88 | 1.06 | 0.18 | 3.48 |
| PR107 | 树叶 | 3.84 | 0.23 | 1.40 | 1.06 | 0.31 | 6.84 |
| | 树枝 | 0.86 | 0.13 | 1.21 | 1.31 | 0.19 | 3.70 |
| | 树皮 | 0.87 | 0.06 | 1.03 | 3.89 | 0.30 | 6.15 |
| | 树干 | 0.58 | 0.05 | 0.37 | 0.28 | 0.08 | 1.36 |
| | 树根 | 1.28 | 0.11 | 0.85 | 1.26 | 0.21 | 3.71 |
| | 胶乳 | 0.52 | 0.05 | 0.40 | 0.00 | 0.06 | 1.03 |
| | 平均值 | 1.33 | 0.11 | 0.88 | 1.30 | 0.19 | 3.80 |
| 热研 7-33-97 | 树叶 | 3.65 | 0.22 | 1.19 | 0.74 | 0.31 | 6.11 |
| | 树枝 | 1.25 | 0.15 | 0.92 | 0.87 | 0.13 | 3.32 |
| | 树皮 | 0.77 | 0.06 | 0.42 | 3.79 | 0.27 | 5.31 |
| | 树干 | 0.68 | 0.07 | 0.26 | 0.26 | 0.09 | 1.36 |
| | 树根 | 1.31 | 0.18 | 0.82 | 1.41 | 0.26 | 3.98 |
| | 胶乳 | 0.81 | 0.05 | 0.40 | 0.00 | 0.05 | 1.31 |
| | 平均值 | 1.41 | 0.12 | 0.67 | 1.18 | 0.19 | 3.57 |

## 二、橡胶树养分积累量分配

图 8-9 和图 8-10 显示，三个品系橡胶树单株各器官中养分积累量均表现为树枝＞树皮＞树干＞树叶＞树根。不同品系中各种养分元素积累量有一定差异，RRIM600 表现为 Ca＞K＞N＞Mg＞P、PR107 和热研 7-33-97 均为 Ca＞N＞K＞Mg＞P。三个品系中总养分积累量为 RRIM600＞PR107＞热研 7-33-97。由此表明 RRIM600 对养分消耗量较大，热研 7-33-97 对养分消耗量相对较少。

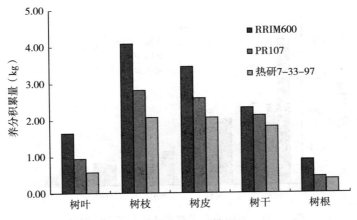

图 8 - 9　不同品系橡胶树各器官养分积累量

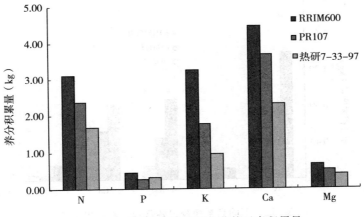

图 8 - 10　不同品系橡胶树各营养元素积累量

## 三、橡胶树养分年积累量

图 8 - 11 和图 8 - 12 显示，三个品系橡胶树各器官中养分年积累量整体上表现为树叶＞树枝＞树皮＞树干＞树根，PR107 中树皮略高于树枝。不同品系中各种养分元素年积累量也略有差异，PR107 和热研 7 - 33 - 97 均为 N＞Ca＞K＞Mg＞P，RRIM600 表现为 N＞K＞Ca＞Mg＞P，其中 K 略高于 Ca。三个品系中总养分年积累量为 RRIM600＞PR107＞热研 7 - 33 - 97。表明 RRIM600 对养分年消耗量较大，热研 7 - 33 - 97 对养分年消耗量相对较小。

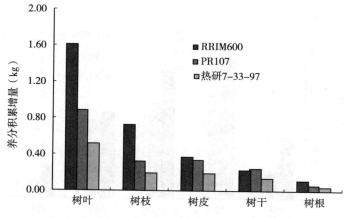

图 8-11　不同品系橡胶树各器官养分年积累量

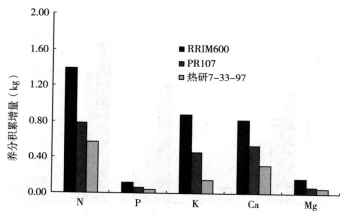

图 8-12　不同品系橡胶树各营养元素年积累量

## 四、橡胶树养分利用效率

借鉴刘增文等人的方法，采用树体每生产 1 t 干物质所需要吸收的养分量来评估树体对养分的利用效率（Uutrient Use Efficiency，NUE）。具体来说，如果树体生产单位干物质所需的养分吸收量多则说明其养分利用效率低，反之则高。

从表 8-2 可以看出，不同品系橡胶树对同一养分元素的利用效率，或者同一品系对不同养分元素的利用效率都不同。比较单株橡胶树对各种养分元素的利用效率（NUE），整体上表现为 N＞Ca＞K＞Mg＞P。N 的 NUE 最大，约是 P、Mg、K、Ca 的 11 倍、8 倍、2 倍、1.5 倍；P 的 NUE 最低，说明橡胶树对 P 的养分利用效率最高，其次是 Mg、K，对 N、Ca 利用效率则最低。在三个品系之间比较养分利用效率（NUE）的平均大小时，结果为 RRIM600＞PR107＞热研 7-33-97。这表明 RRIM600 的养分利用效率最低，热研 7-33-97 的养分利用效率最高。

表 8-2　不同品系橡胶树养分利用效率 NUE

| 品系 | 项目 | N | P | K | Ca | Mg | 平均值 |
|---|---|---|---|---|---|---|---|
| PR107 | 养分增量（kg） | 0.79 | 0.07 | 0.47 | 0.54 | 0.08 | 0.39 |
| | 生物量增量（kg） | 26.95 | 26.95 | 26.95 | 26.95 | 26.95 | 26.95 |
| | NUE（kg） | 29.48 | 2.70 | 17.32 | 20.15 | 3.02 | 14.53 |
| RRIM600 | 养分增量（kg） | 1.34 | 0.12 | 0.84 | 0.82 | 0.17 | 0.66 |
| | 生物量增量（kg） | 36.50 | 36.50 | 36.50 | 36.50 | 36.50 | 36.50 |
| | NUE（kg） | 36.63 | 3.33 | 23.04 | 22.51 | 4.59 | 18.02 |
| 热研 7-33-97 | 养分增量（kg） | 0.58 | 0.05 | 0.16 | 0.32 | 0.07 | 0.24 |
| | 生物量增量（kg） | 29.09 | 29.09 | 29.09 | 29.09 | 29.09 | 29.09 |
| | NUE（kg） | 19.91 | 1.73 | 5.48 | 11.10 | 2.25 | 8.09 |

# 第三节　不同品系橡胶林养分分配格局

橡胶林生态系统的养分循环主要发生在土壤库、生物库（主要指树体）以及凋落物库之间，养分的贮存量也集中在土壤层、植物层和枯落物层这三个层次。在本橡胶林试验样地中，由于无间作经济作物，且林下草本植物虽然在一年内多次再生，但最终均被割除并作为绿肥归还到土壤中，因此暂未考虑林下草本植物归还的影响。

从表 8-3 可以看出，橡胶林生态系统中各组分的养分贮存分布状况为土壤层＞树体＞枯落物层，其中土壤层养分贮存量占整个系统的 93.29%，橡胶树和枯落层的养分贮存量分别占 6.15%、0.56%。在不同品系橡胶林生态系统中，养分贮存量大小为 RRIM600＞PR107＞热研 7-33-97，各元素积累量大小为 Ca＞K＞Mg＞N＞P。

不同品系橡胶林生态系统各层次中各养分元素贮存量有差异。由表 8-3 可知，不同品系胶林土壤层中各养分贮存量大小比较，N 素为热研 7-33-97＞RRIM600＞PR107、P 素为 RRIM600＞PR107＞热研 7-33-97、K 素为 PR107＞RRIM600＞热研 7-33-97、Ca 素为 RRIM600＞热研 7-33-97＞PR107、

Mg 素为 PR107＞热研 7 - 33 - 97＞RRIM600。橡胶树体中养分元素积累量表现为 RRIM600＞PR107＞热研 7 - 33 - 97。枯落物层中 N 素为 PR107＞热研 7 - 33 - 97＞RRIM600，P 素为热研 7 - 33 - 97＞RRIM600＞PR107、K 素为 RRIM600＞PR107＞热研 7 - 33 - 97、Ca 和 Mg 素均为热研 7 - 33 - 97＞PR107＞RRIM600。

表 8 - 3　不同品系橡胶林生态系统养分贮存量分布

| 品系 | 层次 | N | P | K | Ca | Mg |
|---|---|---|---|---|---|---|
| RRIM600 | 土壤层（kg/hm²） | 4 888.17 | 3 971.62 | 20 538.71 | 107 728.24 | 9 793.48 |
| | 占比（%） | 76.50 | 95.44 | 92.77 | 98.09 | 96.96 |
| | 树体（kg/hm²） | 1 401.63 | 184.63 | 1 534.30 | 2 008.69 | 293.33 |
| | 占比（%） | 21.94 | 4.44 | 6.93 | 1.83 | 2.90 |
| | 枯落物层（kg/hm²） | 99.69 | 5.08 | 65.44 | 86.49 | 14.01 |
| | 占比（%） | 1.56 | 0.12 | 0.30 | 0.08 | 0.14 |
| 热研 7 - 33 - 97 | 土壤层（kg/hm²） | 5 218.20 | 1 591.21 | 14 999.40 | 91 987.82 | 10 469.91 |
| | 占比（%） | 86.25 | 94.40 | 97.38 | 98.87 | 98.81 |
| | 树体（kg/hm²） | 723.74 | 88.74 | 371.66 | 913.18 | 100.98 |
| | 占比（%） | 11.96 | 5.26 | 2.41 | 0.98 | 0.95 |
| | 枯落物层（kg/hm²） | 107.96 | 5.6 | 31.67 | 139.8 | 25.09 |
| | 占比（%） | 1.78 | 0.33 | 0.21 | 0.15 | 0.24 |
| PR107 | 土壤层（kg/hm²） | 3 187.87 | 3 337.72 | 28 583.93 | 82 884.73 | 11 157.56 |
| | 占比（%） | 73.32 | 97.20 | 97.03 | 97.99 | 98.42 |
| | 树体（kg/hm²） | 1 034.78 | 91.6 | 835.57 | 1 587.18 | 159.72 |
| | 占比（%） | 23.80 | 2.67 | 2.84 | 1.88 | 1.41 |
| | 枯落物层（kg/hm²） | 125.31 | 4.4 | 38.16 | 108.92 | 19.5 |
| | 占比（%） | 2.88 | 0.13 | 0.13 | 0.13 | 0.17 |

# 第四节　不同品系橡胶林生物循环特征

生物循环是指森林土壤和植物之间养分元素的动态交换过程，包括吸收、存留和归还三个环节和其循环平衡可简化为公式：吸收＝存留＋归还。营养元素的存留量指在一段时间内积累于林木枝条、树干、树皮、根系等器官或组织中的营养元素总量，也称林木体内营养元素的积累速率，它主要取决于林分中林木生物量的增长情况及营养元素的含量。橡胶林生态系统养分归还途径包括枯落物分解、树干茎流携带和降水淋溶作用等方式实现的营养元素归还,本试验暂未计算地下根系分解等少量养分归还量。

## 一、生物循环特征参数计算

本节采用养分吸收系数、存留系数、归还系数（也称循环系数）、周转时间等特征参数,分析不同年龄橡胶人工林生态系统生物循环特征。

吸收系数为营养元素吸收强度的指标,一般指植物年养分吸收量与其根层土壤中养分贮量之比,即:

$$吸收系数 = \frac{树体养分吸收量}{根层土壤养分贮存量}$$

存留系数反映的是植物自身生长的养分需求状况,是指植物存留在体内满足生长需要的养分量与养分吸收量的比值,即:

$$存留系数 = \frac{养分存留量}{养分吸收量}$$

归还系数是指植物中的营养元素通过枯落物分解、淋溶等途径归还给林地生态系统的能力水平。归还系数越大,说明植物的养分归还能力越强,生物循环的潜在速率也就越快,因此也称为生物循环系数。计算公式为:

$$归还系数 = \frac{（树干茎流＋林内雨）＋枯落物归还}{养分吸收量}$$

周转时间是生态系统中一个表征营养速率指标参数,它量化了养分元素经历一个循环周期所需的时间,同时也反映了营养元素在植物体内的存留时间。计算公式为:

$$周转时间 = \frac{养分存留量}{养分归还量}$$

## 二、橡胶林生物循环通量比较

由表 8-4 可知,三大品系橡胶林生态系统生物循环特征中 PR107、RRIM600、热研 7-33-97 的平均养分吸收量分别为 1 219.42 kg/hm²、1 636.69 kg/hm²、753.28 kg/hm²,归还量分别为 319.01 kg/hm²、215.90 kg/hm²、258.30 kg/hm²,存留量分别为 900.41 kg/hm²、1 420.78 kg/hm²、494.98 kg/hm²。比较三个品系养分吸收量、存留量的大小顺序均为 RRIM600＞PR107＞热研 7-33-97,养分归还量大小为 RRIM600＞热研 7-33-97＞PR107。

从表中 8-4 还可以看出,三个品系橡胶林生态系统生物循环中各元素吸收、存留及归还量存在一定差异。PR107 中养分吸收量、存留量与归还量均表现为 N＞Ca＞K＞Mg＞P；RRIM600 中吸收量与存留量均为 N＞K＞Ca＞Mg＞P，归还量为 N＞Ca＞K＞Mg＞P；热研 7-33-97 中吸收量、存留量和归还量均为 N＞Ca＞K＞Mg＞P。随着树龄的增加，PR107 和 RRIM600 两个品系橡胶林生态系统生物循环中养分吸收、存留及归还量都呈逐年增长的趋势，热研 7-33-97 在中龄后期时略有下降。

## 三、不同品系橡胶林生物循环特征比较

由表 8-4 可知，三个品系橡胶林生态系统生物循环特征参数各有差异。比较不同品系的养分吸收系数大小，其中 N 素为 PR107＞RRIM600＞热研 7-33-97，P 素为热研 7-33-97＞RRIM600＞PR107，K、Ca、Mg 素均为 RRIM600＞PR107＞热研 7-33-97。比较 5 种元素存留系数均表现为 RRIM600＞PR107＞热研 7-33-97，归还系数均为热研 7-33-97＞PR107＞RRIM600，周转时间（循环系数）均为 RRIM600＞PR107＞热研 7-33-97。由此表明，三个品系中 PR107 的养分吸收系数最大，RRIM600 的养分存留系数最大，热研 7-33-97 的归还系数最大，养分循环速率（周转时间）也以热研 7-33-97 最快（短）。

比较不同元素在橡胶林生态系统生物循环中的循环特征，吸收量、存留量和归还量均为 N＞Ca＞K＞Mg＞P，吸收系数为 N＞K＞P＞Mg＞Ca，存留系数为 P＞K＞N＞Ca＞Mg，归还系数为 Mg＞Ca＞N＞K＞P，循环系数为 P＞K＞N＞Mg＞Ca。说明不同元素在橡胶林生态系统养分循环中的吸收、存留、归还、周转等特征各有不同。

表 8-4　不同品系橡胶林生态系统生物循环特征参数

| 元素 | 项目 | PR107 | | | RRIM600 | | | 热研 7-33-97 | | |
|---|---|---|---|---|---|---|---|---|---|---|
| | | 11 a | 16 a | 24 a | 13 a | 16 a | 24 a | 10 a | 16 a | 22 a |
| N | 养分贮存量（kg/hm²） | 3 264.32 | 3 066.60 | 2 958.20 | 5 002.30 | 4 965.30 | 5 268.68 | 4 984.20 | 5 124.60 | 5 545.80 |
| | 吸收量（kg/hm²） | 399.69 | 467.39 | 605.19 | 532.35 | 543.92 | 805.60 | 289.74 | 393.39 | 370.34 |
| | 归还量（kg/hm²） | 114.14 | 125.69 | 162.62 | 74.91 | 81.96 | 93.23 | 96.76 | 107.02 | 120.10 |
| | 存留量（kg/hm²） | 285.55 | 341.70 | 442.57 | 457.44 | 461.96 | 712.37 | 192.98 | 286.37 | 250.24 |

（续）

| 元素 | 项目 | PR107 | | | RRIM600 | | | 热研 7-33-97 | | |
|---|---|---|---|---|---|---|---|---|---|---|
| | | 11 a | 16 a | 24 a | 13 a | 16 a | 24 a | 10 a | 16 a | 22 a |
| N | 吸收系数 | 0.122 | 0.152 | 0.205 | 0.106 | 0.110 | 0.153 | 0.058 | 0.077 | 0.067 |
| | 归还系数 | 0.286 | 0.269 | 0.269 | 0.141 | 0.151 | 0.116 | 0.334 | 0.272 | 0.324 |
| | 存留系数 | 0.714 | 0.731 | 0.731 | 0.859 | 0.849 | 0.884 | 0.666 | 0.728 | 0.676 |
| | 周转时间 | 2.50 | 2.72 | 2.72 | 6.11 | 5.64 | 7.64 | 1.99 | 2.68 | 2.08 |
| P | 养分贮存量 (kg/hm²) | 3 647.30 | 3 611.90 | 3 054.50 | 3 568.56 | 3 877.65 | 4 356.35 | 1 755.00 | 1 614.60 | 1 404.00 |
| | 吸收量 (kg/hm²) | 28.75 | 38.90 | 45.94 | 40.94 | 42.02 | 73.57 | 21.23 | 30.06 | 28.86 |
| | 归还量 (kg/hm²) | 3.78 | 4.28 | 4.90 | 3.37 | 3.70 | 4.54 | 5.35 | 5.72 | 5.73 |
| | 存留量 (kg/hm²) | 24.97 | 34.62 | 41.04 | 37.57 | 38.32 | 69.03 | 15.88 | 24.34 | 23.13 |
| | 吸收系数 | 0.008 | 0.011 | 0.015 | 0.011 | 0.011 | 0.017 | 0.012 | 0.019 | 0.021 |
| | 归还系数 | 0.131 | 0.110 | 0.107 | 0.082 | 0.088 | 0.062 | 0.252 | 0.190 | 0.199 |
| | 存留系数 | 0.869 | 0.890 | 0.893 | 0.918 | 0.912 | 0.938 | 0.748 | 0.810 | 0.801 |
| | 周转时间 | 6.61 | 8.09 | 8.38 | 11.15 | 10.36 | 15.20 | 2.97 | 4.26 | 4.04 |
| K | 养分贮存量 (kg/hm²) | 17 379.44 | 16 556.60 | 19 133.66 | 23 781.42 | 21 941.63 | 20 523.33 | 12 355.20 | 14 040.00 | 18 603.00 |
| | 吸收量 (kg/hm²) | 195.77 | 254.14 | 305.39 | 380.18 | 411.39 | 606.30 | 86.50 | 109.99 | 101.11 |
| | 归还量 (kg/hm²) | 29.31 | 28.80 | 55.80 | 42.40 | 49.20 | 64.72 | 34.38 | 31.58 | 29.03 |
| | 存留量 (kg/hm²) | 166.46 | 225.34 | 249.59 | 337.78 | 362.19 | 541.58 | 52.12 | 78.41 | 72.08 |
| | 吸收系数 | 0.011 | 0.015 | 0.016 | 0.016 | 0.019 | 0.030 | 0.007 | 0.008 | 0.005 |
| | 归还系数 | 0.150 | 0.113 | 0.183 | 0.112 | 0.120 | 0.107 | 0.397 | 0.287 | 0.287 |
| | 存留系数 | 0.850 | 0.887 | 0.817 | 0.888 | 0.880 | 0.893 | 0.603 | 0.713 | 0.713 |
| | 周转时间 | 5.68 | 7.82 | 4.47 | 7.97 | 7.36 | 8.37 | 1.52 | 2.48 | 2.48 |

（续）

| 元素 | 项目 | PR107 | | | RRIM600 | | | 热研 7 - 33 - 97 | | |
|---|---|---|---|---|---|---|---|---|---|---|
| | | 11 a | 16 a | 24 a | 13 a | 16 a | 24 a | 10 a | 16 a | 22 a |
| Ca | 养分贮存量（kg/hm²） | 125 676.32 | 118 064.10 | 113 890.70 | 112 852.85 | 108 166.85 | 100 076.68 | 90 715.80 | 85 695.40 | 99 552.30 |
| | 吸收量（kg/hm²） | 304.45 | 372.14 | 467.55 | 328.16 | 375.08 | 567.61 | 189.06 | 258.35 | 223.47 |
| | 归还量（kg/hm²） | 90.48 | 95.09 | 181.71 | 60.89 | 59.23 | 81.05 | 71.88 | 104.42 | 87.65 |
| | 存留量（kg/hm²） | 213.97 | 277.05 | 285.84 | 267.27 | 315.85 | 486.56 | 117.18 | 153.93 | 135.82 |
| | 吸收系数 | 0.002 4 | 0.003 2 | 0.004 1 | 0.002 9 | 0.003 5 | 0.005 7 | 0.002 1 | 0.003 0 | 0.002 2 |
| | 归还系数 | 0.297 | 0.256 | 0.389 | 0.186 | 0.158 | 0.143 | 0.380 | 0.404 | 0.392 |
| | 存留系数 | 0.703 | 0.744 | 0.611 | 0.814 | 0.842 | 0.857 | 0.620 | 0.596 | 0.608 |
| | 周转时间 | 2.36 | 2.91 | 1.57 | 4.39 | 5.33 | 6.00 | 1.63 | 1.47 | 1.55 |
| Mg | 养分贮存量（kg/hm²） | 11 425.12 | 10 733.10 | 10 353.70 | 10 259.35 | 9 833.35 | 9 097.88 | 11 525.65 | 10 198.95 | 9 685.13 |
| | 吸收量（kg/hm²） | 47.92 | 57.96 | 67.09 | 61.89 | 48.99 | 92.06 | 49.62 | 64.02 | 44.11 |
| | 归还量（kg/hm²） | 17.62 | 16.46 | 26.36 | 8.60 | 7.41 | 12.50 | 23.87 | 32.16 | 19.25 |
| | 存留量（kg/hm²） | 30.30 | 41.50 | 40.73 | 53.29 | 41.58 | 79.56 | 25.75 | 31.86 | 24.86 |
| | 吸收系数 | 0.004 2 | 0.005 4 | 0.006 5 | 0.006 0 | 0.005 0 | 0.010 1 | 0.004 3 | 0.006 3 | 0.004 6 |
| | 归还系数 | 0.368 | 0.284 | 0.393 | 0.139 | 0.151 | 0.136 | 0.481 | 0.502 | 0.436 |
| | 存留系数 | 0.632 | 0.716 | 0.607 | 0.861 | 0.849 | 0.864 | 0.519 | 0.498 | 0.564 |
| | 周转时间 | 1.72 | 2.52 | 1.55 | 6.20 | 5.61 | 6.36 | 1.08 | 0.99 | 1.29 |

# 本 章 小 结

（1）不同品系橡胶树由于生长特性不同，其树体生物量及其分配存在一定差异。三个品系生物量为 RRIM600＞热研 7 - 33 - 97＞PR107，其中 RRIM600 各器官生物量均大于其他两个品系。三个品系橡胶树生物量年增量规律与生物量大致相同，但各器官生物量增量在不同品系之间存在差异。树叶、树枝表现为 RRIM600＞PR107＞热研 7-33-97，树根、树皮表现为 RRIM600＞热研 7-33-97＞PR107，树干为 PR107＞热研 7-33-97＞RRIM600。

（2）橡胶树养分积累量大小不仅取决于各器官生物量增量，很大程度上还取决于养分元素含量高低。虽然三个品系橡胶树不同器官的养分含量都表现为树叶＞树皮＞树枝＞树根＞树干，各元素平均含量为 N＞Ca＞K＞Mg＞P，但由于不同品系橡胶树中各器官生物量及其分配规律不同，所以不同品系橡胶树养分积累的变化规律并不与生物量同步。本研究中三个品系的橡胶树总养分积累量及其年增量都表现为 RRIM600＞PR107＞热研 7-33-97。说明 RRIM600 对养分的年消耗量较大，热研 7-33-97 对养分的年消耗量相对较小。

（3）研究证实橡胶林生态系统中养分贮存量分布状况为土壤层＞胶树＞枯落物层。虽然土壤为主要养分库，但其养分有效性较低，这一现象已经得到前人的研究证实。受植物养分利用、积累、归还等不同作用的影响，不同林分生态系统的养分积累和循环规律都存在不同的特点。橡胶林生态系统中各养分元素积累量的分配规律表现为 Ca＞K＞Mg＞N＞P。这表明橡胶林对 N、Mg、P 等元素需求更高，流动性更大。不同品系之间橡胶林生态系统养分贮存量大小比较为 RRIM60＞PR107＞热研 7-33-97。进一步比较不同品系橡胶林生态系统各层次中各养分元素贮存量的差异，研究发现橡胶树中养分积累量大小表现为 RRIM60＞PR107＞热研 7-33-97，但在土壤层与枯落物层中，不同品系之间不同养分元素贮存量差异较大。

（4）橡胶林生态系统生物循环主要过程为胶树根系从土壤吸收养分，存留一部分养分满足自身生长，再通过枯落物归还一部分养分给土壤，从而形成系统各分室之间的养分流动。整体上，RRIM600 的养分吸收量、存留量、归还量高于 PR107 和热研 7-33-97。但是三个品系橡胶林生态系统生物循环中各元素吸收、存留及归还量的大小比较存在一定差异，大体上 N、K、Ca 元素的养分流通量要高于 Mg、P。

（5）不同林分生态系统养分循环通量（如吸收、存留、归还等）的大小，主要体现了林木不同组分中对养分量的需求大小。生物循环特征参数能更好地反映系统中养分流动速率的本质特征，比如吸收系数为营养元素吸收强度指标、存留系数反映了植物自身生长的养分需求状况、归还系数表示生物循环的潜在速率、周转时间估算了营养元素在植物体内的存留时间等。为此，比较不同品系橡胶林养分循环特征，才能更深入、准确地了解橡胶林养分需求规律。三个品系中 PR107 的养分吸收系数最大，RRIM600 的存留系数最大，热研 7-33-97 的归还系数最大，养分循环速率（周转时间）也以热研 7-33-97 最快（短）。不同品系中各养分元素循环特征不同，吸收量、存留量和归还量为 N>Ca>K>Mg>P，吸收系数为 N>K>P>Mg>Ca，存留系数为 P>K>N>Ca>Mg，归还系数为 Mg>Ca>N>K>P，循环系数为 P>K>N>Mg>Ca。以上表明 N、P、K 元素对树体存留需求较大，而 Ca、Mg 元素归还更多。

# 第九章 不同割制下橡胶林养分循环特征比较

橡胶林生态系统作为热带地区主要的人工林类型之一，其养分循环过程与其他森林生态系统相比，更具有特殊性和复杂性。特别是 20 世纪 90 年代以来，新割制的普遍推广和乙烯利刺激剂的广泛应用，虽然较大幅度地提高了橡胶产量，但却加速了橡胶树体内的代谢和养分循环过程，使更多的养分和水分流失于系统之外，使橡胶林生态系统的养分循环发生了重大变化。这些重大变化又引发了另一个严重问题，许多证据表明，乙烯利刺激割胶加速了胶园特别是胶树体养分的流失，造成了养分亏缺，进而引发橡胶树生理失衡、代谢紊乱，成为"死皮病"（Tapping Panel Dry，TPD）的重要诱因之一，给橡胶产业带来了巨大的经济损失。因此，本书选择海南地区橡胶主要栽培的橡胶树无性系 PR107 为对象，以 5 种刺激割胶制度（S/2 d/2＋ET 0%、S/2 d/3＋ET 2.0%、S/2 d/4＋ET 2.5%、S/2 d/5＋ET 3.0%、S/2 d/6＋ET 3.5%）为研究背景，深入探讨了这些割制对 PR107 胶乳中 N、P、K、Ca、Mg 养分流失量的影响。本研究旨在为深入研究橡胶林生态系统的养分循环，橡胶树养分代谢的生理过程与生态平衡之间的关联提供理论支持，实现胶园养分动态平衡管理，从而减少因养分亏缺导致的橡胶树死皮病的发生。

## 第一节 不同割制下橡胶树生物量

从图 9-1 可以看出，不同割制下橡胶树及其各器官生物量增量分配规律基本一致。d/2、d/3、d/4、d/5、d/6 割制下橡胶树单株总生物量增量分别为 25.77 kg、33.66 kg、25.41 kg、27.45 kg、23.99 kg，其大小比较顺序为 d/3＞d/5＞d/2＞d/4＞d/6。各器官生物量增量（占比）的分配规律均为树干（50.15%）＞树枝（21.18%）＞树根（20.68%）＞树皮（5.36%）＞树叶（2.64%）。相比较而言，d/3 割制条件下橡胶树的年新增生物量最多，净生产力最强。

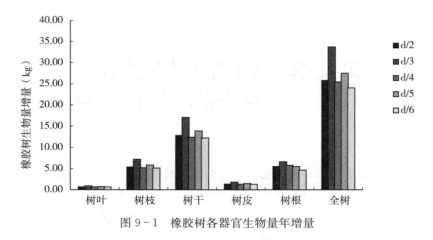

图 9-1　橡胶树各器官生物量年增量

# 第二节　不同割制下橡胶树养分积累量

## 一、橡胶树各器官养分含量

从图 9-2 至图 9-6 可以看出，不同割制下橡胶树各器官中的养分含量分配规律各不相同。各器官中养分含量的顺序如下：树叶为 N＞K＞Ca＞Mg＞P、树枝为 Ca＞K＞N＞Mg＞P、树干为 N＞K＞Ca＞Mg＞P、树皮为 Ca＞K＞N＞Mg＞P、树根为 N＞K＞Ca＞Mg＞P，而在各器官之间养分含量比较中，表现为树皮＞树叶＞树枝＞树根＞树干。进一步观察不同割制下橡胶树各养分的含量比较，发现 d/2、d/3、d/4、d/5 割制下的顺序为 Ca＞K＞N＞Mg＞P，而 d/6 割制下为 Ca＞N＞K＞Mg＞P。这表明，N、K、Ca 是橡胶树中养分含量和利用率较高的三种元素。

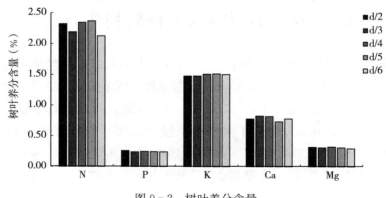

图 9-2　树叶养分含量

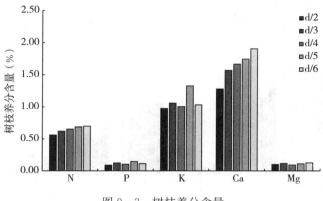

图 9-3　树枝养分含量

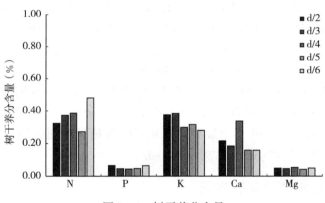

图 9-4　树干养分含量

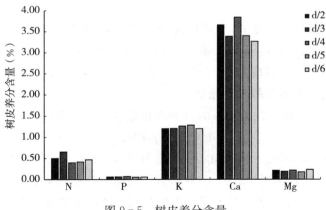

图 9-5　树皮养分含量

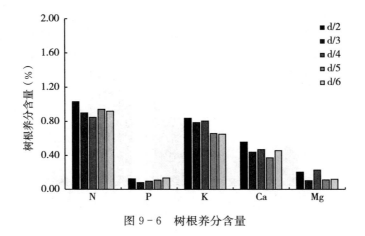

图 9-6　树根养分含量

从图 9-2 至图 9-6 还可以看出，橡胶树各器官在不同割制中的总养分含量大小存在一定差异。其中树叶中的总养分含量顺序为 d/4＞d/5＞d/2＞d/3＞d/6、树枝为 d/5＞d/6＞d/4＞d/3＞d/2、树干为 d/4＞d/3＞d/6＞d/2＞d/5、树皮为 d/4＞d/2＞d/3＞d/5＞d/6、树根为 d/2＞d/4＞d/3＞d/6＞d/5。各养分元素在不同割制中的含量大小亦存在差异，其中 N 元素的含量为 d/3＞d/2＞d/6＞d/5＞d/4，P 元素的含量为 d/6＞d/5＞d/2＞d/4＞d/3，K 元素的含量为 d/5＞d/3＞d/4＞d/2＞d/6，Ca 和 Mg 元素的含量顺序则分别为 d/4＞d/6＞d/2＞d/5＞d/3、d/4＞d/2＞d/6＞d/3＞d/5。

## 二、橡胶树养分年积累量

橡胶树各器官的养分净积累量通过生物量增量与各组分养分含量的乘积计算得出的。

图 9-7 和图 9-8 显示，不同割制下单株橡胶树各器官中养分净积累量的分配规律均呈现出树枝＞树皮＞树干＞树叶＞树根的趋势。不同割制下橡胶树中各元素净积累量均表现为 Ca＞K＞N＞Mg＞P，其中 N、K、Ca 仍然是不同割制中橡胶树较为重要的三种元素。

橡胶树各器官在不同割制下的养分净积累量差异表现如下，树叶的养分净积累量顺序为 d/3＞d/5＞d/2＞d/4＞d/6、树枝为 d/3＞d/5＞d/6＞d/4＞d/2、树干为 d/3＞d/4＞d/2＞d/6＞d/5、树皮为 d/3＞d/4＞d/2＞d/5＞d/6、树根为 d/3＞d/2＞d/5＞d/4＞d/6。整体而言，树体养分总积累量在 d/3 割制下最大、d/6 割制下最小。各养分元素在不同割制下的净积累量顺序如下：N 为 d/3＞d/6＞d/5＞d/4＞d/2、P 为 d/3＞d/5＞d/2＞d/6＞d/4、K 为 d/3＞d/5＞

d/2>d/4>d/6、Ca 为 d/3>d/4>d/5>d/2>d/6、Mg 为 d/3>d/4>d/2>
d/6>d/5。N、P、K、Ca、Mg 元素积累量均以 d/3 割制下最大，其他割制相
对较小。综合表明，不同割制下橡胶树养分总积累量 d/3 割制下最大、d/6 割
制下最小。这与不同割制橡胶树生物量积累量大小存在直接关系。

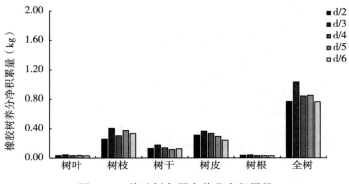

图 9-7 橡胶树各器官养分净积累量

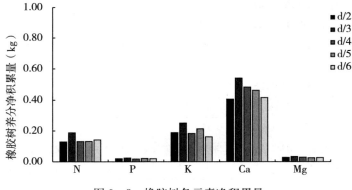

图 9-8 橡胶树各元素净积累量

## 三、橡胶树养分利用效率

养分利用效率（NUE）指标是衡量植物生产单位重量的生物量时所需要
净消耗的养分数量的重要参数。NUE 越大，1 t 干物质吸收养分量越多，说明
利用效率低，反之则高。

由表 9-1 可知，不同割制下单株橡胶树养分利用效率（NUE 值越小，利用
率越高）的比较表现如下：N 为 d/2>d/5>d/3>d/4>d/6，P 为 d/3>d/4>
d/6>d/5>d/2、K 为 d/6>d/4>d/5>d/2>d/3、Ca 为 d/6>d/3>d/5>
d/2>d/4、Mg 为 d/2>d/3>d/6>d/5>d/4。这表明，在不同割制下，橡胶

树对同一养分元素的利用效率亦不同。N元素中以d/2利用效率最高、d/6最低；P元素中d/3最高、d/2最低；K元素中d/6最高、d/3最低；Ca元素中d/6最高、d/4最低；Mg元素中d/2最高、d/4最低。综合比较不同割制下的平均养分利用效率，大小顺序为d/6＞d/3＞d/5＞d/2＞d/4，而不同元素的平均利用效率大小表现为P＞Mg＞N＞K＞Ca。

表9-1 不同割制下橡胶树养分利用效率（NUE）

| 割制 | 项目 | N | P | K | Ca | Mg | 平均值 |
|---|---|---|---|---|---|---|---|
| d/2 | 养分增量（kg） | 0.14 | 0.05 | 0.20 | 1.14 | 0.03 | 0.31 |
| | 生物量增量（kg） | 25.77 | 25.77 | 25.77 | 25.77 | 25.77 | 25.77 |
| | NUE（kg） | 5.43 | 1.94 | 7.76 | 44.24 | 1.16 | 12.11 |
| d/3 | 养分增量（kg） | 0.19 | 0.05 | 0.27 | 1.45 | 0.05 | 0.40 |
| | 生物量增量（kg） | 33.66 | 33.66 | 33.66 | 33.66 | 33.66 | 33.66 |
| | NUE（kg） | 5.64 | 1.49 | 8.02 | 43.08 | 1.49 | 11.94 |
| d/4 | 养分增量（kg） | 0.15 | 0.04 | 0.16 | 1.23 | 0.08 | 0.33 |
| | 生物量增量（kg） | 25.41 | 25.41 | 25.41 | 25.41 | 25.41 | 25.41 |
| | NUE（kg） | 5.90 | 1.57 | 6.30 | 48.41 | 3.07 | 13.05 |
| d/5 | 养分增量（kg） | 0.15 | 0.05 | 0.19 | 1.20 | 0.06 | 0.33 |
| | 生物量增量（kg） | 27.45 | 27.45 | 27.45 | 27.45 | 27.45 | 27.45 |
| | NUE（kg） | 5.46 | 1.82 | 6.92 | 43.72 | 2.19 | 12.02 |
| d/6 | 养分增量（kg） | 0.15 | 0.05 | 0.16 | 1.04 | 0.06 | 0.29 |
| | 生物量增量（kg） | 23.99 | 29.22 | 29.22 | 29.22 | 29.22 | 28.17 |
| | NUE（kg） | 6.25 | 1.71 | 5.48 | 35.59 | 2.05 | 10.22 |

# 第三节　不同割制下枯落物养分归还量

## 一、枯落物年凋落量

从图9-9可以看出，不同割制下，橡胶林的枯叶凋落量远大于枯枝量，前者约为后者的2.8倍。在d/2、d/3、d/4、d/5、d/6这五种割制下，橡胶树枯枝落叶的总凋落量分别为4 970.18 kg/hm²、3 454.21 kg/hm²、4 149.91 kg/hm²、4 410.76 kg/hm²、4 908.75 kg/hm²。不同割制下的枯叶凋落量表现为d/6＞d/2＞d/5＞d/4＞d/3，而枯枝凋落量为d/2＞d/6＞d/5＞d/4＞d/3，整体上枯叶归还量比枯枝归还量更多。

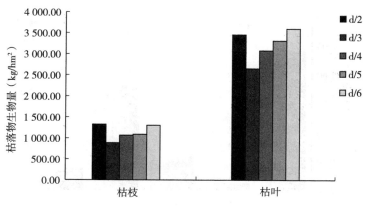

图 9-9  不同割制下橡胶林枯落物生物量

## 二、枯落物养分含量

从图 9-10 和图 9-11 可以看出,不同割制下,橡胶林的枯叶养分含量均高于枯枝。枯枝中,养分含量顺序表现为 Ca>N>K>Mg>P;而在枯叶中,养分含量的顺序表现为 N>Ca>K>Mg>P,其中 N 和 Ca 平均含量约是 K、Mg 和 P 的 7 倍。这一结论与橡胶树鲜活器官中各元素的含量结果基本一致。

橡胶林枯落物的养分含量在不同割制下有所差异,枯叶的顺序为 d/2>d/6>d/3>d/4>d/5,而枯枝的大小顺序则为 d/2>d/3>d/6>d/4>d/5。各养分元素的含量在不同割制中均表现为 Ca>N>K>Mg>P。这说明不同割制之间枯落物的养分含量差异不大,割制对枯落物养分含量的分配影响不太明显。

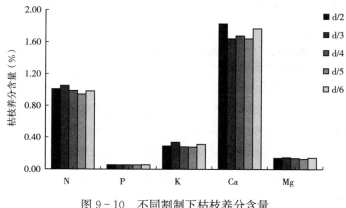

图 9-10  不同割制下枯枝养分含量

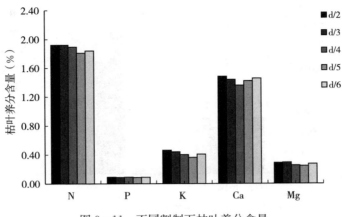

图 9-11　不同割制下枯叶养分含量

## 三、枯落物养分归还量

在已知橡胶林枯落物凋落量及养分含量的前提下，可以计算出橡胶林枯落物潜在的养分归还量（表 9-2）。在 5 种割制下，枯落物的养分归还量为 $139.83 \sim 191.20 \, \text{kg/hm}^2$。枯落物中各元素归还量比较，枯叶中的元素归还量顺序为 N＞Ca＞K＞Mg＞P，枯枝的为 Ca＞N＞K＞Mg＞P，枯落物总养分归还量的元素归还量为 N＞Ca＞K＞Mg＞P。这一规律与以往关于橡胶林枯落物养分归还研究基本一致。不同割制下枯叶养分归还量为 d/2＞d/6＞d/5＞d/4＞d/3，枯枝为 d/2＞d/6＞d/4＞d/5＞d/3，枯落物总养分归还量为 d/2＞d/6＞d/5＞d/4＞d/3。综上表明，不同割制下橡胶林枯落物的凋落量差异以及树体器官养分含量的不同，最终导致了橡胶林枯落物养分归还量的不同，从而表现出与以往枯落物凋落量以及养分含量研究不一致的变化规律。

表 9-2　不同割制下枯落物养分归还量（$\text{kg/hm}^2$）

| 割制 | 枯枝 | | | | | | 枯叶 | | | | | | 总量 |
|------|------|------|------|------|------|------|------|------|------|------|------|------|------|
| | N | P | K | Ca | Mg | 小计 | N | P | K | Ca | Mg | 小计 | |
| d/2 | 13.39 | 0.73 | 3.85 | 24.29 | 1.86 | 44.12 | 66.56 | 3.19 | 16.04 | 51.31 | 9.98 | 147.08 | 191.20 |
| d/3 | 9.35 | 0.48 | 3.00 | 14.60 | 1.32 | 28.75 | 51.04 | 2.35 | 11.70 | 38.19 | 7.80 | 111.08 | 139.83 |
| d/4 | 10.53 | 0.57 | 2.99 | 17.92 | 1.48 | 33.49 | 58.42 | 2.81 | 12.41 | 41.86 | 7.80 | 123.30 | 156.79 |
| d/5 | 10.28 | 0.58 | 3.03 | 17.92 | 1.41 | 33.22 | 60.07 | 2.82 | 12.09 | 47.11 | 8.14 | 130.23 | 163.45 |

（续）

| 割制 | 枯枝 | | | | | | 枯叶 | | | | | | 总量 |
|------|------|------|------|------|------|------|------|------|------|------|------|------|------|
| | N | P | K | Ca | Mg | 小计 | N | P | K | Ca | Mg | 小计 | |
| d/6 | 12.82 | 0.72 | 4.06 | 23.07 | 1.88 | 42.55 | 66.36 | 3.21 | 14.70 | 52.44 | 9.84 | 146.55 | 189.10 |
| 平均值 | 11.27 | 0.61 | 3.39 | 19.56 | 1.59 | 36.43 | 60.49 | 2.88 | 13.39 | 46.18 | 8.71 | 131.65 | 168.07 |

# 第四节 不同割制下胶乳养分流失量

## 一、不同割制下胶乳干胶产量

由表 9-3 可知，5 种割制（d/2、d/3、d/4、d/5、d/6）中单株橡胶树干胶年产量分别为 2.47 kg、3.34 kg、2.59 kg、1.68 kg、1.73 kg，其中以 d/3 最高、d/5 最低。不同开割月份中 5 月、7 月、9 月和 10 月干胶产量较高，平均为 0.35 kg，其次是 6 月和 8 月，而 4 月和 11 月、12 月为开割始月和割胶末月，排胶能力较弱、胶乳产量最低。

**表 9-3 不同割制下全年橡胶树干胶产量（kg）**

| 割制 | 4 月 | 5 月 | 6 月 | 7 月 | 8 月 | 9 月 | 10 月 | 11 月 | 12 月 | 全年 |
|------|------|------|------|------|------|------|-------|-------|-------|------|
| d/2 | 0.05 | 0.39 | 0.24 | 0.35 | 0.32 | 0.37 | 0.39 | 0.21 | 0.15 | 2.47 |
| d/3 | 0.03 | 0.45 | 0.42 | 0.49 | 0.37 | 0.46 | 0.60 | 0.26 | 0.26 | 3.34 |
| d/4 | 0.03 | 0.43 | 0.32 | 0.35 | 0.23 | 0.35 | 0.35 | 0.25 | 0.28 | 2.59 |
| d/5 | 0.00 | 0.35 | 0.18 | 0.24 | 0.16 | 0.24 | 0.20 | 0.16 | 0.15 | 1.68 |
| d/6 | 0.00 | 0.29 | 0.27 | 0.21 | 0.35 | 0.23 | 0.20 | 0.06 | 0.12 | 1.73 |
| 平均值 | 0.02 | 0.38 | 0.29 | 0.33 | 0.29 | 0.33 | 0.35 | 0.19 | 0.19 | 2.37 |

## 二、不同割制下胶乳养分流失量

在一年的不同季节，对不同割制下胶乳中流失的 N、P、K、Ca、Mg 元素进行了测定和分析，结果如图 9-12 至图 9-16 所示。胶乳中五种大量元素流失总量的顺序为 N>K>P>Mg>Ca。从图中可以看出，胶乳中 N、P、K、Mg 元素的流失量随着季节变化呈现出波动趋势，分别在 7 月和 10 月出现两次峰值，在 6 月和 9 月出现两次峰谷，Ca 元素的流失量在一年中波动性较小，表现出较为平稳的态势。

比较 5 种割制下胶乳中 N、P、K、Ca、Mg 元素流失量的大小顺序略有不同。其中 N 元素为（d/5＋ET 3.0%）＞（d/4＋ET 2.5%）＞（d/3＋ET 2.0%）＞（d/6＋ET 3.5%）＞（d/2＋ET 0%，对照）、P 元素为（d/3＋ET 2.0%）＞（d/4＋ET 2.5%）＞（d/5＋ET 3.0%）＞（d/6＋ET 3.5%）＞（d/2＋ET 0%，对照）、K 元素为（d/4＋ET 2.5%）＞（d/3＋ET 2.0%）＞（d/5＋ET 3.0%）＞（d/6＋ET 3.5%）＞（d/2＋ET 0%，对照）、Ca 元素为（d/6＋ET 3.5%）＞（d/5＋ET 3.0%）＞（d/4＋ET 2.5%）＞（d/3＋ET 2.0%）＞（d/2＋ET 0%，对照）、Mg 元素为（d/6＋ET 3.5%）＞（d/4＋ET 2.5%）＞（d/3＋ET 2.0%）＞（d/5＋ET 3.0%）＞（d/2＋ET 0%，对照）。

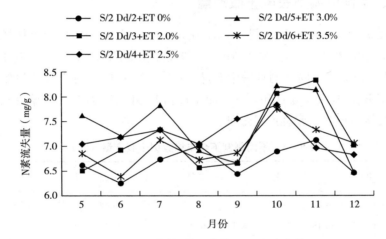

图 9-12　不同割制下胶乳 N 元素流失量

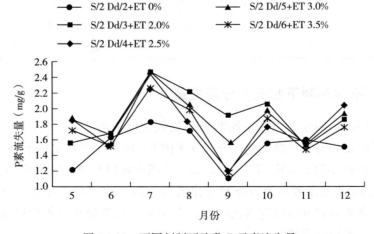

图 9-13　不同割制下胶乳 P 元素流失量

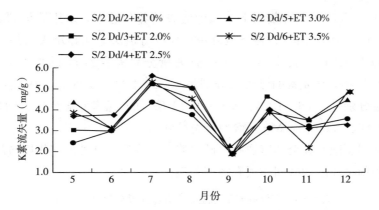

图 9-14 不同割制下胶乳 K 元素流失量

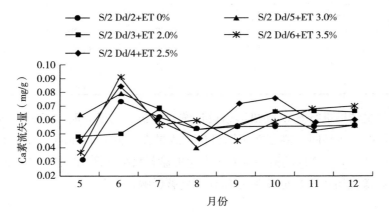

图 9-15 不同割制下胶乳 Ca 元素流失量

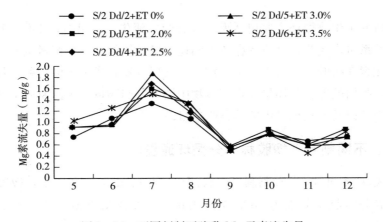

图 9-16 不同割制下胶乳 Mg 元素流失量

表 9-4 反映了 5 种割制下干胶中流失的养分总量。采用乙烯利刺激的 4 种 d/3、d/4、d/5、d/6 割制下胶乳中矿质养分流失量明显增大，是传统割制（d/2）的 1~2 倍。其中 N 元素的流失量分别是传统割制的 1.44、1.08、0.75、0.73 倍，P 元素的流失量分别是 1.70、1.22、0.80、0.79 倍，K 元素的流失量分别是 1.66、1.23、0.84、0.81 倍，Ca 元素的流失量分别是 1.57、1.14、0.86、0.86 倍，Mg 元素的流失量分别是 1.49、1.15、0.73、0.78 倍。说明乙烯利刺激割胶会加速橡胶树矿质养分的流失，这种加速作用与割胶频率和乙烯利刺激强度的共同作用有密切关系。

**表 9-4　不同割制下橡胶树干胶流失养分量**（kg/hm²）

| 割制 | N | P | K | Ca | Mg |
|------|------|------|------|------|------|
| d/2 | 7.47 | 1.69 | 3.48 | 0.07 | 0.96 |
| d/3 | 10.79 | 2.87 | 5.77 | 0.11 | 1.43 |
| d/4 | 8.08 | 2.06 | 4.29 | 0.08 | 1.10 |
| d/5 | 5.62 | 1.36 | 2.91 | 0.06 | 0.70 |
| d/6 | 5.46 | 1.34 | 2.83 | 0.06 | 0.75 |

对测定结果进行 SAS 随机区组设计统计分析。结果表明，无论是不同割制在不同月份，还是同一割制在不同月份，或是在不同割制在同一月份下，胶乳中 N、P、K、Ca、Mg 的流失量差异均达极显著水平（$P > 0.0001$）。说明割制和月份对橡胶树矿质养分流失亦具有极显著影响。

# 第五节　不同割制下橡胶林生物循环特征

本研究中生物循环主要包括吸收（含胶乳流失）、存留和归还三个关键环节，其关系可表述为：吸收＝存留＋归还。橡胶树的养分存留量主要指在一年内，各元素在树叶、树枝、树干、树皮、树根等器官或组织中的积累量。本试验中，橡胶树的养分归还量仅指枯落物中的养分归还量，未涉及树干茎流和降水淋溶归还以及死亡根系中的养分归还量。

## 一、不同割制下橡胶林养分循环通量

由表 9-5 可知，5 种割制（d/2、d/3、d/4、d/5、d/6）下，橡胶林生态系统的养分吸收量分别为 768.70 kg/hm²、852.12 kg/hm²、803.39 kg/hm²、783.03 kg/hm²、728.52 kg/hm²，养分吸收量的顺序为 d/3＞d/4＞d/5＞

d/2＞d/6；养分存留量分别为 577.50 kg/hm²、712.29 kg/hm²、646.60 kg/hm²、619.58 kg/hm²、539.42 kg/hm²，养分存留量的顺序为 d/3＞d/4＞d/5＞d/2＞d/6；养分归还量分别为 191.20 kg/hm²、139.83 kg/hm²、156.79 kg/hm²、163.45 kg/hm²、189.10 kg/hm²，养分归还量的顺序为 d/2＞d/6＞d/5＞d/4＞d/3。不同割制下橡胶树的养分吸收量和存留量以 d/3 最大，d/6 最小；而归还量中则以 d/2 最大，d/3 最小。

表 9-5 不同割制下橡胶林生态系统生物循环特征参数

| 割制 | 元素 | 土壤养分贮存量（kg/hm²） | 吸收量（kg/hm²） | 存留量（kg/hm²） | 归还量（kg/hm²） | 吸收系数 | 存留系数 | 归还系数 | 周转时间 |
|---|---|---|---|---|---|---|---|---|---|
| d/2 | N | 2 808.25 | 323.70 | 243.75 | 79.95 | 0.115 27 | 0.75 | 0.25 | 3.05 |
| | P | 3 662.25 | 25.11 | 21.19 | 3.92 | 0.006 86 | 0.84 | 0.16 | 5.41 |
| | K | 186 732.02 | 110.43 | 90.54 | 19.89 | 0.000 59 | 0.82 | 0.18 | 4.55 |
| | Ca | 144 612.35 | 271.36 | 195.76 | 75.60 | 0.001 88 | 0.72 | 0.28 | 2.59 |
| | Mg | 12 635.84 | 38.10 | 26.26 | 11.84 | 0.003 02 | 0.69 | 0.31 | 2.22 |
| d/3 | N | 2 808.25 | 373.83 | 313.44 | 60.39 | 0.133 12 | 0.84 | 0.16 | 5.19 |
| | P | 3 662.25 | 24.68 | 21.85 | 2.83 | 0.006 74 | 0.89 | 0.11 | 7.72 |
| | K | 186 732.02 | 116.38 | 101.68 | 14.70 | 0.000 62 | 0.87 | 0.13 | 6.92 |
| | Ca | 144 612.35 | 296.54 | 243.75 | 52.79 | 0.002 05 | 0.82 | 0.18 | 4.62 |
| | Mg | 12 635.84 | 40.69 | 31.57 | 9.12 | 0.003 22 | 0.78 | 0.22 | 3.46 |
| d/4 | N | 2 808.25 | 362.93 | 293.98 | 68.95 | 0.129 24 | 0.81 | 0.19 | 4.26 |
| | P | 3 662.25 | 20.59 | 17.21 | 3.38 | 0.005 62 | 0.84 | 0.16 | 5.09 |
| | K | 186 732.02 | 95.29 | 79.89 | 15.40 | 0.000 51 | 0.84 | 0.16 | 5.19 |
| | Ca | 144 612.35 | 272.62 | 212.84 | 59.78 | 0.001 89 | 0.78 | 0.22 | 3.56 |
| | Mg | 12 635.84 | 51.96 | 42.68 | 9.28 | 0.004 11 | 0.82 | 0.18 | 4.60 |
| d/5 | N | 2 808.25 | 342.66 | 272.31 | 70.35 | 0.122 02 | 0.79 | 0.21 | 3.87 |
| | P | 3 662.25 | 25.01 | 21.61 | 3.40 | 0.006 83 | 0.86 | 0.14 | 6.36 |
| | K | 186 732.02 | 101.25 | 86.13 | 15.12 | 0.000 54 | 0.85 | 0.15 | 5.70 |
| | Ca | 144 612.35 | 266.35 | 201.32 | 65.03 | 0.001 84 | 0.76 | 0.24 | 3.10 |
| | Mg | 12 635.84 | 47.76 | 38.21 | 9.55 | 0.003 78 | 0.80 | 0.20 | 4.00 |
| d/6 | N | 2 808.25 | 320.85 | 241.67 | 79.18 | 0.114 25 | 0.75 | 0.27 | 3.05 |
| | P | 3 662.25 | 25.50 | 21.57 | 3.93 | 0.006 96 | 0.85 | 0.15 | 5.49 |
| | K | 186 732.02 | 95.10 | 76.34 | 18.76 | 0.000 51 | 0.80 | 0.20 | 4.07 |
| | Ca | 144 612.35 | 244.62 | 169.11 | 75.51 | 0.001 69 | 0.69 | 0.31 | 2.24 |
| | Mg | 12 635.84 | 42.45 | 30.73 | 11.72 | 0.003 36 | 0.72 | 0.28 | 2.62 |

橡胶林生态系统生物循环中，不同割制对各元素的吸收、存留及归还量的影响，均表现为 N＞Ca＞K＞Mg＞P。说明 N、Ca 是橡胶树吸收并存留较多的元素，P、Mg 吸收量相对较少，故树体存留量、归还量均较小。

## 二、不同割制下橡胶林养分循环特征参数

由表 9-5 可知，不同割制下橡胶林生态系统生物循环的特征参数各有差异。比较 5 种割制的养分吸收系数，各元素的顺序如下：N 为 d/3＞d/4＞d/5＞d/2＞d/6、P 为 d/6＞d/2＞d/5＞d/3＞d/4、K 为 d/3＞d/2＞d/5＞d/4＝d/6、Ca 为 d/3＞d/4＞d/2＞d/5＞d/6、Mg 为 d/4＞d/5＞d/6＞d/3＞d/2。比较存留系数，各元素的顺序如下：其 N 为 d/3＞d/4＞d/5＞d/2＞d/6、P 为 d/3＞d/5＞d/6＞d/2＝d/4、K 为 d/3＞d/5＞d/4＞d/2＞d/6、Ca 为 d/3＞d/4＞d/5＞d/2＞d/6、Mg 为 d/4＞d/5＞d/3＞d/6＞d/2。比较归还系数，各元素的顺序如下：其 N 为 d/6＞d/2＞d/5＞d/4＞d/3、P 为 d/4＝d/2＞d/6＞d/5＞d/3、K 为 d/6＞d/2＞d/4＞d/5＞d/3、Ca 为 d/6＞d/2＞d/5＞d/4＞d/3、Mg 为 d/2＞d/6＞d/3＞d/5＞d/4。比较周转时间（循环系数），各元素的顺序如下：其 N 为 d/3＞d/4＞d/5＞d/6＝d/2、P 为 d/3＞d/5＞d/6＞d/2＞d/4、K 为 d/3＞d/5＞d/2＞d/4＞d/6、Ca 为 d/3＞d/4＞d/5＞d/2＞d/6、Mg 为 d/4＞d/5＞d/3＞d/6＞d/2。

# 本 章 小 结

长期以来，割胶劳动费用在橡胶初产品生产成本中一直占据着非常大的比例。随着经济的发展，社会劳动生产率普遍提高，传统橡胶产业正面临着来自其他行业对劳动力资源日益增长的激烈竞争压力。如何在降低割胶频率的同时，提高割胶劳动生产率，并确保维持较高的产量，一直是橡胶产业面临的重要课题。乙烯利刺激割胶技术的研究和开发，为我国天然橡胶业带来了一场深刻的割胶制度改革。目前，我国传统的 S/2 d/2 割制正逐渐被 S/2 d/3＋ET、S/2 d/4＋ET、S/2 d/5＋ET 和 S/2 d/6＋ET 等新型割制所取代。乙烯利刺激剂大规模使用，对生胶的产量、质量以及橡胶树的生长和生理特性等方面所产生的影响，一直是备受关注的课题。

本章从生态系统角度出发，重点围绕 5 种不同割制开展了橡胶树的生长量、养分积累、枯落物养分归还、干胶养分流失以及生物循环特征等方面的研究。通过比较不同割制下橡胶树单株生物量大小，发现采用乙烯利刺激并降低

割胶频率情况下，d/3 和 d/5 割制中树体树围和生物量的增长量均高于传统割制 d/2，这与以往国内外的研究结果类似，即采用乙烯利低频刺激割胶后，本研究中 d/3 和 d/4 割制的单株产量也能高于传统割制。比较不同割制橡胶树养分含量与分配规律，发现除各器官中各元素分布有差异外，橡胶树的养分积累量在不同割制下也有大小差异，如 d/3 中 N、P、K、Ca、Mg 元素的积累量均高于其他 5 种割制，而 d/6、d/4 相对较小，这说明低频刺激割胶可能会影响树体中营养元素的生理作用。通过每生产 1 吨干胶所消耗的养分量来评估不同割制下的养分利用效率，本研究结果显示，养分综合利用效率顺序为 d/6＞d/3＞d/5＞d/2＞d/4，这说明采用合理的低频和高浓度刺激剂相结合的割制可以提高橡胶树的养分利用效率。橡胶林生态系统的养分吸收、存留、归还等生物循环特征可以反映橡胶树对养分需求状态、利用效率以及循环速率（周转），从而为树体养分补充提供定量依据。本研究表明，相比传统割制，乙烯利刺激割制增加了树体中养分的存留量（积累），减少了养分在枯落物中转移、归还，表现为 d/3、d/6 的养分吸收、存留量明显高于其他割制。

针对刺激割胶制度对橡胶树生长、产胶量、副性状、经济效益以及生胶质量、光合作用、生理参数等的影响，国内学者们已经陆续展开了研究，并积累了大量试验数据和宝贵的结论。以往研究表明，在探讨不同刺激割制对橡胶树 RRIM600 产胶与长势的影响中，采用 S/4 d/4＋ET 能够获得比传统割制更高的株产和生长量。对于中龄橡胶树 PR107，不同割制的生胶质量、胶乳生理参数及叶片光合能力等指标的比较均无显著差异。在低频割制下，胶乳中的硫醇、蔗糖含量均高于传统割制 d/2，且产排胶生理状况均比较稳定。对 PR107 橡胶树单株产量与劳动生产效率进行相对经济效益评价发现，当割胶劳动报酬占产值的比例（I 值）低于 28％时，S/2 d/3＋ET 割制是最佳；而当 I 值超过 29％时，S/2 d/6＋ET 割制更为适宜，这与本研究中关于 d/6 养分利用率最高的发现基本一致。近年来，为解决劳动力短缺和促进橡胶产业可持续发展问题，我国成功研发出超低频割胶 d/7，有效解决了胶工短缺的问题，稳定了胶工队伍。但是，不同的割胶制度对劳动生产率有直接影响，而相同的割胶制度在不同品系和不同割龄上的产量效应也不一样，因此仍需要根据品系和割龄进行深入研究。尤其在树体营养生理需求和养分消耗方面加强探讨，在提高劳动生产率、橡胶产量、生理生长等方面实现平衡统一，最终找到割胶制度与产量效益、经济效益、生态效益之间的最佳匹配点。

# 第十章 基于¹⁵N示踪技术的橡胶 林养分循环研究

氮素在橡胶树内含量丰富，是生命基础物质蛋白质的成分，也是核酸、酶、叶绿素和许多活性物质（如生长素、维生素、生物碱等）的重要组成成分。这些化合物与植物的生命活动密切相关，因此氮素被称为"生命之元素"。施用氮肥对于维持橡胶园养分平衡和促进橡胶树增产、高产具有重要意义。与很多短期作物相比，直接测定橡胶树对化学氮肥的吸收利用率尤为困难，因此橡胶树每年实际吸收多少化学氮肥（即氮肥利用率）一直是研究者们思考的问题。

本章采用林木研究常用的模型估算法来计算橡胶树的各器官生物量，然后测定各器官的氮含量，进而推算各器官的氮吸收量，再通过向土壤中施加含有10%丰度的¹⁵N示踪尿素，追踪各器官肥料氮的吸收分布状况。利用各器官¹⁵N的百分比可以计算橡胶树对化肥氮的吸收量，再测定土壤中残留的示踪肥料氮，进一步分析氮素的吸收与平衡情况，即施氮量最终可划分为橡胶树吸收、土壤残留及损失三部分。

## 第一节 橡胶树生物量分配

本试验采用周再知的橡胶树生物量估算模型对示踪单株橡胶树各器官的生物量进行估算，见表10-1。

**表10-1 示踪单株橡胶树生物量（kg）**

| 器官 | 1999年定植 | | 1993年定植 | |
|------|------|------|------|------|
| | 284号 | 287号 | 256号 | 260号 |
| 树叶 | 11.40 | 11.09 | 14.09 | 14.10 |
| 树枝 | 57.36 | 55.29 | 78.36 | 78.46 |
| 树根 | 11.30 | 10.70 | 16.42 | 16.44 |
| 树皮 | 39.00 | 37.33 | 53.73 | 53.80 |
| 树干 | 134.13 | 128.85 | 183.64 | 183.91 |
| 合计 | 253.19 | 243.26 | 346.24 | 346.71 |

# 第二节 干胶氮、$^{15}$N丰度、$N_{dff}\%$
及肥料氮的变化

## 一、干胶中$^{15}$N丰度的变化

施用$^{15}$N示踪肥料后，每次割胶都把采集的胶乳带回实验室，准确称重后记录，把样品烘干后保存，以便测定其中全氮的含量及$^{15}$N丰度的变化，见表10-2和表10-3。

**表10-2 1999年定植的示踪橡胶树干胶产量及$^{15}$N丰度**

| 月份 | 284号 | | | | 287号 | | | |
|---|---|---|---|---|---|---|---|---|
| | 干胶重 (g/株) | 全N (%) | $^{15}$N丰度 (%) | 含水量 (%) | 干胶重 (g/株) | 全N (%) | $^{15}$N丰度 (%) | 含水量 (%) |
| 6 | 227.25 | 0.84 | 0.374 5 | 64.40 | 301.67 | 0.77 | 0.377 1 | 63.70 |
| 7 | 332.49 | 0.82 | 0.375 1 | 69.97 | 487.08 | 0.89 | 0.374 1 | 66.60 |
| 8 | 203.74 | 1.00 | 0.374 8 | 68.10 | 407.21 | 0.97 | 0.373 3 | 61.25 |
| 9 | 646.44 | 0.75 | 0.374 2 | 65.10 | 974.82 | 0.80 | 0.377 4 | 60.91 |
| 10 | 237.83 | 0.67 | 0.371 7 | 51.31 | 249.88 | 0.66 | 0.372 3 | 52.61 |
| 11 | 183.58 | 0.95 | 0.371 7 | 50.66 | 137.81 | 0.93 | 0.371 0 | 48.79 |
| 12 | 492.37 | 0.66 | 0.371 5 | 51.51 | 524.53 | 0.70 | 0.373 0 | 48.28 |
| 合计 | 2 323.70 | — | — | — | 3 083.00 | | | |

说明：表中干胶产量是把每月每次胶乳重量相加获得，全N、$^{15}$N丰度及胶乳含水量均为本月的平均值，未施示踪$^{15}$N自然丰度为0.364%。

**表10-3 1993定植的示踪橡胶树干胶产量及$^{15}$N丰度**

| 月份 | 260号 | | | | 256号 | | | |
|---|---|---|---|---|---|---|---|---|
| | 干胶重 (g/株) | 全N (%) | $^{15}$N丰度 (%) | 含水量 (%) | 干胶重 (g/株) | 全N (%) | $^{15}$N丰度 (%) | 含水量 (%) |
| 6 | 333.88 | 0.78 | 0.376 0 | 53.45 | 262.30 | 0.82 | 0.374 8 | 53.74 |
| 7 | 627.16 | 0.82 | 0.374 8 | 54.14 | 324.15 | 0.86 | 0.375 7 | 50.73 |
| 8 | 619.93 | 0.93 | 0.373 7 | 57.10 | 243.46 | 0.93 | 0.376 4 | 50.48 |
| 9 | 941.61 | 0.83 | 0.373 0 | 50.88 | 538.56 | 0.85 | 0.373 5 | 57.41 |
| 10 | 1 133.9 | 0.61 | 0.370 3 | 47.22 | 1 084.0 | 0.66 | 0.374 1 | 48.04 |
| 11 | 306.15 | 0.69 | 0.370 0 | 55.84 | 237.61 | 0.63 | 0.371 0 | 57.11 |
| 12 | 677.66 | 0.64 | 0.373 0 | 45.07 | 218.17 | 0.66 | 0.372 8 | 50.50 |
| 合计 | 4 640.29 | — | — | — | 2 908.25 | — | — | — |

从表 10-3 可以看出，1993 年定植的橡胶树平均产量比 1999 年定植的高，这与前面林段中统计的结果相同。但从这两组数据来看，即使是在立地环境相同、施肥管理、树龄、橡胶茎围也基本相同的情况下，每株橡胶树的产胶量也存在差异，深入探究这种差异的原因对提高橡胶产量具有重要意义。

本试验于 5 月 7 日施肥，6 月 1 日开始采集胶乳，即施肥后 20 多天就能检测到胶乳中的肥料氮。遗憾的是，由于实验者对橡胶树吸收氮素的规律不了解，无法准确获得肥料氮转移到开割橡胶树胶乳中的具体时间。从表 10-2 和表 10-3 可看出，四株示踪树施肥后的采胶期间 $^{15}$N 丰度都在 0.371 0％～0.377 4％，且变化幅度不是很大。

## 二、干胶氮、$N_{dff}$％及其中肥料氮的变化

由于每次割胶时胶乳的产量及其含氮量有很大的差异，为了使研究的结果更准确，本试验把每月每次割胶带走的氮做计算后累计，计算结果见表 10-4。

表 10-4　割胶带走的氮（干胶氮）、$N_{dff}$％及干胶中来自肥料的氮

| 月份 | 1999 年定植（284 号） | | | 1999 年定植（287 号） | | | 1993 年（定植 260 号） | | | 1993 年定植（256 号） | | |
|---|---|---|---|---|---|---|---|---|---|---|---|---|
| | 干胶氮 (mg) | $N_{dff}$ (％) | 肥料氮 (mg) | 干胶氮 (mg) | $N_{dff}$ (％) | 肥料氮 (mg) | 干胶氮 (mg) | $N_{dff}$ (％) | 肥料氮 (mg) | 干胶氮 (mg) | $N_{dff}$ (％) | 肥料氮 (mg) |
| 6 | 1 928 | 0.11 | 2.05 | 2 246 | 0.14 | 2.60 | 2 450 | 0.12 | 2.93 | 2 170 | 0.11 | 2.30 |
| 7 | 2 910 | 0.12 | 3.07 | 4 188 | 0.11 | 4.49 | 5 051 | 0.11 | 5.65 | 2 883 | 0.12 | 3.20 |
| 8 | 2 100 | 0.11 | 2.33 | 4 097 | 0.10 | 3.92 | 5 709 | 0.10 | 5.71 | 2 275 | 0.13 | 3.00 |
| 9 | 3 950 | 0.11 | 4.72 | 7 540 | 0.14 | 10.48 | 6 095 | 0.08 | 4.04 | 4 301 | 0.10 | 3.07 |
| 10 | 1 511 | 0.08 | 1.28 | 1 719 | 0.09 | 1.68 | 6 940 | 0.07 | 4.23 | 6 771 | 0.11 | 5.87 |
| 11 | 1 716 | 0.07 | 1.47 | 1 267 | 0.07 | 0.95 | 2 093 | 0.06 | 1.25 | 1 384 | 0.07 | 1.00 |
| 12 | 3 297 | 0.08 | 2.48 | 3 591 | 0.09 | 3.44 | 4 523 | 0.09 | 4.07 | 1 480 | 0.09 | 1.29 |
| 合计 | 17 412 | — | 17.40 | 24 648 | — | 27.56 | 32 861 | — | 27.88 | 21 264 | | 19.73 |

说明：干胶氮指胶乳中带走的氮；肥料氮指干胶中来自肥料的氮；$N_{dff}$％指干胶中来自 $^{15}$N 肥料的比例。其中：$N_{dff}$％＝胶乳中 $^{15}$N 原子百分超/肥料中 $^{15}$N 原子百分超×100。

从表 10-4 可以看出，橡胶树胶乳中带走的氮是有差异的。从 6 月份试验采胶开始至 12 月份结束，四株橡胶树胶乳中合计带走的氮平均每株为 24.05 g。其

中，1999 年定植的胶树平均每株带走氮 21.03 g，1993 年定植的橡胶树平均每株带走氮 27.06 g。如果把 5 月份采胶带走的氮也加进去，四株橡胶树全年采胶平均每株带走的氮为 24.40 g，1999 年定植的胶树平均每株带走氮 21.18 g，1993 年定植胶树平均每株带走氮 27.61 g。

由表 10 - 4 还可知，每株橡胶树干胶中来自肥料氮的平均量为 23.14 mg，1999 年定植的为 22.48 mg，1993 年定植的 23.81 mg，1993 年定植的橡胶树干胶中带走的肥料氮量比 1999 年的多，但两年龄间不存在显著差异。

# 第三节 全氮含量、¹⁵N 丰度变化及肥料当季表观利用率

## 一、橡胶树各器官全氮含量、¹⁵N 丰度的变化

橡胶树各器官全氮含量的变化见表 10 - 5 和表 10 - 6。从表中可以看出，橡胶树各器官中全氮含量的顺序为鲜叶＞枯叶＞鲜枝＞树根＞枯枝＞树皮＞树干。其中，各月中鲜叶、枯叶、树根的全氮含量变化幅度最大。鲜叶全氮含量的变化是随着月份的延长逐渐降低的，但 10—12 月氮含量相对比较稳定；树根全氮含量则是先下降后上升，到 10—12 月氮含量基本稳定。

从表中还可以看出，1993 年定植的橡胶树鲜叶和枯叶的全氮平均含量比 1999 年定植的低，其他器官的比 1999 年定植的高。

**表 10 - 5　1999 年定植示踪橡胶树各月各器官全 N 含量（％）**

| 月份 | 鲜叶 | 鲜枝 | 枯枝 | 枯叶 | 树皮 | 树根 | 树干 |
|---|---|---|---|---|---|---|---|
| 5 | 4.62 | 1.17 | 0.62 | 1.69 | 0.49 | 1.21 | 0.47 |
| 6 | 4.41 | 1.21 | 0.47 | 2.05 | 0.42 | 1.10 | 0.41 |
| 7 | 3.26 | 0.92 | 0.66 | 2.05 | — | — | — |
| 8 | 3.99 | 0.65 | 0.97 | 2.41 | 0.52 | 0.88 | 0.40 |
| 9 | — | | | | | | |
| 10 | 3.02 | 1.41 | 0.90 | 1.58 | 0.61 | 1.09 | 0.42 |
| 11 | 2.91 | 1.02 | 0.72 | 1.98 | 0.59 | 1.08 | 0.41 |
| 12 | 2.93 | 1.20 | 0.71 | 1.79 | 0.62 | 1.07 | 0.41 |
| 平均值 | 3.59 | 1.08 | 0.72 | 1.91 | 0.54 | 1.07 | 0.42 |

表 10-6　1993 年定植示踪橡胶树各月各器官全 N 含量（%）

| 月份 | 鲜叶 | 鲜枝 | 枯枝 | 枯叶 | 树皮 | 树根 | 树干 |
|------|------|------|------|------|------|------|------|
| 5 | 3.90 | 1.23 | 0.43 | — | 0.48 | 1.15 | 0.50 |
| 6 | 3.68 | 1.24 | 0.46 | 2.09 | 0.54 | 1.00 | 0.41 |
| 7 | 3.15 | 1.20 | 0.52 | 2.00 | — | — | — |
| 8 | 3.00 | 0.91 | 0.58 | 2.21 | 0.52 | 0.79 | 0.40 |
| 9 | — | — | — | — | — | — | — |
| 10 | 3.02 | 1.41 | 0.63 | 1.80 | 0.65 | 1.21 | 0.42 |
| 11 | 2.91 | 1.12 | 0.72 | 1.58 | 0.60 | 1.08 | 0.41 |
| 12 | 2.93 | 1.20 | 0.71 | 1.98 | 0.62 | 1.07 | 0.41 |
| 平均值 | 3.22 | 1.19 | 0.58 | 1.94 | 0.57 | 1.05 | 0.43 |

　　橡胶树各器官 $^{15}$N 丰度的变化见表 10-7 和表 10-8。从表中可以看出，由于树体生物量太大，树体贮存及土壤自然氮对示踪 $^{15}$N 肥料的稀释效应很明显，但橡胶树各器官 $^{15}$N 丰度也是有差异的。其中，$^{15}$N 丰度顺序为树根＞鲜叶＞鲜枝＝树皮＞树干＞枯叶＝枯枝，当年施用的肥料氮主要集中在代谢活跃的鲜叶、树根、鲜枝和树皮中，而枯枝、枯叶和树干中 $^{15}$N 丰度很低，只能检测到痕迹。

　　从表中还可以看出，施肥后的 1 个月，在树根、树皮及鲜树枝中可检测到明显的 $^{15}$N 丰度，在施肥后 2 个月，树叶中检测到明显 $^{15}$N 丰度，树根中 $^{15}$N 丰度一直维持较高的水平，而鲜叶、鲜枝和树皮中的 $^{15}$N 丰度先逐渐上升然后逐渐下降。鲜叶、鲜枝中 $^{15}$N 丰度在 10 月最高，树皮在 6 月份最高。

表 10-7　1999 年定植示踪橡胶树各月各器官 $^{15}$N 丰度（%）

| 月份 | 鲜叶 | 鲜枝 | 枯枝 | 枯叶 | 树皮 | 树根 | 树干 |
|------|------|------|------|------|------|------|------|
| 5 | 0.368 | 0.369 | 0.365 | 0.365 | — | 0.418 | 0.367 |
| 6 | 0.368 | 0.371 | 0.367 | 0.366 | 0.372 | 0.419 | 0.367 |
| 7 | 0.369 | 0.369 | 0.366 | 0.365 | — | 0.421 | 0.367 |
| 8 | 0.375 | 0.367 | 0.366 | 0.366 | 0.370 | 0.410 | 0.367 |
| 9 | 0.375 | 0.372 | 0.366 | 0.365 | — | — | — |
| 10 | 0.376 | 0.376 | 0.366 | 0.364 | 0.370 | 0.430 | 0.367 |
| 11 | 0.372 | 0.369 | 0.366 | 0.364 | 0.369 | 0.397 | 0.367 |
| 12 | 0.369 | 0.369 | 0.365 | 0.364 | 0.369 | 0.387 | 0.367 |
| 平均值 | 0.372 | 0.370 | 0.366 | 0.365 | 0.370 | 0.412 | 0.367 |

说明：未施示踪肥植物样品中 $^{15}$N 丰度为 0.364%。

表 10-8　1993年定植示踪橡胶树各月各器官$^{15}$N丰度（%）

| 月份 | 鲜叶 | 鲜枝 | 枯枝 | 枯叶 | 树皮 | 树根 | 树干 |
|---|---|---|---|---|---|---|---|
| 5 | 0.369 | 0.369 | 0.365 | 0.365 | — | 0.379 | 0.367 |
| 6 | 0.369 | 0.371 | 0.365 | 0.366 | 0.372 | 0.390 | 0.367 |
| 7 | 0.370 | 0.369 | 0.366 | 0.367 | | 0.381 | 0.367 |
| 8 | 0.373 | 0.367 | 0.364 | 0.368 | 0.371 | 0.372 | 0.367 |
| 9 | — | | | | | | |
| 10 | 0.375 | 0.376 | 0.364 | 0.366 | 0.370 | 0.388 | 0.367 |
| 11 | 0.372 | 0.369 | 0.364 | 0.368 | 0.369 | 0.386 | 0.367 |
| 12 | 0.369 | 0.369 | 0.364 | 0.365 | 0.369 | 0.387 | 0.367 |
| 平均值 | 0.371 | 0.370 | 0.365 | 0.366 | 0.370 | 0.383 | 0.367 |

## 二、橡胶树对肥料氮的吸收及肥料氮的表观利用率

根据橡胶树各器官氮变化的特点，结合橡胶实际生产中叶片营养诊断的经验，把橡胶树生长比较缓慢、养分含量基本稳定的10月作为测定橡胶树当季氮表观利用率的时间。通过计算，施肥后单株橡胶树体对肥料氮的吸收利用情况见表10-9。

表 10-9　单株橡胶树各器官对氮的吸收利用情况

| 器官 | 1999年定植（284、287号） | | | | | 1993年定植（260、256号） | | | | |
|---|---|---|---|---|---|---|---|---|---|---|
| | 生物量（kg） | 全氮（%） | 吸氮量（kg） | $N_{dff}$（%） | 肥料氮（g） | 生物量（kg） | 全氮（%） | 吸氮量（kg） | $N_{dff}$（%） | 肥料氮（g） |
| 树叶 | 11.40 | 3.02 | 0.34 | 0.12 | 0.43 | 14.09 | 3.02 | 0.43 | 0.11 | 0.49 |
| 树枝 | 56.32 | 1.41 | 0.79 | 0.12 | 0.99 | 78.09 | 1.41 | 1.10 | 0.12 | 1.37 |
| 树皮 | 38.00 | 0.61 | 0.23 | 0.06 | 0.14 | 53.00 | 0.65 | 0.34 | 0.06 | 0.21 |
| 树根 | 11.00 | 1.41 | 0.15 | 0.68 | 1.06 | 16.43 | 1.21 | 0.20 | 0.69 | 1.36 |
| 树干 | 131.47 | 0.42 | 0.55 | 0.02 | 0.11 | 183.80 | 0.41 | 0.75 | 0.02 | 0.16 |
| 干胶 | 2.70 | — | 0.02 | 0.10 | 0.02 | 3.77 | — | 0.03 | 0.10 | 0.03 |
| 合计 | 250.89 | — | 2.08 | — | 2.75 | 349.18 | — | 2.85 | — | 3.62 |

从10-9表中分析可知，这些器官从土壤中吸收氮量的顺序为树枝＞树干＞树叶＞树皮＞树根＞干胶；橡胶树累积从土壤中吸收的氮平均为2.47 kg/株，1999年和1993年定植的氮累积量分别为2.08 kg和2.85 kg；$N_{dff}$的顺序则为树根＞树叶＝树枝＞干胶＞树皮＞树干。从土壤中吸收的$^{15}$N肥料氮积累

量顺序为树根＞树枝＞树叶＞树皮＞树干＞干胶，橡胶树累积从土壤中吸收的$^{15}$N肥料氮平均为3.19g，1999年和1993年定植的氮吸收量分别为2.75g和3.62g。各器官肥料氮占总吸收肥料氮的比例分别为树根37.99％、树枝37.05％、树叶14.44％、树皮5.49％、树干4.24％、干胶0.78％。

根据表10-9中数据计算得出肥料氮平均表观利用率为21.23％，1999年和1993定植的橡胶树肥料氮当季表观利用率为18.36％、24.09％。

# 第四节　土壤$^{15}$N丰度的变化及残留肥料氮量

## 一、土壤$^{15}$N丰度的变化

施肥后采集了0～20cm、20～40cm、40～60cm的土层土壤，分析其中$^{15}$N丰度的变化。从表10-10可以看出，从5—10月，1999年定植的0～20cm土层$^{15}$N丰度是逐月下降的，到12月有一个小幅增长，这可能与橡胶树地上部和地下部枯落物释放$^{15}$N有关；20～40cm土层中$^{15}$N丰度在5月最高，然后逐月下降。而1993年定植的40～60cm土层$^{15}$N丰度为6月最高，7月、8月持平，然后下降，到第二年的2月有一个小幅增加。

表10-10　土壤$^{15}$N丰度月变化（％）

| 月份 | 1999年定植（284、287号） | | | 1993年定植（260、256号） | | |
| --- | --- | --- | --- | --- | --- | --- |
| | 0～20cm | 20～40cm | 40～60cm | 0～20cm | 20～40cm | 40～60cm |
| 5 | 0.395 | 0.388 | 0.380 | 0.415 | 0.375 | 0.374 |
| 6 | 0.375 | 0.379 | 0.383 | 0.395 | 0.385 | 0.393 |
| 7 | 0.378 | 0.377 | 0.374 | 0.383 | 0.372 | 0.379 |
| 8 | 0.370 | 0.376 | 0.376 | 0.370 | 0.376 | 0.379 |
| 10 | 0.370 | 0.376 | 0.370 | 0.371 | 0.375 | 0.375 |
| 11 | 0.376 | 0.378 | 0.369 | 0.369 | 0.376 | 0.375 |
| 12 | 0.380 | 0.374 | 0.364 | 0.384 | 0.376 | 0.375 |
| 2 | 0.371 | 0.370 | 0.364 | 0.366 | 0.370 | 0.383 |

## 二、土壤全氮含量的变化

表10-11为示踪橡胶树各土层全氮含量。从表中可以看出，各土层全氮含量在施肥后各月均有变化，总的变化趋势是0～40cm土层在7月全氮含量最高，然后逐月下降。12月、2月全氮含量由于枯落物的归还有小幅增加，恢

复到 5 月施肥前的水平；40～60 cm 基本趋势是逐月下降，8—10 月由于施肥有少量增加。

表 10 - 11 土壤全氮含量的变化（％）

| 月份 | 1999 年定植（284、287 号） | | | 1993 年定植（260、256 号） | | |
|---|---|---|---|---|---|---|
| | 0～20 cm | 20～40 cm | 40～60 cm | 0～20 cm | 20～40 cm | 40～60 cm |
| 5 | 0.098 | 0.10 | 0.066 | 0.098 | 0.090 | 0.070 |
| 6 | 0.085 | 0.073 | 0.062 | 0.090 | 0.085 | 0.065 |
| 7 | 0.092 | 0.083 | 0.071 | 0.079 | 0.078 | 0.061 |
| 8 | 0.084 | 0.085 | 0.076 | 0.070 | 0.074 | 0.066 |
| 10 | 0.076 | 0.068 | 0.076 | 0.081 | 0.067 | 0.063 |
| 11 | 0.078 | 0.069 | 0.061 | 0.079 | 0.070 | 0.062 |
| 12 | 0.076 | 0.073 | 0.061 | 0.090 | 0.070 | 0.062 |
| 2 | 0.080 | 0.073 | 0.061 | 0.083 | 0.076 | 0.060 |

## 三、土壤残留氮的变化

由示踪橡胶树土壤全氮含量及施肥面积土壤重量计算得出各土层全氮含量，再根据土层中¹⁵N 丰度计算得出土壤中全氮来自肥料的比例 $N_{dff}$ 以及土壤中残留肥料氮的变化见表 10 - 12。

从表中数据分析得出，5—11 月肥料氮残留量的每株月平均值分别为 6.226 g、5.113 g、3.477 g、2.052 g、1.888 g、1.824 g。施肥后的第一个月土壤中的氮减少了近一半，6—7 月残留氮降低最快，10 月肥料残留氮的量为 1.888 g/株。由此计算得出肥料氮的残留率为 12.59％。

表 10 - 12 示踪橡胶树土层残留氮的变化（g）

| 月份 | 1999 年定植 | | | | 1993 年定植 | | | |
|---|---|---|---|---|---|---|---|---|
| | 0～20 cm | 20～40 cm | 40～60 cm | 合计 | 0～20 cm | 20～40 cm | 40～60 cm | 合计 |
| 5 | 3.038 | 2.426 | 1.101 | 6.565 | 4.886 | 1.000 | 0.000 | 5.886 |
| 6 | 1.781 | 1.107 | 1.228 | 4.116 | 4.487 | 0.944 | 0.678 | 6.109 |
| 7 | 1.285 | 1.091 | 0.740 | 3.116 | 1.622 | 1.261 | 0.954 | 3.837 |
| 8 | 0.503 | 0.430 | 0.951 | 1.884 | 0.411 | 0.776 | 1.032 | 2.219 |
| 10 | 0.454 | 0.825 | 0.475 | 1.754 | 0.554 | 0.744 | 0.723 | 2.021 |
| 11 | 0.934 | 0.418 | 0.349 | 1.701 | 0.386 | 0.849 | 0.712 | 1.947 |

根据表 10-12 计算得出土壤各土层残留氮的分布见图 10-1。从图 10-1 可以看出，$^{15}$N 肥料残留氮量是逐月降低的。6—7 月 0～20 cm 土层残留氮高于 20～40 cm 和 40～60 cm 土层，8—10 月 20～40 cm 和 40～60 cm 土层的残留氮低，11 月 0～60 cm 土层的残留氮分布基本相等。

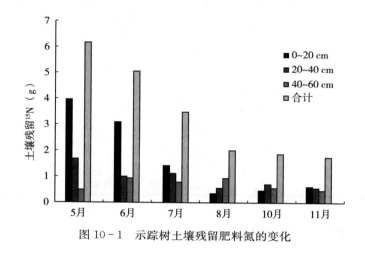

图 10-1　示踪树土壤残留肥料氮的变化

## 四、土壤$^{15}$N 肥料的去向

肥料氮$^{15}$N 进入橡胶林生态系统后，主要有三种去向：作物吸收、土壤残留以及各种途径损失。

由表 10-13 可知，橡胶树对肥料氮当年平均表观利用率（树体＋干胶）为 21.23%。1999 年和 1993 年定植的橡胶树表观利用率分别为 18.36%、24.09%。其中干胶平均移出的氮率为 0.16%，0～60 cm 土层中残留的肥料氮率为 12.59%，其他途径（气态损失、渗漏损失等）占 66.03%。

**表 10-13　单株示踪橡胶树土壤$^{15}$N 肥料的去向（g）**

| 项目 | 1999 年定植 | 1993 年定植 | 平均 | 占$^{15}$N 肥料的比例（%） | | |
| --- | --- | --- | --- | --- | --- | --- |
| | | | | 1999 年定植 | 1993 年定植 | 平均 |
| 胶树吸收 | 2.754 | 3.614 | 3.183 | 18.36 | 24.09 | 21.23 |
| 干胶移出 | 0.021 | 0.027 | 0.024 | 0.14 | 0.18 | 0.16 |
| 土壤残留 | 1.755 | 2.021 | 1.888 | 11.70 | 13.47 | 12.59 |
| 其他 | 10.470 | 9.338 | 9.905 | 69.80 | 62.26 | 66.03 |
| 合计 | 15 | 15 | 15 | 100 | 100 | 100 |

对试验结果不确定性进行分析：在施肥后的 20 多天（5 月 30 日）一直到采样截止时（第二年 2 月），在 40～60 cm 土层中均检测到 ${}^{15}$N，这说明这段时间肥料氮一直存在向下渗漏。因此，在热带地区对肥料氮的存留需要进一步延伸至更深的土层。另外还有可能存在一部分不确定的因素，如由于橡胶林树体生物量过大，树体自身贮存的自然氮对肥料 ${}^{15}$N 的强烈稀释作用以及仪器检测的精度等，这些因素可能会对橡胶树吸收肥料氮和土壤肥料氮残留量的低估。因此，在以后的试验中还需要提高肥料 ${}^{15}$N 的丰度。

# 本 章 小 结

国内外对林木氮同位素的研究主要集中在柑橘、油棕、咖啡、桉树、苹果和毛白杨等，而对橡胶树有关氮稳定性同位素的研究还是比较少见。以往研究结果表明，无论氮肥何时施入，同类器官中的根、叶等均以代谢旺盛的幼龄器官对 ${}^{15}$N 的竞争能力更强些，器官越衰老，竞争力越差。在植株生长过程中，随着物候期的变化，氮素在植株体内的分配表现出极性分配特性。夏季氮肥损失率高达 70% 以上，土壤中残留率低于 20%，土壤中残留的 ${}^{15}$N 可以垂直移动，植株对其的吸收利用率仅为 10%～20%。早期潘中耀利用 ${}^{15}$N 标记的肥料在盆栽橡胶幼苗上进行了实验，随着施肥时间的延长，发现叶片的 $N_{dff}$% 不断增加，橡胶幼苗各器官的 $N_{dff}$% 排序则是形成层＞主茎＞皮＞根，而各器官 ${}^{15}$N 的分配率表现为叶片＞根系＞主茎＞叶柄＞皮，${}^{15}$N 示踪肥料的整体利用率为 18.05%～19.74%，表明土壤中的 ${}^{15}$N 被橡胶幼苗吸收得很少，大部分 ${}^{15}$N 仍残留在土壤中。

本研究发现橡胶树利用 ${}^{15}$N 的能力和上述研究者的研究结果有共同的特性。施入土壤的 ${}^{15}$N 被橡胶树吸收后，${}^{15}$N 的丰度值为树根＞胶乳＞鲜叶＞鲜枝＝树皮≥树干，即肥料 ${}^{15}$N 优先分配到代谢旺盛的树根、树叶、鲜枝、树皮和胶乳中，而在衰老器官和贮藏器官（树干）分配的比例较低，在树干、枯枝和枯叶中，基本没有检测到明显的 ${}^{15}$N 丰度。试验还表明，橡胶树各个器官的 ${}^{15}$N 丰度是变化的，树根、胶乳和树皮的 ${}^{15}$N 丰度保持相对稳定，但随着施肥时间的延长，其丰度逐渐降低，鲜叶和鲜枝 ${}^{15}$N 丰度在 10 月最大。施肥后 5个月，各器官的 $N_{dff}$% 顺序为树根＞树叶＝树枝＞干胶＞树皮＞树干。试验中虽然选择的 ${}^{15}$N 示踪肥料丰度达到 10%，且用量为每株 15 g，但在橡胶树体内检测到的 ${}^{15}$N 还是偏低。尤其是在氮贮存量大的树干内，这一误差可能低估了橡胶树对肥料氮的实际吸收量。另外，研究结果得出单株橡胶树累积平均从示

踪 $^{15}$N 中吸收氮 3.19 g，处于旺产期的橡胶树吸收的 $^{15}$N 高于初产期的橡胶树，吸收的肥料氮在各器官分配比例为树根 37.99%、树枝 37.05%、树叶 14.44%、树皮 5.49%、树干 4.24%、干胶 0.78%。这与未示踪橡胶树各器官氮素吸收分配规律有差异，其原因有待进一步分析。

本试验中选择的 $^{15}$N 示踪肥料丰度达到 10%，每株用量为 15 g，在橡胶树生长基本稳定时，即施肥后的第 6 个月测定的氮 $^{15}$N 示踪肥料表观利用率平均为 21.23%，土壤残留率为 12.59%，其他损失及不确定因素途径占 66.03%，这与文献有相近的结论。试验还发现，随着施肥时间的延长，0～60 cm 土层残留肥料氮的量逐渐降低，土壤中的 $^{15}$N 丰度也逐月降低，橡胶物候期结束前后，土壤残留的 $^{15}$N 丰度有小幅的增加。这可能与根系枯落物释放 $^{15}$N 有关，具体的原因还需要开展更细致的研究。

# 第三篇

橡胶林养分循环与
决策施肥应用研究

# 第十一章　橡胶林养分循环数学模型
与动态模拟模型

天然橡胶林是热带地区最典型的森林类型之一，养分元素的循环与平衡直接影响着橡胶树生产力的高低和生态系统的稳定。因此，深入研究和分析橡胶人工林养分循环规律并建立橡胶林精准施肥系统，对于指导合理施肥、维持橡胶人工林生态系统健康稳定和提高生产力具有重要意义。针对目前橡胶林施肥管理中营养诊断方法过时，不能满足现行割胶制度和胶树实际生理需求，造成胶园地力退化严重、土壤酸化趋势加剧、生理疲劳、死皮加剧以及天然橡胶生产缺乏持续增产动力等突出问题，研究认为开展橡胶林养分循环动态模拟与应用研究是解决此问题重要而有效的新手段之一。通过前期橡胶林生态系统养分循环研究结果与深入分析，已进一步揭示出橡胶树养分正常生理需求临界指标和内部物质循环利用机制。本研究在此基础上，采用生理生态学、数学模型和计算机模拟相结合的方法，建立生物量数学模型、养分含量模型、养分循环分室模型、生产施肥量估算等数学模型，为后期开发橡胶树精准施肥计算机诊断系统及指导科学生产、合理施肥提供理论依据和技术支撑。

## 第一节　橡胶树生物量与养分含量数学模型

### 一、橡胶树生物量增量数学模型

#### （一）PR107 橡胶树生物量增量模型

利用测定的 PR107 橡胶树各月生物量增量，建立相关的数学模型。

将 PR107 单株各月生物增量 $y$（kg）及树龄 $x_1$（年）、月龄 $x_2$（当年月份）数据，建立数学模型：$y = 1.895\ 16 + 0.020\ 37x_1 + 0.058\ 62x_2$（$F = 4.03$，$P < 0.000\ 1$），二元回归分析达极显著。其中，模型系数的显著性测验结果见表 11-1。

表 11-1  PR107 橡胶树生物量增量模型显著性检验

| 变量-截距 | 自由度 | 参数估计 | 标准差 | t 值 | P 值 |
|---|---|---|---|---|---|
| R | 1 | 1.895 16 | 0.267 89 | 7.07 | <0.000 1 |
| $x_1$ | 1 | 0.020 37 | 0.010 44 | 1.95 | 0.050 2 |
| $x_2$ | 1 | 0.058 62 | 0.028 39 | 2.06 | 0.040 1 |

该数学模型及各变量系数回归分析已达显著水平，表明该模型可用来估测 PR107 各月生物量增量。

### （二）RRIM600 橡胶树生物量增量模型

将 RRIM600 橡胶树单株各月生物量增量 $y$（kg）及树龄 $x_1$（年）、月龄 $x_2$（当年月份）数据，建立数学模型：$y = 5.428\,10 - 0.105\,88x_1 + 0.115\,12x_2$（$F = 14.66$，$P < 0.000\,1$），二元回归分析达极显著。其中，模型系数的显著性测验结果见表 11-2。

表 11-2  RRIM600 橡胶树生物量增量模型显著性检验

| 变量-截距 | 自由度 | 参数估计 | 标准差 | t 值 | P 值 |
|---|---|---|---|---|---|
| R | 1 | 5.428 10 | 0.662 92 | 8.19 | <0.000 1 |
| $x_1$ | 1 | −0.105 88 | 0.021 54 | −4.92 | <0.000 1 |
| $x_2$ | 1 | 0.115 12 | 0.050 73 | 2.27 | 0.025 3 |

该数学模型及各变量系数回归分析已达显著水平，表明该模型可用来估测 RRIM600 各月生物量增量。

### （三）热研 7-33-97 橡胶树生物量增量模型

将热研 7-33-97 橡胶树单株各月生物量增量 $y$（kg）及树龄 $x_1$（年）、月龄 $x_2$（当年月份）数据，建立数学模型：$y = 8.848\,94 + 0.396\,86x_1 - 0.410\,72x_2$（$F = 3.29$，$P = 0.043\,1 < 0.05$），二元回归分析达显著水平。其中，模型系数的显著性测验结果见表 11-3。

表 11-3  热研 7-33-97 橡胶树生物量增量模型显著性检验

| 变量-截距 | 自由度 | 参数估计 | 标准差 | t 值 | P 值 |
|---|---|---|---|---|---|
| R | 1 | 8.848 94 | 5.304 0 | 3.29 | 0.043 1 |
| $x_1$ | 1 | 0.396 86 | 0.298 02 | 2.33 | 0.020 6 |
| $x_2$ | 1 | −0.410 72 | 0.459 55 | −1.89 | 0.048 8 |

## 二、橡胶叶片与全树平均养分含量相关性数学模型

为了确定生产上橡胶树养分诊断施肥，利用测定的无性系 PR107、RRIM600 和热研 7 - 33 - 97 橡胶树各月养分含量，建立叶片养分含量与全树平均养分含量之间的数学模型。

### （一）PR107 橡胶树叶片与全树养分含量相关性模型

将 PR107 橡胶树各月树体平均 N、P、K、Ca、Mg 含量 $y$（％）和叶片 N、P、K、Ca、Mg 含量 $x$（％）数据，建立数学模型：

(1) $y_N = (0.639\,35 + 0.188\,43x_N)/100[F = 192.41, P > |t| = 0.000\,1]$；

(2) $y_P = (0.093\,36 + 0.178\,66x_P)/100[F = 39.84, P > |t| = 0.000\,1]$；

(3) $y_K = (0.566\,59 + 0.233\,66x_K)/100[F = 327.33, P > |t| = 0.000\,1]$；

(4) $y_{Ca} = (0.698\,71 + 0.573\,95x_{Ca})/100[F = 195.04, P > |t| = 0.000\,1]$；

(5) $y_{Mg} = (0.077\,84 + 0.343\,30x_{Mg})/100[F = 87.29, P > |t| = 0.000\,1]$。

各模型相关性达极显著。其中，各模型系数的显著性测验结果见表 11 - 4。

**表 11 - 4　PR107 橡胶树叶片与全树养分含量相关性模型显著性检验**

| 元素 | 变量-截距 | 自由度 | 参数估计 | 标准差 | t 值 | P 值 |
|---|---|---|---|---|---|---|
| N | R | 1 | 0.639 35 | 0.048 16 | 13.28 | <0.000 1 |
| | $x$ | 1 | 0.188 43 | 0.013 58 | 13.87 | <0.000 1 |
| P | R | 1 | 0.093 36 | 0.006 27 | 14.89 | <0.000 1 |
| | $x$ | 1 | 0.178 66 | 0.028 31 | 6.31 | <0.000 1 |
| K | R | 1 | 0.566 59 | 0.017 38 | 32.60 | <0.000 1 |
| | $x$ | 1 | 0.233 66 | 0.012 92 | 18.09 | <0.000 1 |
| Ca | R | 1 | 0.698 71 | 0.059 50 | 11.74 | <0.000 1 |
| | $x$ | 1 | 0.573 95 | 0.041 10 | 13.97 | <0.000 1 |
| Mg | R | 1 | 0.077 84 | 0.011 52 | 6.76 | <0.000 1 |
| | $x$ | 1 | 0.343 30 | 0.036 75 | 9.34 | <0.000 1 |

该数学模型及各变量系数回归分析已极达显著水平，表明可通过 PR107 叶片养分含量来计算全树平均养分含量。

### （二）RRIM600 橡胶树叶片与全树养分含量相关性模型

将 RRIM600 橡胶树各月树体平均 N、P、K、Ca、Mg 含量 $y$（％）和叶片 N、P、K、Ca、Mg 含量 $x$（％）数据，建立如下数学模型：

(1) $y_N = (0.417\,88 + 0.211\,27x_N)/100[F = 117.13,$

$$P(Pr > F) = 0.000\ 1];$$

(2) $y_P = (0.046\ 42 + 0.313\ 92x_P)/100[F = 96.80,$

$$P(Pr > F) = 0.000\ 1];$$

(3) $y_K = (0.361\ 01 + 0.363\ 52x_K)/100[F = 241.22,$

$$P(Pr > F) = 0.000\ 1];$$

(4) $y_{Ca} = (0.647\ 84 + 0.459\ 79x_{Ca})/100[F = 142.69,$

$$P(Pr > F) = 0.000\ 1];$$

(5) $y_{Mg} = (0.064\ 807 + 0.508\ 70x_{Mg})/100[F = 239.72,$

$$P(Pr > F) = 0.000\ 1]。$$

各模型相关性达极显著。其中，各模型系数的显著性测验结果见表 11-5。

表 11-5　RRIM600 橡胶树叶片与全树养分含量相关性模型显著性检验

| 元素 | 变量-截距 | | 自由度 | 参数估计 | 标准差 | t 值 | P 值 |
|------|-----------|---|--------|----------|--------|------|------|
| N | R | | 1 | 0.417 88 | 0.007 89 | 5.88 | <0.000 1 |
| | $x$ | | 1 | 0.211 27 | 0.019 52 | 10.82 | <0.000 1 |
| P | R | | 1 | 0.046 42 | 0.007 89 | 5.88 | <0.000 1 |
| | $x$ | | 1 | 0.313 92 | 0.031 91 | 9.84 | <0.000 1 |
| K | R | | 1 | 0.361 01 | 0.037 80 | 9.55 | <0.000 1 |
| | $x$ | | 1 | 0.363 52 | 0.023 41 | 15.53 | <0.000 1 |
| Ca | R | | 1 | 0.647 84 | 0.040 17 | 16.13 | <0.000 1 |
| | $x$ | | 1 | 0.459 79 | 0.038 49 | 11.95 | <0.000 1 |
| Mg | R | | 1 | 0.064 80 | 0.012 38 | 0.563 | 0.009 5 |
| | $x$ | | 1 | 0.508 70 | 0.032 86 | 15.48 | <0.000 1 |

该数学模型及各变量系数回归分析已极达显著水平，表明可通过 RRIM600 叶片养分含量来计算其全树平均养分含量。

**（三）热研 7-33-97 橡胶树叶片与全树养分含量相关性模型**

将热研 7-33-97 橡胶树各月树体平均 N、P、K 含量 $y$（%）和叶片 N、P、K 含量 $x$（%）数据，建立数学模型：

(1) $y_N = (0.455\ 48 + 0.261\ 23x_N)/100[F = 66.37, P(Pr > F) > |t| = 0.000\ 1];$

(2) $y_P = (0.104\ 15 + 0.124\ 06x_P)/100[F = 4.83, P(Pr > F) > |t| = 0.045\ 2];$

(3) $y_K = (0.359\,52 + 0.394\,83x_K)/100[F = 6.71, P(Pr > F) > |t| = 0.021\,4]$。

各模型相关性达极显著。其中，各模型系数的显著性测验结果见表 11 - 6。

表 11 - 6　热研 7 - 33 - 97 橡胶树叶片与全树养分含量相关性模型显著性检验

| 元素 | 变量-截距 | 自由度 | 参数估计 | 标准差 | t 值 | P 值 |
|------|-----------|--------|----------|--------|------|------|
| N | R | 1 | 0.455 48 | 0.130 36 | 3.49 | 0.003 6 |
|   | $x$ | 1 | 0.261 23 | 0.032 07 | 8.15 | <0.000 1 |
| P | R | 1 | 0.104 15 | 0.198 41 | 8.12 | <0.000 1 |
|   | $x$ | 1 | 0.394 83 | 0.152 45 | 2.20 | 0.045 2 |
| K | R | 1 | 0.359 52 | 0.198 41 | 2.81 | 0.039 1 |
|   | $x$ | 1 | 0.394 83 | 0.152 45 | 2.59 | 0.021 4 |

# 第二节　橡胶林养分循环动态模拟模型

## 一、橡胶林养分循环流程

橡胶林生态系统养分循环主要发生在土壤库、生物库（主要指树体）以及枯落物库之间，养分贮存则主要分为土壤层、胶树体和枯落物层三大分室。各分室之间的养分流通过程包括：一是胶树从土壤中吸收养分，以满足自身生长与产胶需求；二是胶树在存留部分养分用于自身生长的同时，还会通过枯落物、树体淋洗等途径将部分养分归还到土壤中；三是林下枯落物与死根通过分解、迁移、释放，将养分重新输送到土壤中，实现系统养分的再循环；四是向系统内输入养分，其主要包括人工施肥、灌溉以及生物固氮等过程；五是系统养分的输出，其主要包括割胶、采集果实（种子）、氮挥发、地表径流、淋溶等途径。

## 二、分室建模原理

分室是生态系统的基本功能单位。在森林生态系统养分循环研究中，多数学者都采用分室建模的方法，对森林生态系统的养分动态变化进行模拟和预测，并应用其指导林分生产。本研究根据系统动力学原理，将生态系统的构成要素划分为几个分室，并对这些分室进行暗箱处理，在此处理下，且暂不研究暗箱的具体内容和机理，而只关注箱与箱之间的输入输出关系。

设系统中各分室为 $x_i$，表示各分室中的养分库量，系统中各分室的养分动态可表述为 $\dfrac{\mathrm{d}x_i}{\mathrm{d}t} = F - F'$，$(i=1,2,\cdots,n)$，流入途径 $F$ 包括外界输入 $U_{0i}$ 和系统其他分室获得 $f_{ji}$，流出途径 $F'$ 包括外界输出 $f_{i0}$ 和转移到系统其他分室 $f_{ij}$，其表达式如下：

（1）分室输入模型：

$$F = U_{0i} + \sum_{\substack{j=1 \\ i\neq j}}^{n} f_{ji},(i=1,2,\cdots,n;j=1,2,\cdots,n) \qquad \text{式 } 11-1$$

（2）分室输出模型：

$$F' = f_{i0} + \sum_{\substack{j=1 \\ i\neq j}}^{n} f_{ij},(i=1,2,\cdots,n;j=1,2,\cdots,n) \qquad \text{式 } 11-2$$

上述两个模型可综合为总模型（即微分方程）：

$$\frac{\mathrm{d}x_i}{\mathrm{d}t} = (U_{0i} + \sum_{\substack{j=1 \\ i\neq j}}^{n} f_{ji}) - (f_{i0} + \sum_{\substack{j=1 \\ i\neq j}}^{n} f_{ij}),(i=1,2,\cdots,n;j=1,2,\cdots,n)$$

$$\text{式 } 11-3$$

（3）流通率：

表示物质在单位时间内从一个分室向另一个分室转移的流通速率（$a_{ij}$），即：

$$a_{ij} = 通量 f_{ij} / 分室中养分现存量 x_i \qquad \text{式 } 11-4$$

（4）流通量：

各分室养分通量模型为：假定养分流通量 $f$ 与源物质数量 $x$ 成正比，$a_{ij}$ 定义为周转率，表示物质从 $i$ 分室到 $j$ 分室的流通性。即：

$$f_{ij} = a_{ij}x_i \qquad \text{式 } 11-5$$
$$f_{ji} = a_{ji}x_j \qquad \text{式 } 11-6$$

## 三、橡胶林养分循环分室模型

基于前面章节中橡胶林生态系统养分循环规律，结合本节中胶园养分循环流程和分室建模原理，构建橡胶林养分循环分室模型（图 11-1 和图 11-2）。其中 $x_1$、$x_2$、$x_3$ 分别表示土壤分室、胶树分室、枯落物分室；$f_{12}$、$f_{10}$、$f_{20}$、$f_{21}$、$f_{23}$、$f_{31}$ 分别代表植物吸收、地表径流、割胶移出、树干茎流、枯落物归还、枯落物分解等养分流通量；$U_{01}$、$U'_{01}$ 分别为降雨输入、人工施肥。

橡胶林生态系统中三个分室的养分动态模型分别为：

$$\mathrm{d}x_1/\mathrm{d}t = U_{01} + U'_{01} + a_{31}x_3 + a_{21}x_2 - a_{12}x_1 - f_{10} \qquad \text{式 } 11-7$$

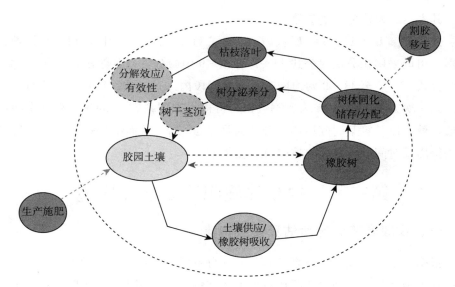

图 11-1　橡胶树养分生物化学循环示意

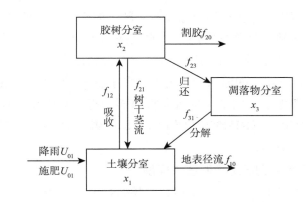

图 11-2　橡胶林生态系统养分循环分室模型

$$\mathrm{d}x_2/\mathrm{d}t = a_{12}x_1 - a_{21}x_2 - a_{23}x_2 - f_{20} \qquad 式 11-8$$

$$\mathrm{d}x_3/\mathrm{d}t = a_{23}x_2 - a_{31}x_3 \qquad 式 11-9$$

　　根据以上模型，只要给定分室初态值（现存量）和外界输入量，就可以通过方程求解或模拟软件计算出系统任何时刻分室中的养分通量。

## 四、橡胶园土壤养分亏损模型

　　由以上微分模型，得出胶园土壤养分亏损量计算模型：

$$U_{02} = f_{21} + f_{31} + U_{01} + U'_{01} - f_{12} - f_{10} + \Delta U \qquad 式 11-10$$

其中 $\Delta U$ 为系统调整参数。

公式 11-1 至 11-6 中 $U_{01}$、$f_{10}$，公式 11-7 至 11-9 中 $x_i$ 可由采样数据获得。可以采用积分法对公式 11-7 至 11-9 中微分方程系数 $a_{ij}$ 的求解，即分别对公式 11-7 至 11-9 两边同时在某时间段内（月、季、年）进行积分，得到三元一次方程。由于 $x_i$ 为实测数据，可得出方程系数 $a_{ij}$ 的解。根据求得的 $a_{ij}$ 值，就可以计算某时间段内养分总通量 $f_{ij}$ 或 $f_{ji}$，从而由公式 11-10，即差减法得出某时间段内胶园土壤养分亏损值 $U_{02}$。

# 第三节　橡胶林施肥诊断估算模型

## 一、橡胶园施肥诊断估算模型构建

根据本章中橡胶林生态系统养分循环分室模型，得出橡胶园养分平衡关系为：人工施肥量加上枯落物归还量加上水文输入量，等于橡胶树吸收量加上水文输出量。即，人工施肥量＝胶树吸收量＋水文输出量－水文输入量－枯落物归还量。由此，可以进一步推导出橡胶树对肥料的需求量 $y$ 的计算公式：$y=$ 树体养分需求量－枯落物养分归还量－水文净输入量，这个公式也可以表示为：$y=$ 树体平均养分含量×生物增量×（1－养分归还率）÷肥料中有效养分含量÷养分的有效性－水文净输入量。由于水文净输入量中养分量相对较小，本模型估算中暂不考虑这一因素。本研究将前面所得的数学模型代入该计算公式，分别得到 PR107、RRIM600 和热研 7-33-97 橡胶树在某时间段内不同肥料的施肥量估算模型。

### （一）PR107 橡胶树施肥诊断估算模型

(1) $y_N = [(0.639\,35 + 0.188\,43x_N)/100 \times (1.895\,16 + 0.020\,37x_1 + 0.058\,62x_2) \times 0.44 - 0.023] \div$ 肥料有效 N 含量 $\div 0.34$

(2) $y_P = (0.093\,36 + 0.178\,66x_P)/100 \times (1.895\,16 + 0.020\,37x_1 + 0.058\,62x_2) \times 0.45 \div$ 肥料有效 $P_2O_5$ 含量 $\div 0.175$

(3) $y_K = (0.566\,59 + 0.233\,66x_K)/100 \times (1.895\,16 + 0.020\,37x_1 + 0.058\,62x_2) \times 0.43 \div$ 肥料有效 $K_2O$ 含量 $\div 0.50$

(4) $y_{Ca} = (0.698\,71 + 0.573\,95x_{Ca})/100 \times (1.895\,16 + 0.020\,37x_1 + 0.058\,62x_2) \times 0.37 \div$ 肥料有效 CaO 含量 $\div 0.15$

(5) $y_{Mg} = (0.077\,84 + 0.343\,30x_{Mg})/100 \times (1.895\,16 + 0.020\,37x_1 + 0.058\,62x_2) \times 0.34 \div$ 肥料有效 MgO 含量 $\div 0.50$

### （二）RRIM600 橡胶树施肥诊断估算模型

(1) $y_N = [(0.417\,88 + 0.211\,27x_N)/100 \times (5.428\,10 - 0.105\,88x_1 + 0.115\,12x_2) \times 0.44 - 0.023] \div$ 肥料有效 N 含量 $\div 0.34$

(2) $y_P = (0.046\,42 + 0.313\,92x_P)/100 \times (5.428\,10 - 0.105\,88x_1 + 0.115\,12x_2) \times 0.45 \div$ 肥料有效 $P_2O_5$ 含量 $\div 0.175$

(3) $y_K = (0.361\,01 + 0.363\,52x_K)/100 \times (5.428\,10 - 0.105\,88x_1 + 0.115\,12x_2) \times 0.43 \div$ 肥料有效 $K_2O$ 含量 $\div 0.50$

(4) $y_{Ca} = (0.647\,84 + 0.459\,79x_{Ca})/100 \times (5.428\,10 - 0.105\,88x_1 + 0.115\,12x_2) \times 0.37 \div$ 肥料有效 CaO 含量 $\div 0.15$

(5) $y_{Mg} = (0.064\,807 + 0.508\,70x_{Mg})/100 \times (5.428\,10 - 0.105\,88x_1 + 0.115\,12x_2) \times 0.34 \div$ 肥料有效 MgO 含量 $\div 0.50$

### （三）热研 7‑33‑97 橡胶树施肥诊断估算模型

(1) $y_N = [(0.455\,48 + 0.261\,23x_N)/100 \times (8.848\,94 + 0.396\,86x_1 - 0.410\,72x_2) \times 0.44 - 0.023] \div$ 肥料有效 N 含量 $\div 0.34$

(2) $y_P = (0.104\,15 + 0.124\,06x_P)/100 \times (8.848\,94 + 0.396\,86x_1 - 0.410\,72x_2) \times 0.45 \div$ 肥料有效 $P_2O_5$ 含量 $\div 0.175$

(3) $y_K = (0.359\,52 + 0.394\,83x_K)/100 \times (8.848\,94 + 0.396\,86x_1 - 0.410\,72x_2) \times 0.43 \div$ 肥料有效 $K_2O$ 含量 $\div 0.50$

其中，$y$ 为单株橡胶树对养分需求的补充量（kg）；$x$ 为橡胶叶片养分含量（%）；$x_1$ 为树龄（年）；$x_2$ 为月份（当年月份）；0.34、0.175、0.50、0.15、0.50 分别为氮、磷、钾、钙、镁肥在热带地区的平均利用效率。

## 二、橡胶园施肥诊断估算模型验证

### （一）选取初始值

以现有各年龄段橡胶树分室、枯落物分室、土壤分室以及水文养分实测数据值为初始值，换算出不同年龄段橡胶树某月的理论施肥量。通过公式（11‑10）中系统调整因子 $\Delta U$（该因子会根据特殊气候、环境、病虫害等因素进行调节），来提高施肥的准确度。

### （二）建立模型

根据各年龄段橡胶树的理论施肥量以及对应产胶量，运用 SAS 软件分析了月份、年龄与施肥量之间的相关性，同时也探讨了施肥量与产胶量之间的相关性，并据此得出相应的回归方程。

## （三）模型检验与修正

利用剩余标准差（S）、相关系数（R）和方差比（F）来检验月份、橡胶树各年龄段与施肥量，产胶量与施肥量之间回归关系的显著性和拟合精度。同时，使用相对误差估计值（E），即回归估计标准差的反对数，来检验所建模型的相对精度。

## （四）模型预测

通过已建立的数学模型进行预测，利用计算橡胶树各年龄段未来某月的理论施肥量以及相应的产胶量，并将这些预测值实测数据进行对比，分析误差，以验证模型准确性。如果误差较大，将对模型的参数作进一步调整，直到模型得出的理论值与实际值之间的误差在系统允许的范围内。再次验证过的模型，将被用于研究不同年龄段、不同月份的橡胶树对肥料的需求量，以及生产上的施肥量。

# 本 章 小 结

作物生长动态模拟是通过适当的数学模型来定量描述各个子系统随时间和生态环境改变而变化的状态，它还能预测作物生长发育的未来过程，并为优化管理提供决策建议。在人工林养分循环动态模拟方面，以往的研究运用了不同的方法来探究养分循环的通量特征，并建立了多种模型，包括养分循环的分室模型、生理化学模型、生物量模型、生态模型、施肥模型、林木养分管理模型、森林管理评估模型和智能施肥决策系统等。

近年来，随着科技的不断发展，以计算机为载体的养分管理模型和智能施肥决策系统的研究日益完善。国内学者针对其他农林作物的养分循环模型研究也取得了较多成果。例如，沈国舫对油松人工林养分循环中林分各器官营养元素含量的静态分布、动态特征、生物循环等进行了较深入研究；闫文德利用分室法建立了杉木生物地球化学循环的数学模型，并对15%和30%两种间伐强度对养分贮存量的影响进行了模拟分析；陈长青对中国红壤坡地不同林地中的氮、磷、钾养分动态循环进行了系统分析，建立了养分循环的分室模型并在生产中得以应用；刘增文建立了黄土残塬沟壑区刺槐人工林生态系统养分循环与动态模拟模型，并对各分室养分贮量进行了动态预测，为生态系统养分盈亏的数量化衡量奠定了理论模型基础；闫文德还建立了速生阶段第二代杉木人工林生态系统养分循环的动态模型；陈辉则应用系统分析中的分室研究方法，建立了各分室之间关系的动态模型，实现了系统模拟。以上这些研究结果对于橡胶林生态系统养分循环的动态模拟具有良好的参考作用。然而，由于各树种及生长地域间存在差异，各模型也不尽相同，各有特色。

本研究从橡胶树生理生态角度以及系统动力学原理出发，对不同品系、不同年龄段橡胶林生态系统的生物循环和地球化学循环进行了初步研究，其揭示了橡胶树养分的正常生理需求临界指标和内部物质循环利用机制，为建立新割制下的胶园营养诊断方法和标准提供了理论依据。同时，综合树龄、季节、土壤等因素，计算并分析了各层次（包括胶树、土壤、枯落物等）养分元素的现存量、积累量、流通量以及循环特征等参数，借助橡胶养分分室模型和施肥估算模型，最终研发出一套橡胶树营养诊断精准施肥系统。该系统的研发旨在指导橡胶树生产实践中的科学、合理、按时、按需施肥，调节和改善胶园微生态环境，提高胶树养分利用效率，降低生产成本，进而为调控养分和平衡施肥提供理论支持。

# 第十二章　基于养分循环的橡胶林
# 精准施肥决策系统构建

本系统主要通过构建橡胶林生态系统养分循环动态模拟系统，实现对橡胶树的营养诊断，对橡胶树产量进行预测，并进而制订出橡胶树精准配方施肥的合理方案。本系统平台由一个数据中心和三个子系统组成，分别是"橡胶树营养诊断及产量预测与智能配方施肥信息化平台-数据中心""橡胶树营养诊断子系统""橡胶树产量预测子系统"和"橡胶树精准配方施肥子系统"。

## 第一节　系统的总体结构

系统的总体结构，包括 4 层：数据采集层、存储层、分析层和应用层，具体见图 12-1。

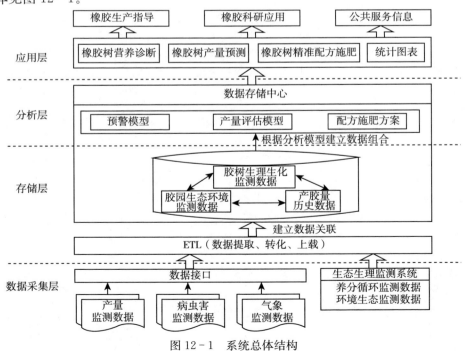

图 12-1　系统总体结构

数据采集层：在实验计划制订并下达任务后，进行实验以测定对橡胶养分循环的相关数据，并同时收集橡胶产量、病虫害和气象等监测数据。

存储层：利用 ETL（Extraction - Transformation - Loading，即数据提取、转换和上载）技术，对原始实验数据进行抽取、清洗、转换、装载，将其转化为元数据并存储在计算机系统中。

分析层：将元数据进行深入分析，建立数学关联模型，根据分析模型组合数据以得到预警模型、产量估测模型和配方施肥方案等。

应用层：从数据存储中心可以获得橡胶树营养诊断结果、橡胶树产量预测、橡胶树精准配方施肥建议以及各种统计图表，这些信息和建议都可以指导橡胶生产实践，为橡胶科研应用和公共服务提供有力支持。

# 第二节　橡胶林生态系统养分循环实验平台

橡胶林生态系统养分循环实验平台包括五大综合模块：实验计划制订、实验过程管理、实验数据审核、历史实验数据管理、实验数据分析。

## 一、实验平台界面

图 12 - 2 中，实验平台主界面包含了整个实验过程要完成的基本信息，如实验方法、实验材料的样本、实验仪器与实验设备、实验步骤、误差分析、实验结论、结果讨论和实验评价等内容。图 12 - 3 中，实验计划模块则包括实验目录、实验名称、实验负责人、实验题目等信息。

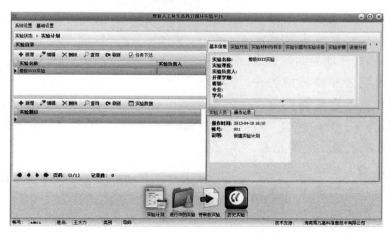

图 12 - 2　实验平台主界面

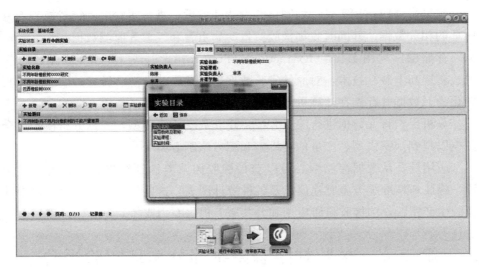

图 12-3　实验计划模块

## 二、实验数据管理

实验数据管理是在定义实验数据的属性后，将实验数据导入系统，并对数据进行管理的过程。

实验数据属性定义的方法：在实验数据界面（图12-4）单击"数据属性"按钮，即可出现实验数据属性定义界面（图12-5）。在此界面，选定实验需要记录和测试的各种数据指标。本实验需要定义的指标有：月份、割制、月均温、月降水量、观测元素、器官、树龄、片区、胶乳产量、土层、土壤养分、观测值等。

将实验数据导入系统的

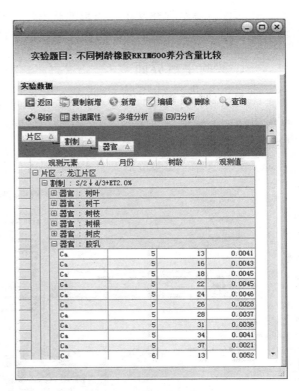

图 12-4　实验数据界面

方法主要包括两种：一是使用办公软件 EXCEL 表格从后台导入系统，二是数据的直接录入。使用 EXCEL 表格导入法，可以一次性导入大批量数据，操作方便、快捷，但录入工作需要专业人员的协助。如图 12-6 所示，数据直接录入法可以通过单击"新增"按钮和"复制新增"按钮将数据输入系统。进行数据直接录入时，需要选择或填写各项定义属性指标的具体名称或数值。当选择实验数据的属性指标包括月份、割制、观测元素、器官、树龄、片区和观测值时，数据录入时就需要选择或者填写割制、观测元素、器官、片区的具体名称，以及月份、树龄、观测值的具体数值。错误数据，可以单击"编辑"或"删除"按钮进行修改。

图 12-5　实验数据属性定义界面

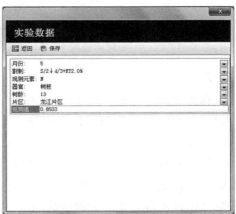

图 12-6　直接录入数据界面

### 三、多维分析

多维分析是为了深入了解数据中的信息，采用上卷、下钻、切片、切块和转轴等方法，从多角度、多侧面、多层次地对数据库中的数据进行分析。多维分析系统能够根据用户常用的分析角度，对数据库中的资料进行快速的多角度查询和多维分析处理。查询和分析结果以简单直观的折线图、条形图、饼状图、面积图等形式展示给用户。

多维分析表由"维度"（影响因素）和"指标"（衡量因素）组成。在图 12-7 中展示了橡胶 RRIM600 养分循环动态模拟研究实验的多维空间，该空间包括橡胶种植片区、橡胶树割制、橡胶树树龄、观测月份、观测器官、观测元素、观测土壤养分和观测土层 8 个维度。该实验的观测指标包括观测值和

图 12-7 不同树龄橡胶 RRIM600 养分循环动态模拟研究实验的多维空间

胶乳产量。

在实验数据界面（图 12-4）单击"多维分析"按钮即可进入多维分析的界面（图 12-8）。通过鼠标将实验观测指标拖至"Drop Data Fields Here"图标，观测维度拖至"Drop Column Fields Here"图标或"Drop Row Fields Here"图标即可进行多维分析。选择多维分析观测维度和观测指标后，还可以通过下拉键对各观测维度中的选项进行选择，在没有特定选择的情况下，系统默认选择各观测维度中的所有选项。图 12-9 展示了不同树龄橡胶树养分含

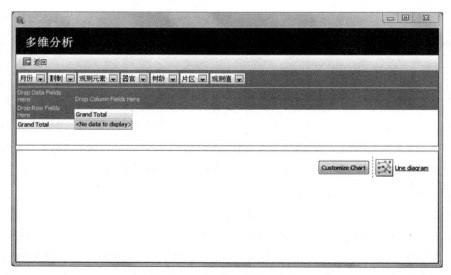

图 12-8 多维分析界面

量比较研究实验多维分析的结果。具体操作是将观测指标（观测值）拖至"Drop Data Fields Here"图标，将观测维度（观测元素、树龄）拖至"Drop Column Fields Here"图标，将观测维度（器官、月份）拖至"Drop Row Fields Here"图标，并且选择观测元素 Ca 和观测器官树叶，月份和树龄没有选择，系统默认选择所有月份和所有树龄。多维分析的结果包括一个数据表格和根据数据表制作的一个图形，用户可以通过点击"Customize Chart"按钮来选择图形显示的数据系列（图 12-10），并通过单击"Line diagram"按钮来选择图形的类型（图 12-11）。

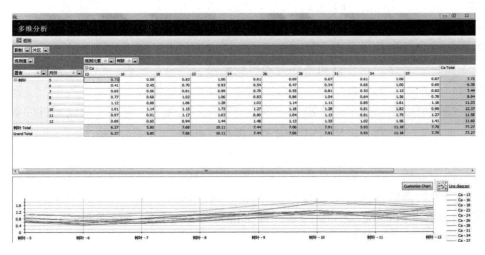

图 12-9　多维分析结果界面

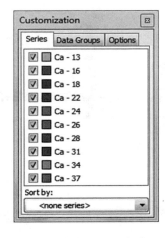

图 12-10　图形数据系列选择界面

图 12-11　图形类型选择界面

### 四、回归分析

回归分析（Regression Analysis）是确定两个或多个变量之间是否存在某种定量关系的一种统计分析方法。

本系统在进行回归分析之前需要设定回归分析条件并选择相应的参数。如果不进行这些设定，系统将默认对所有数据进行分析。考虑到不同树龄橡胶林养分循环动态模拟比较研究实验的各子实验涉及的数据范围比较广，如果对子实验中的所有数据直接进行回归分析，其结果有效性可能会较低，且意义不大。因此，建议在进行回归分析之前，先设定回归分析条件并选择适当的参数。

设定回归分析条件：单击实验数据界面（图 12-4）的"查询"按钮，即可进入回归分析条件的设定界面（图 12-12）。在此界面，可以通过填写或选择逻辑符、名称、运算符和条件等内容找到符合条件的数据。单击"新增"按钮可以增加设定的条件个数，单击"删除"按钮可以删掉一个条件，单击"回收"按钮可以删除整个条件组合，单击"保存"按钮可以保存之前设定过的条件，而单击"打开"按钮可以调用之前保存过的条件。

选择回归分析参数：设定回归分析条件之后，还需选择回归分析参数才能进行回归分析。在实验数据界面（图 12-4）单击"回归分析"按钮，就会出现回归分析参数选择界面（图 12-13）。在此界面，选择自变量和因变量后即可进行回归分析。需要注意的是，自变量和因变量只能选择观测值、胶乳产量、树龄和月份等数据参数。

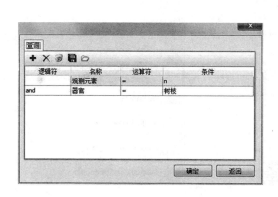

图 12-12　回归分析条件设定界面　　　图 12-13　回归分析参数选择界面

设定回归分析条件和选择回归分析参数后，可以得到回归分析的结果。这些结果通常包括曲线图、回归分析方程和剩余分析三部分。其中，回归分析的重点就是获得回归分析方程。回归分析方程不仅包含回归分析方程式，还涵盖了回归分析显著性检验的各项指标。回归分析方程式是建立模型的核心部分，而回归分析显著性检验的各项指标则是对回归分析方程有效性的重要说明。

图 12 - 14 展示了不同树龄橡胶树养分含量比较研究实验的回归分析结果，在该实验中，设定的回归分析条件是观测元素氮、器官树枝，而选择的回归分析参数则是因变量观测值、自变量月份和树龄。

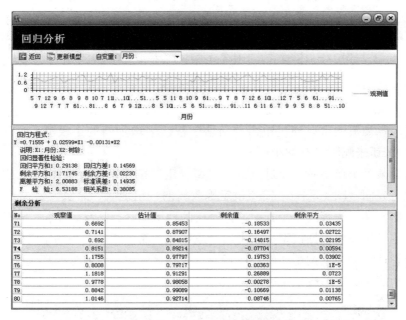

图 12 - 14　回归分析结果界面

# 第三节　橡胶林养分循环综合模型管理系统

橡胶林养分循环综合模型管理平台（图 12 - 15）的主要功能是建立并管理相关模型。该平台通过研究橡胶树在不同地域、品系、自然环境等因素下的生长量、茎围生长量、养分含量、养分现存量、胶乳产量等的变化，以及它们之间的相互关系，建立了橡胶生长模型、养分模型和产量模型。通过对这些模型的研究分析及信息化处理，初步建立多级模型管理平台。随着实验数据的不断积累，将对模型进行持续修正，以提高模型精度。

图 12-15　橡胶人工林养分循环综合模型管理平台界面

　　建立模型之前，首先需要通过模型设定来定义模型。模型设定在系统设置的模型目录（图 12-16）中进行，可以设定生长模型、养分模型和施肥模型这三类。各类模型可以通过单击"新增"按钮来增加新的小模型，通过单击"删除"按钮来删除已有的小模型。

　　选择某个小模型后，通过点击"模型设定"按钮来进行具体的设定模型。模型设定界面（图 12-17）需要设定橡胶树的种植地区、品系、公式、说明、单位、器官和元素等内容。其中，橡胶树的种植地区、品系、单位、器官和元素等的定义只需要根据模型需求来选择或填写，而公式和说明的定义则需要通过模型管理中的模型调整功能，或者通过橡胶林生态系统养分循环实验平台回归分析功能中的更新模型来完成。

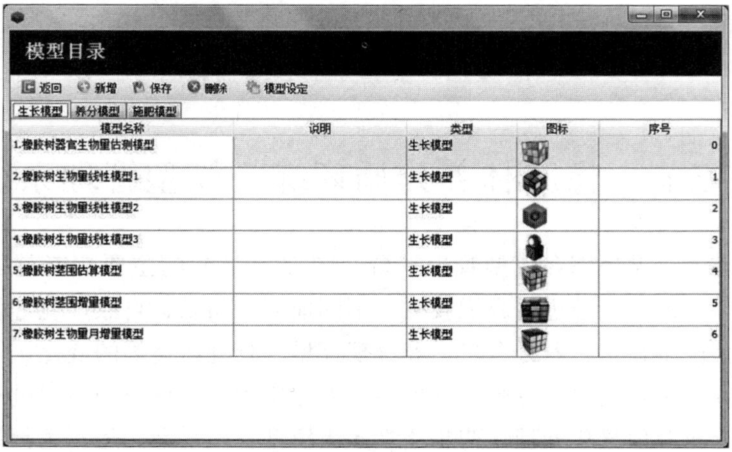

## 模型目录

🔙 返回　　📝 新增　　📋 保存　　❌ 删除　　📋 模型设定

**生长模型**　养分模型　施肥模型

| 模型名称 | 说明 | 类型 | 图标 | 序号 |
|---|---|---|---|---|
| 1.橡胶树器官生物量估测模型 | | 生长模型 | | 0 |
| 2.橡胶树生物量线性模型1 | | 生长模型 | | 1 |
| 3.橡胶树生物量线性模型2 | | 生长模型 | | 2 |
| 4.橡胶树生物量线性模型3 | | 生长模型 | | 3 |
| 5.橡胶树茎围估算模型 | | 生长模型 | | 4 |
| 6.橡胶树茎围增量模型 | | 生长模型 | | 5 |
| 7.橡胶树生物量月增量模型 | | 生长模型 | | 6 |

图 12-16　模型目录界面

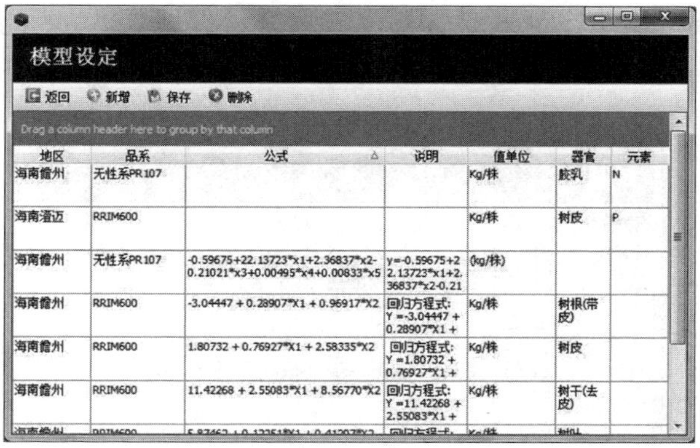

图 12 - 17　模型设定界面

　　在模型管理界面中，通过单击"模型调整"按钮来进行模型设定的定义，包括公式和说明的填写。方程定义部分需要填写方程、值单位和说明等内容，而变量设置则需要说明各变量的名称以及变量的变动范围，只有方程定义中包含了完整的方程、值单位以及定义方程所需的所有变量，模型才具有实际意义并可以使用。

　　图 12 - 18 模型管理界面是橡胶树养分含量模型的界面。如果选择"器官"为"树枝"，并且不选择特定元素时，填写变量的数值后，系统可以预测树枝氮、磷、钾、钙、镁的含量。如果选择"元素"为"氮"，并且不选择特定器官，填写变量的数值后，系统可以预测树叶、树枝、树根、树皮、树干、胶乳中的氮元素含量。如果选择"器官"为"树枝"，且选择"元素"为"氮"，并填写变量的数值后，可以预测树枝的氮元素含量。

图 12 - 18　模型管理界面

天然橡胶林生态系统养分循环研究与应用

图 12-19 模型定义界面是方程定义和变量设置界面，用于设定模型中公式和说明的定义。

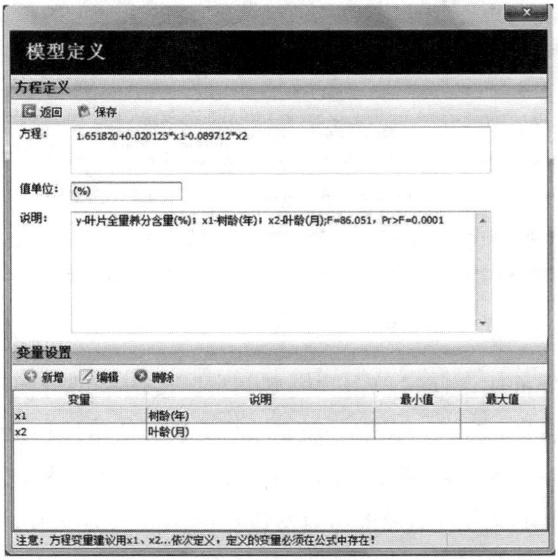

图 12-19　模型定义界面

橡胶林生态系统养分循环实验平台通过回归分析，可以得到回归分析方程式和回归分析显著性检验的各项指标。单击"更新模型"按钮来选择模型（图 12-20），完成模型设定中公式和说明的定义。

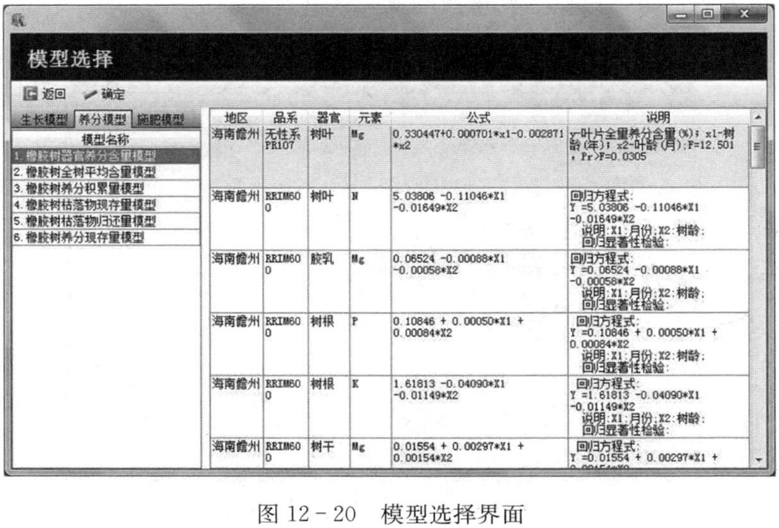

图 12-20　模型选择界面

204

通过橡胶林生态系统养分循环实验平台，成功建立了橡胶树树叶、树枝、树根、树皮、树干以及胶乳养分含量模型（图12-21）。本系统通过回归方程建立的模型公式，与通过SAS软件回归分析所建立的模型公式完全一致，这表明本系统所建立的模型具有强可靠性和高可信度。

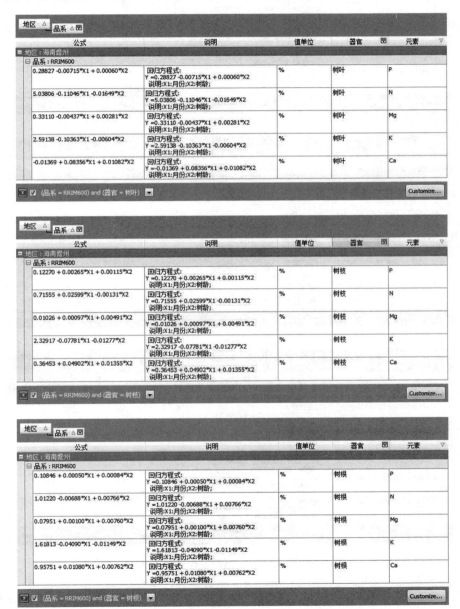

地区 △　品系 △ ☑

| 公式 | 说明 | 值单位 | 器官 ☑ | 元素 ▽ |
|---|---|---|---|---|
| 地区：海南儋州 | | | | |
| 品系：RRIM600 | | | | |
| 0.02820 + 0.00243*X1 -0.00017*X2 | 回归方程：<br>Y =0.02820 + 0.00243*X1 -0.00017*X2<br>说明:X1:月份;X2:树龄; | % | 树皮 | P |
| 0.42416 + 0.02619*X1 -0.00452*X2 | 回归方程：<br>Y =0.42416 + 0.02619*X1 -0.00452*X2<br>说明:X1:月份;X2:树龄; | % | 树皮 | N |
| 0.08268 + 0.01143*X1 + 0.00060*X2 | 回归方程：<br>Y =0.08268 + 0.01143*X1 + 0.00060*X2<br>说明:X1:月份;X2:树龄; | % | 树皮 | Mg |
| 1.34495 -0.05048*X1 -0.00939*X2 | 回归方程：<br>Y =1.34495 -0.05048*X1 -0.00939*X2<br>说明:X1:月份;X2:树龄; | % | 树皮 | K |
| 1.24253 + 0.13800*X1 + 0.02057*X2 | 回归方程：<br>Y =1.24253 + 0.13800*X1 + 0.02057*X2<br>说明:X1:月份;X2:树龄; | % | 树皮 | Ca |

☒ ☑ (品系 = RRIM600) and (器官 = 树皮) ▼　　　　　　　　　Customize...

地区 △　品系 △ ☑

| 公式 | 说明 | 值单位 | 器官 ☑ | 元素 ▽ |
|---|---|---|---|---|
| 地区：海南儋州 | | | | |
| 品系：RRIM600 | | | | |
| 0.02957 + 0.00115*X1 + 0.00060*X2 | 回归方程：<br>Y =0.02957 + 0.00115*X1 + 0.00060*X2<br>说明:X1:月份;X2:树龄; | % | 树干 | P |
| 0.26705 + 0.02611*X1 -0.00413*X2 | 回归方程：<br>Y =0.26705 + 0.02611*X1 -0.00413*X2<br>说明:X1:月份;X2:树龄; | % | 树干 | N |
| 0.01554 + 0.00297*X1 + 0.00154*X2 | 回归方程：<br>Y =0.01554 + 0.00297*X1 + 0.00154*X2<br>说明:X1:月份;X2:树龄; | % | 树干 | Mg |
| 0.38332 -0.01988*X1 + 0.00428*X2 | 回归方程：<br>Y =0.38332 -0.01988*X1 + 0.00428*X2<br>说明:X1:月份;X2:树龄; | % | 树干 | K |
| 0.23323 -0.01535*X1 + 0.00211*X2 | 回归方程：<br>Y =0.23323 -0.01535*X1 + 0.00211*X2<br>说明:X1:月份;X2:树龄; | % | 树干 | Ca |

☒ ☑ (品系 = RRIM600) and (器官 = 树干) ▼　　　　　　　　　Customize...

地区 △　品系 △ ☑

| 公式 | 说明 | 值单位 | 器官 ☑ | 元素 ▽ |
|---|---|---|---|---|
| 地区：海南儋州 | | | | |
| 品系：RRIM600 | | | | |
| 0.12550 -0.00038*X1 -0.00080*X2 | 回归方程：<br>Y =0.12550 -0.00038*X1 -0.00080*X2<br>说明:X1:月份;X2:树龄; | % | 胶乳 | P |
| 0.64189 + 0.01354*X1 -0.00602*X2 | 回归方程：<br>Y =0.64189 + 0.01354*X1 -0.00602*X2<br>说明:X1:月份;X2:树龄; | % | 胶乳 | N |
| 0.06524 -0.00088*X1 -0.00058*X2 | 回归方程：<br>Y =0.06524 -0.00088*X1 -0.00058*X2<br>说明:X1:月份;X2:树龄; | % | 胶乳 | Mg |
| 0.40090 + 0.00403*X1 -0.00385*X2 | 回归方程：<br>Y =0.40090 + 0.00403*X1 -0.00385*X2<br>说明:X1:月份;X2:树龄; | % | 胶乳 | K |
| 0.00599 -0.00024*X1 -0.00004*X2 | 回归方程：<br>Y =0.00599 -0.00024*X1 -0.00004*X2<br>说明:X1:月份;X2:树龄; | % | 胶乳 | Ca |

☒ ☑ (品系 = RRIM600) and (器官 = 胶乳) ▼　　　　　　　　　Customize...

图 12-21　回归方程模型

　　建立各种模型后，可以在模型管理界面（图 12-22）填写变量的数值来预测生长量、养分量、产量及某元素的肥料用量等。

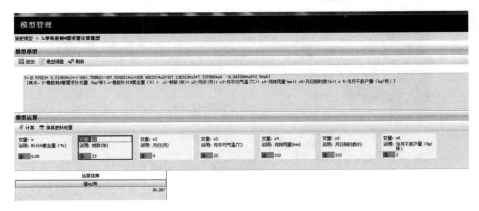

图 12-22　橡胶树氮元素需求量计算模型

# 第四节　橡胶施肥诊断决策平台

橡胶施肥诊断决策平台主要包含叶片营养诊断、精准施肥、营养元素三大板块的内容。用户可以通过网页登录的方式使用该平台，并获得橡胶树叶片的营养诊断服务。该平台可以根据叶片症状初步诊断橡胶树的营养状况，同时，通过提供相关的实时监测数据，并利用系统中的模型进行计算，可以得到相应的氮、磷、钾、钙、镁等肥料的施肥建议。该平台旨在向各类用户提供橡胶树精准配方施肥的信息化服务。

## 一、叶片营养诊断板块

氮、磷、钾、钙、镁是橡胶树体内含量较多的养分元素。橡胶树的养分流失过程会导致其缺氮、缺磷、缺钾、缺钙、缺镁。橡胶施肥诊断决策平台能根据叶片的症状判断橡胶树的健康状况及是否缺乏某种养分元素，并为缺氮、缺磷、缺钾、缺钙、缺镁等症状提供矫治方法。

在叶片营养诊断界面（图 12-23）选择橡胶树叶片症状，单击"下一步"按钮，根据症状逐步选择，最终将得到诊断结论。

图 12-24 为典型的缺氮症状。其叶片的缺素诊断过程如下：首先，下部老叶开始黄化，叶片颜色逐渐变黄，出现明显的黄化现象；接着，黄色在叶片上分布得较为均匀，且这些叶片通常较小且数量减少；随着缺氮的加剧，树形变得矮小，分枝稀少，叶蓬数量减少，蓬距缩短，树冠变得小而稀疏；同时，树皮变得薄而硬。这一系列表现是典型的缺氮症状。

图 12 - 23　叶片营养诊断界面

图 12 - 24　叶片营养诊断结果

## 二、精准施肥板块

精准施肥是通过施肥诊断，推荐胶园的最优化施肥方案。施肥诊断（图 12 - 25）是根据橡胶树的实时监测数据，运用橡胶人工林养分循环综合模型管理中的模型，综合考虑肥料的利用效率和市场价格，科学计算出胶园的施肥方案。实施施肥诊断所必需的实时监测数据涵盖了叶片养分含量、树龄、月份、月平均气温、月降雨量、月日照时数、当月干胶产量等关键信息。

图 12-25　施肥诊断界面

提供施肥方案有两种方式：一种是根据系统提供的各种肥料的利用效率及市场价格，计算得出最为经济且适用的施肥方案；另一种是用户自定义肥料种类，系统根据肥料的利用效率和市场价格，计算出所需的施用量和施肥费用。图 12-26 是氮肥诊断的结果。

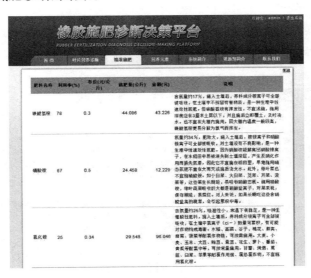

图 12-26　施肥建议界面

## 三、营养元素板块

营养元素板块主要介绍了橡胶树树体内的养分状况，以便帮助用户了解橡胶树基本营养元素的分布、含量，以及这些元素在橡胶树生长过程中的功能和失调时可能出现的症状，该板块还详细介绍了氮、磷、钾、钙、镁等基本养分元素的生理作用、营养特点、它们在植物体内缺少或过量的症状以及养分失衡条件，见图 12-27 和图 12-28。

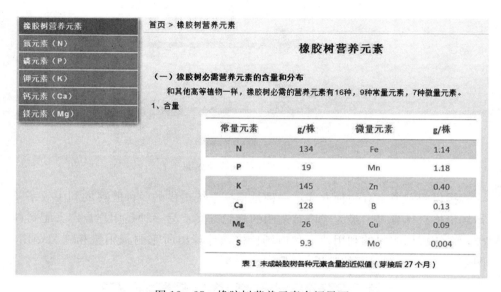

图 12-27　橡胶树营养元素介绍界面

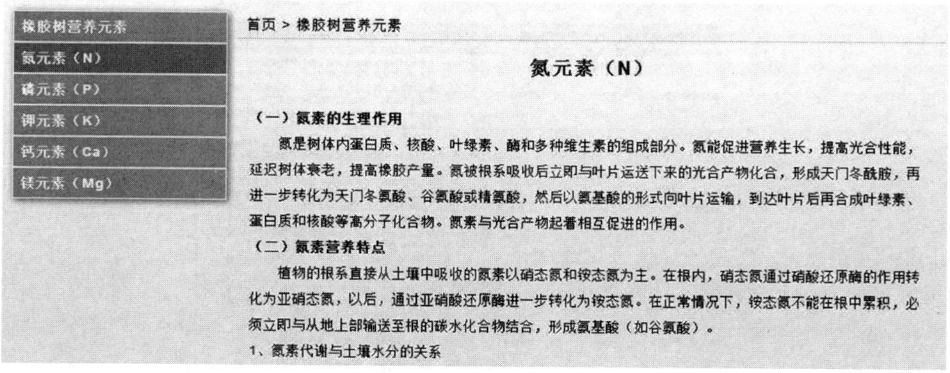

图 12-28　橡胶树氮元素介绍界面

# 第五节　橡胶施肥诊断决策平台具体使用说明

## 一、系统概述

橡胶施肥诊断决策平台以网页登录的方式，为各类用户提供各层次的橡胶树叶片营养诊断服务。基于营养诊断的分析结果，平台会收集并整合相关的生理生态数据（如降雨量、日照时间等），并结合从数据中心提取的其他橡胶树种植相关数据，如树龄、种植区域、品系等，经过系统内模型计算生成相应的氮、磷、钾、钙、镁等肥料的施肥建议，为用户提供橡胶树精准配方施肥信息化解决方案。

A. 技术特征

i. B/S 架构：平台采用浏览器/服务器（B/S）模式，用户无需安装客户端。

ii. 易用性：系统充分考虑了用户体验，界面简洁友好，操作简单易懂。

B. 应用环境

i. 数据库服务器

软件要求：Windows 2003 或者更高版本，Microsoft SQL Server 2000 及以上版本；

硬件要求：配置 1 GHz 及以上处理器、1 G 及以上内存、100 G 及以上硬盘空间的服务器。

ii. 客户端

软件要求：支持 Windows XP 及以上版本 Windows 的操作系统；

硬件要求：配置 1 GHz 及以上处理器、256 MB 及以上内存、20 G 及以上硬盘空间的计算机。

## 二、系统登录

在浏览器地址栏输入安装本系统的服务器地址：192.168.1.100。

## 三、叶片营养诊断

在导航栏上单击"叶片营养诊断"栏目，进入橡胶树叶片营养诊断。用户根据叶片的病理特征，选择相应的选项，然后单击"下一步"按钮，直至系统最终给出初步的诊断结果以及相应的防治措施，如图 12-29。

图 12-29　叶片营养诊断界面

## 四、精准施肥

A. 氮素精准施肥

单击导航栏中的"精准施肥"按钮，进入"氮素精准施肥"，如图 12-30。

图 12-30　氮素精准施肥界面

　　填写相应的监测数据，以及肥料的参考市价。如果肥料列表中没有需要的种类，可以选择"自定义"功能，输入肥料的名称、利用率及市场价格，再单击

"施肥诊断"按钮，系统根据填写的数据测算出所需施用的肥量，如图 12 - 31。

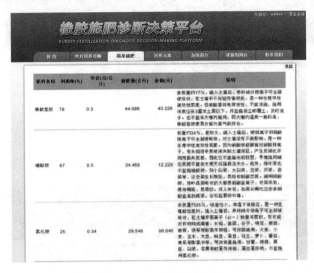

图 12 - 31　施肥量界面

B. 磷素精准施肥

单击左侧菜单栏中的"磷素精准施肥"栏目，如图 12 - 32。

图 12 - 32　磷素精准施肥界面

　　填写相应的监测数据，以及肥料的参考市价。如果肥料列表中没有需要的种类，可以选择"自定义"功能，输入肥料的名称、利用率及市场价格，再单击"施肥诊断"按钮，系统根据填写的数据，测算出所需施用的肥量，如图 12 - 33。

图 12-33 施肥量界面

C. 钾素精准施肥

单击左侧菜单栏中的"钾素精准施肥"栏目，如图 12-34。

图 12-34 钾素精准施肥界面

填写相应的监测数据，以及肥料的参考市价。如果肥料列表中没有需要的种类，可以选择"自定义"功能，输入肥料的名称、利用率及市场价格，再单击"施肥诊断"按钮，系统根据填写的数据测算出所需施用的肥量，如图 12-35。

图 12-35 施肥量界面

D. 钙素精准施肥

单击左侧菜单栏中的"钙素精准施肥"栏目，如图 12-36。

图 12-36　钙素精准施肥界面

填写相应的监测数据，以及肥料的参考市价，如果肥料列表中没有需要的种类，可以选择"自定义"功能，输入肥料的名称、利用率及市场价格，再单击"施肥诊断"按钮，系统根据填写的数据测算出所需施用的肥量，如图 12-37。

图 12-37　施肥量界面

E. 镁素精准施肥

单击左侧菜单栏中"镁素精准施肥"栏目，如图 12-38。

填写相应的监测数据，以及肥料的参考市价，如果肥料列表中没有需要的种类，可以选择"自定义"功能，输入肥料的名称、利用率及市场价格，再单击"施肥诊断"按钮，系统根据填写的数据测算出所需施用的肥量，如图 12-39。

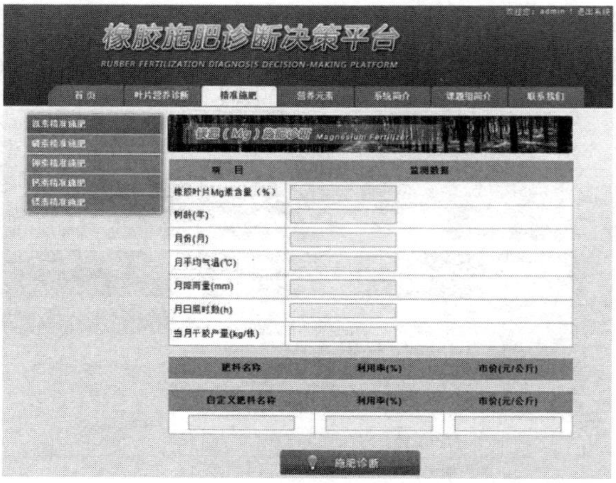


图 12－38　镁素精准施肥界面

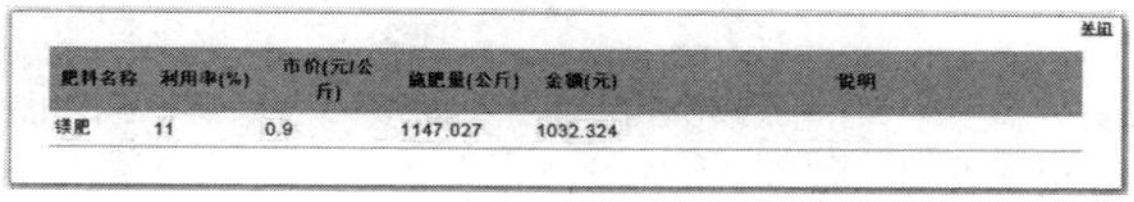

| 肥料名称 | 利用率(%) | 市价(元/公斤) | 施肥量(公斤) | 金额(元) | 说明 |
|---|---|---|---|---|---|
| 镁肥 | 11 | 0.9 | 1147.027 | 1032.324 | |

图 12－39　施肥量界面

## 五、营养元素

A. 橡胶树营养元素

单击导航栏中的“营养元素”栏目，进入橡胶树主要营养元素的介绍页面，在左侧单击“橡胶树营养元素”栏目，阅览橡胶树必需的营养元素含量和分布，以及这些矿质营养在橡胶树生长过程中的功能和失调时可能出现的症状，如图12－40。

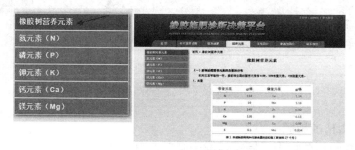

图 12－40　营养元素界面

B. 氮元素

单击左侧菜单中的“氮元素”栏目，页面会显示氮元素对橡胶树的作用，以及在氮素缺乏与过量情况下的症状和防治措施，如图 12 - 41。

图 12 - 41　氮元素界面

C. 磷元素

单击左侧菜单中的"磷元素"栏目，页面会显示磷元素对橡胶树的作用，以及在磷素缺乏与过量情况下的症状和防治措施，如图 12 - 42。

图 12 - 42　磷元素界面

D. 钾元素

单击左侧菜单中的"钾元素"栏目，页面会显示钾元素对橡胶树的作用，以及在钾素缺乏与过量情况下的症状和防治措施，如图 12 - 43。

图 12 - 43　钾元素界面

E. 钙元素

单击左侧菜单中的"钙元素"栏目，页面会显示钙元素对橡胶树的作用，以及在钙素缺乏与过量情况下的症状和防治措施，如图 12－44。

图 12－44　钙元素界面

F. 镁元素

单击左侧菜单中的"镁元素"栏目，页面会显示镁元素对橡胶树的作用，以及在镁素缺乏与过量情况下的症状和防治措施，如图 12－45。

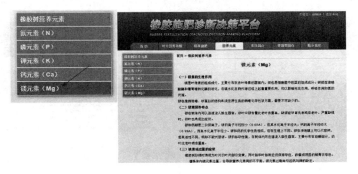

图 12－45　镁元素界面

## 六、橡胶树叶片施肥诊断系统

橡胶树叶片施肥诊断系统还可以适配手持终端上的应用程序，用户可通过该程序提交橡胶树的环境监测数据、生理数据及生态数据，提供各个元素的快速施肥诊断建议，如图 12－46。

图 12－46　橡胶树叶片施肥诊断系统界面

## 本 章 小 结

构建基于橡胶林养分循环的精准施肥决策系统，主要依赖于对不同品系橡胶树生理生态学研究，结合对研究实验全程信息化综合管理和对历史实验数据进行深度分析挖掘。这一过程旨在揭示出橡胶树正常养分需求的临界值指标，并据此建立橡胶林生态系统养分循环动态模型。通过该模型，我们实现对橡胶树的营养状况进行诊断，并预测其产量，进而制订出科学合理的精准施肥方案。这一系统旨在解决当前橡胶树营养诊断滞后、胶园养分失衡、施肥不合理等生产问题，以确保橡胶能够稳产且高产。

鉴于天然橡胶作为一种大面积栽培的多年生、长周期经济作物，其橡胶林生态系统养分循环受地域环境、气候、季节、人为干预因素的影响明显。此外，不同植胶农场的栽培管理与施肥措施亦存在较大差异，这对建模精度构成了较大挑战。因此，本研究的核心难点在于准确探明不同季节、不同年龄橡胶树对养分的正常需求值临界指标及其内部物质循环机制。

尽管本研究选取了大量有代表性的实验地，并尽可能扩大样本采集量，以有效减少实验误差并提升数据建模的精度与代表性，但所建立的施肥诊断模型在生产实践中初步运用时仍发现一定的误差。然而，与以往的施肥诊断方法相比，该模型的优势显而易见，其诊断指标更贴近橡胶树养分生理实际需求。

通过生产实践验证，利用计算机诊断施肥决策系统指导施肥后，橡胶树的茎围、产量、土壤地力恢复均有较大改善。然而，在减少死皮病发生率方面，尚未发现明显效果，其原因有两方面：一是橡胶树死皮病发生机理比较复杂，可能涉及生理疲劳、病原菌感染、遗传因素等多种因素；二是养分亏缺会导致胶树生理疲劳，但本项目研发的施肥诊断决策系统应用时间尚短（仅1年），其在减缓生理疲劳方面的效果还不是很明显，需在未来研究中进一步深入探索和完善。

# 第十三章　橡胶林精准施肥决策
# 计算机系统应用

本章以无性系 PR107、RRIM600、热研 7 - 33 - 97 品种橡胶树为研究对象，依托先前建立的橡胶林精准施肥决策系统和橡胶林生态系统养分循环实验数据，比较分析了基于养分循环的橡胶林施肥决策系统在实际应用中的经济效益和生态效益。研究结果表明，采用橡胶林精准施肥决策系统指导施肥实践，能明显提高橡胶树生长量和胶乳产量，提升土壤有机质含量，有效缓解胶园土壤酸化趋势，从而增强橡胶园经济效益和生态效益。

## 第一节　橡胶树生长量比较分析

### 一、PR107 生长量分析

由表 13 - 1 可知，利用橡胶林精准施肥决策计算机系统诊断施肥后，PR107 不同树龄橡胶树年茎围增长量为 3.71～4.11 cm，增幅为 60.32％～118.24％。其中 10 a 平均增长量为 3.96 cm，增长率为 60.32％；15 a 平均增长量为 4.11 cm，增长率为 76.39％；19 a 平均增长量为 3.82 cm，增长率为 114.61％；21 a 平均增长量为 3.71 cm，增长率为 118.24％；27 a 平均增长量为 3.74 cm，增长率为 67.71％。综上可知，新施肥标准下，PR107 树龄为 10 a、15 a、19 a、21 a 和 27 a 的橡胶树茎围增长量均高于原施肥标准，橡胶树生长量的增长效果明显。

表 13 - 1　PR107 橡胶树茎围生长比较

| 树龄 | 处理 | 生长量 (cm) | 月份 | | | | | | 小计 | 实际增长率 (％) |
|---|---|---|---|---|---|---|---|---|---|---|
| | | | 4 | 5 | 7 | 9 | 11 | 12 | | |
| 10 a | 对照 | 茎围 | 61.51 | 61.93 | 62.42 | 62.93 | 63.57 | 63.98 | — | 60.32 |
| | | 增长量 | — | 0.42 | 0.49 | 0.51 | 0.64 | 0.41 | 2.47 | |
| | 处理 | 茎围 | 59.16 | 59.73 | 60.58 | 61.44 | 62.45 | 63.12 | — | |
| | | 增长量 | — | 0.57 | 0.85 | 0.86 | 1.01 | 0.67 | 3.96 | |

（续）

| 树龄 | 处理 | 生长量(cm) | 月份 | | | | | | 小计 | 实际增长率(%) |
| | | | 4 | 5 | 7 | 9 | 11 | 12 | | |
|---|---|---|---|---|---|---|---|---|---|---|
| 15 a | 对照 | 茎围 | 61.42 | 61.67 | 62.15 | 62.71 | 63.21 | 63.75 | — | 76.39 |
| | | 增长量 | — | 0.25 | 0.48 | 0.56 | 0.50 | 0.54 | 2.33 | |
| | 处理 | 茎围 | 62.33 | 62.81 | 63.67 | 64.79 | 65.89 | 66.44 | — | |
| | | 增长量 | — | 0.48 | 0.86 | 1.12 | 1.10 | 0.55 | 4.11 | |
| 19 a | 对照 | 茎围 | 71.57 | 71.89 | 72.15 | 72.37 | 72.95 | 73.35 | | 114.61 |
| | | 增长量 | — | 0.32 | 0.26 | 0.22 | 0.58 | 0.40 | 1.78 | |
| | 处理 | 茎围 | 71.13 | 71.64 | 72.36 | 73.39 | 74.43 | 74.95 | — | |
| | | 增长量 | — | 0.51 | 0.72 | 1.03 | 1.04 | 0.52 | 3.82 | |
| 21 a | 对照 | 茎围 | 71.12 | 71.38 | 71.74 | 72.09 | 72.58 | 72.82 | | 118.24 |
| | | 增长量 | — | 0.26 | 0.36 | 0.35 | 0.49 | 0.24 | 1.70 | |
| | 处理 | 茎围 | 63.44 | 63.97 | 64.67 | 65.59 | 66.61 | 67.15 | | |
| | | 增长量 | — | 0.53 | 0.70 | 0.92 | 1.02 | 0.54 | 3.71 | |
| 27 a | 对照 | 茎围 | 85.22 | 85.51 | 85.95 | 86.52 | 87.19 | 87.45 | — | 67.71 |
| | | 增长量 | — | 0.29 | 0.44 | 0.57 | 0.67 | 0.26 | 2.23 | |
| | 处理 | 茎围 | 84.78 | 85.33 | 86.06 | 86.95 | 87.89 | 88.52 | — | |
| | | 增长量 | — | 0.55 | 0.73 | 0.89 | 0.94 | 0.63 | 3.74 | |

## 二、RRIM600 生长量分析

由表 13-2 可知，通过橡胶林精准施肥决策计算机系统诊断施肥后，RRIM600 不同树龄橡胶树年茎围增长量为 3.13～4.54 cm，增幅为 93.45%～122.53%。其中 9 a 平均增长量为 4.05 cm，增长率为 122.53%；12 a 平均增长量为 4.43 cm，增长率为 93.45%；16 a 平均增长量为 4.54 cm，增长率为 100.88%；25 a 平均增长量为 3.16 cm，增长率为 107.89%；27 a 平均增长量为 3.13 cm，增长率为 94.41%。综上可知，新施肥标准，RRIM600 树龄为 9 a、12 a、16 a、25 a 和 27 a 的橡胶树茎围增长量均高于原施肥标准。由于该试验区域属海南半干旱地区，且土质偏瘦，故在雨季采用新的施肥标准进行施肥，对橡胶树茎粗生长作用更为显著。

表 13-2  RRIM600 橡胶树茎围生长比较

| 树龄 | 处理 | 生长量(cm) | 4 | 5 | 7 | 9 | 11 | 12 | 小计 | 实际增长率(%) |
|---|---|---|---|---|---|---|---|---|---|---|
| 9 a | 对照 | 茎围 | 59.11 | 59.41 | 59.62 | 60.03 | 60.54 | 60.93 | — | 122.53 |
| | | 增长量 | — | 0.30 | 0.21 | 0.41 | 0.51 | 0.39 | 1.82 | |
| | 处理 | 茎围 | 52.23 | 52.96 | 53.81 | 54.77 | 55.63 | 56.28 | — | |
| | | 增长量 | — | 0.73 | 0.85 | 0.96 | 0.86 | 0.65 | 4.05 | |
| 12 a | 对照 | 茎围 | 52.65 | 52.97 | 53.51 | 53.96 | 54.51 | 54.94 | — | 93.45 |
| | | 增长量 | — | 0.32 | 0.54 | 0.45 | 0.55 | 0.43 | 2.29 | |
| | 处理 | 茎围 | 53.33 | 54.02 | 54.87 | 55.91 | 56.85 | 57.76 | — | |
| | | 增长量 | — | 0.69 | 0.85 | 1.04 | 0.94 | 0.91 | 4.43 | |
| 16 a | 对照 | 茎围 | 62.25 | 62.62 | 63.11 | 63.65 | 64.28 | 64.51 | — | 100.88 |
| | | 增长量 | — | 0.37 | 0.49 | 0.54 | 0.63 | 0.23 | 2.26 | |
| | 处理 | 茎围 | 67.12 | 67.83 | 68.66 | 69.71 | 70.85 | 71.66 | — | |
| | | 增长量 | — | 0.71 | 0.83 | 1.05 | 1.14 | 0.81 | 4.54 | |
| 25 a | 对照 | 茎围 | 56.41 | 56.64 | 56.85 | 57.13 | 57.72 | 57.93 | — | 107.89 |
| | | 增长量 | — | 0.23 | 0.21 | 0.28 | 0.59 | 0.21 | 1.52 | |
| | 处理 | 茎围 | 57.96 | 58.17 | 58.86 | 59.72 | 60.63 | 61.12 | — | |
| | | 增长量 | — | 0.21 | 0.69 | 0.86 | 0.91 | 0.49 | 3.16 | |
| 27 a | 对照 | 茎围 | 71.32 | 71.54 | 71.75 | 72.11 | 72.59 | 72.93 | — | 94.41 |
| | | 增长量 | — | 0.22 | 0.21 | 0.36 | 0.48 | 0.34 | 1.61 | |
| | 处理 | 茎围 | 74.01 | 74.37 | 74.93 | 75.64 | 76.53 | 77.14 | — | |
| | | 增长量 | — | 0.36 | 0.56 | 0.71 | 0.89 | 0.61 | 3.13 | |

（注：月份为表头第4~12列的合并列"月份"）

## 三、热研 7-33-97 生长量分析

由表 13-3 可知，通过橡胶林精准施肥决策计算机系统诊断施肥后，热研 7-33-97 不同树龄橡胶树年茎围增长量为 2.95~4.00 cm，增幅为 42.51%~101.01%。其中 6 a 平均增长量为 2.95 cm，增长率为 42.51%；10 a 平均增长量为 3.52 cm，增长率为 45.45%；14 a 平均增长量为 4.00 cm，增长率为 101.01%；20 a 平均增长量为 3.61 cm，增长率为 92.02%。综上可知，新施肥标准，热研 7-33-97 树龄为 6 a、10 a、14 a 和 20 a 的橡胶树茎围增长量均高于原施肥标准，橡胶树生长量的增长效果明显。

**表13-3　热研7-33-97橡胶树茎围生长比较**

| 树龄 | 处理 | 生长量(cm) | 月份 | | | | | | 小计 | 实际增长率(%) |
|---|---|---|---|---|---|---|---|---|---|---|
| | | | 4 | 5 | 7 | 9 | 11 | 12 | | |
| 6 a | 对照 | 茎围 | 38.09 | 38.37 | 38.72 | 39.22 | 39.89 | 40.16 | — | 42.51 |
| | | 增长量 | — | 0.28 | 0.35 | 0.50 | 0.67 | 0.27 | 2.07 | |
| | 处理 | 茎围 | 38.13 | 38.66 | 39.28 | 39.98 | 40.61 | 41.08 | — | |
| | | 增长量 | — | 0.53 | 0.62 | 0.70 | 0.63 | 0.47 | 2.95 | |
| 10 a | 对照 | 茎围 | 54.54 | 55.12 | 55.60 | 56.11 | 56.58 | 56.96 | — | 45.45 |
| | | 增长量 | — | 0.58 | 0.48 | 0.51 | 0.47 | 0.38 | 2.42 | |
| | 处理 | 茎围 | 52.66 | 53.16 | 53.91 | 54.88 | 55.68 | 56.18 | — | |
| | | 增长量 | — | 0.50 | 0.75 | 0.97 | 0.80 | 0.50 | 3.52 | |
| 14 a | 对照 | 茎围 | 54.78 | 55.11 | 55.54 | 56.01 | 56.57 | 56.77 | — | 101.01 |
| | | 增长量 | — | 0.33 | 0.43 | 0.48 | 0.55 | 0.20 | 1.99 | |
| | 处理 | 茎围 | 59.07 | 59.69 | 60.43 | 61.36 | 62.36 | 63.07 | — | |
| | | 增长量 | — | 0.62 | 0.74 | 0.93 | 1.00 | 0.71 | 4.00 | |
| 20 a | 对照 | 茎围 | 50.75 | 50.96 | 51.45 | 51.99 | 52.39 | 52.63 | — | 92.02 |
| | | 增长量 | — | 0.21 | 0.49 | 0.54 | 0.40 | 0.24 | 1.88 | |
| | 处理 | 茎围 | 50.92 | 51.54 | 52.21 | 53.16 | 53.99 | 54.53 | — | |
| | | 增长量 | — | 0.62 | 0.67 | 0.95 | 0.83 | 0.54 | 3.61 | |

# 第二节　叶片养分含量比较分析

## 一、PR107叶片养分含量分析

由表13-4可知，通过橡胶林精准施肥决策计算机系统诊断施肥后，不同树龄PR107橡胶树叶片养分含量均出现不同程度的提高。其中，全N平均百分含量达到3.97%～4.24%，较对照（习惯施肥）提高了5.18%～8.19%；全P平均百分含量达到0.20%～0.21%，较对照提高了9.13%～15.46%；全K平均百分含量达到0.87%～1.40%，较对照提高了9.11%～21.03%；全Ca平均百分含量达到0.85%～0.96%，较对照提高了4.75%～9.25%；全Mg平均百分含量达到0.34%～0.48%，较对照提高了6.98%～11.72%。

表 13-4　PR107 橡胶树叶片养分含量比较

| 树龄 | 处理 | N 平均含量(%) | N 增长率(%) | P 平均含量(%) | P 增长率(%) | K 平均含量(%) | K 增长率(%) | Ca 平均含量(%) | Ca 增长率(%) | Mg 平均含量(%) | Mg 增长率(%) |
|------|------|------|------|------|------|------|------|------|------|------|------|
| 10 a | 对照 | 3.78 | | 0.19 | | 0.80 | | 0.90 | | 0.45 | |
| | 处理 | 4.05 | 7.26 | 0.21 | 12.03 | 0.87 | 9.11 | 0.94 | 4.75 | 0.48 | 6.98 |
| 15 a | 对照 | 3.67 | | 0.18 | | 1.18 | | 0.91 | | 0.36 | |
| | 处理 | 3.97 | 8.19 | 0.21 | 14.57 | 1.30 | 10.12 | 0.96 | 5.70 | 0.40 | 11.72 |
| 19 a | 对照 | 4.03 | | 0.19 | | 1.19 | | 0.80 | | 0.34 | |
| | 处理 | 4.24 | 5.18 | 0.21 | 10.98 | 1.32 | 10.81 | 0.85 | 5.82 | 0.38 | 11.50 |
| 21 a | 对照 | 3.86 | | 0.20 | | 1.13 | | 0.84 | | 0.34 | |
| | 处理 | 4.15 | 7.52 | 0.21 | 9.13 | 1.37 | 21.03 | 0.92 | 9.25 | 0.36 | 8.14 |
| 27 a | 对照 | 3.98 | | 0.17 | | 1.25 | | 0.81 | | 0.32 | |
| | 处理 | 4.24 | 6.60 | 0.20 | 15.46 | 1.40 | 11.77 | 0.86 | 6.53 | 0.34 | 7.93 |

## 二、RRIM600 叶片养分含量分析

由表 13-5 可知，运用橡胶林精准施肥决策计算机系统诊断施肥后，不同树龄 RRIM600 橡胶树叶片养分含量均出现不同程度的提高。其中，全 N 平均百分含量达到 3.86%～4.41%，较对照提高了 3.64%～6.03%；全 P 平均百分含量达到 0.22%～0.28%，较对照提高了 4.52%～9.19%；全 K 平均百分含量达到 1.14%～1.36%，较对照提高了 8.32%～14.86%；全 Ca 平均百分含量达到 1.08%～1.34%，较对照提高了 2.13%～7.01%；全 Mg 平均百分含量达到 0.42%～0.58%，较对照提高了 5.41%～12.93%。

表 13-5　RRIM600 橡胶树叶片养分含量比较

| 树龄 | 处理 | N 平均含量(%) | N 增长率(%) | P 平均含量(%) | P 增长率(%) | K 平均含量(%) | K 增长率(%) | Ca 平均含量(%) | Ca 增长率(%) | Mg 平均含量(%) | Mg 增长率(%) |
|------|------|------|------|------|------|------|------|------|------|------|------|
| 9 a | 对照 | 4.20 | | 0.24 | | 1.15 | | 1.15 | | 0.48 | |
| | 处理 | 4.41 | 5.04 | 0.25 | 4.52 | 1.29 | 12.63 | 1.23 | 7.01 | 0.51 | 5.41 |
| 12 a | 对照 | 3.78 | | 0.22 | | 0.99 | | 1.20 | | 0.43 | |
| | 处理 | 3.97 | 5.06 | 0.24 | 7.54 | 1.14 | 14.86 | 1.25 | 4.28 | 0.46 | 8.45 |

（续）

| 树龄 | 处理 | N 平均含量 (%) | N 增长率 (%) | P 平均含量 (%) | P 增长率 (%) | K 平均含量 (%) | K 增长率 (%) | Ca 平均含量 (%) | Ca 增长率 (%) | Mg 平均含量 (%) | Mg 增长率 (%) |
|---|---|---|---|---|---|---|---|---|---|---|---|
| 16 a | 对照 | 3.95 | 4.23 | 0.26 | 9.19 | 1.24 | 10.21 | 1.03 | 4.76 | 0.47 | 8.93 |
|  | 处理 | 4.12 |  | 0.28 |  | 1.36 |  | 1.08 |  | 0.51 |  |
| 25 a | 对照 | 3.64 | 6.03 | 0.23 | 5.69 | 1.06 | 13.77 | 1.17 | 3.36 | 0.51 | 12.93 |
|  | 处理 | 3.86 |  | 0.24 |  | 1.20 |  | 1.21 |  | 0.58 |  |
| 27 a | 对照 | 3.92 | 3.64 | 0.21 | 4.80 | 1.26 | 8.32 | 1.31 | 2.13 | 0.38 | 8.63 |
|  | 处理 | 4.06 |  | 0.22 |  | 1.36 |  | 1.34 |  | 0.42 |  |

## 三、热研 7-33-97 叶片养分含量分析

由表 13-6 可知，运用橡胶林精准施肥决策计算机系统诊断施肥后，不同树龄热研 7-33-97 橡胶树叶片养分含量均出现不同程度的提高。其中，全 N 平均百分含量达到 3.97%～4.23%，较对照提高了 4.71%～6.97%；全 P 平均百分含量达到 0.22%～0.24%，较对照提高了 7.26%～10.70%；全 K 平均百分含量达到 1.08%～1.34%，较对照提高了 10.51%～17.53%；全 Ca 平均百分含量达到 0.96%～1.29%，较对照提高了 4.89%～6.02%；全 Mg 平均百分含量达到 0.43%～0.49%，较对照提高了 6.17%～11.02%。

表 13-6　热研 7-33-97 橡胶树叶片养分含量比较

| 树龄 | 处理 | N 平均含量 (%) | N 增长率 (%) | P 平均含量 (%) | P 增长率 (%) | K 平均含量 (%) | K 增长率 (%) | Ca 平均含量 (%) | Ca 增长率 (%) | Mg 平均含量 (%) | Mg 增长率 (%) |
|---|---|---|---|---|---|---|---|---|---|---|---|
| 6 a | 对照 | 3.99 | 6.09 | 0.21 | 7.85 | 0.97 | 11.19 | 1.02 | 6.02 | 0.47 | 6.17 |
|  | 处理 | 4.23 |  | 0.23 |  | 1.08 |  | 1.08 |  | 0.49 |  |
| 10 a | 对照 | 3.72 | 6.60 | 0.20 | 10.70 | 1.09 | 12.28 | 1.06 | 4.89 | 0.39 | 9.95 |
|  | 处理 | 3.97 |  | 0.22 |  | 1.22 |  | 1.11 |  | 0.43 |  |
| 14 a | 对照 | 3.99 | 4.71 | 0.22 | 9.95 | 1.21 | 10.51 | 0.91 | 5.22 | 0.40 | 10.01 |
|  | 处理 | 4.18 |  | 0.24 |  | 1.34 |  | 0.96 |  | 0.44 |  |
| 20 a | 对照 | 3.75 | 6.79 | 0.21 | 7.26 | 1.09 | 17.53 | 1.01 | 5.82 | 0.42 | 11.02 |
|  | 处理 | 4.00 |  | 0.23 |  | 1.32 |  | 1.29 |  | 0.47 |  |

# 第三节　胶乳产量比较分析

## 一、PR107 产量分析

无性系 PR107 橡胶树产量结果如表 13-7 所示。运用橡胶林精准施肥决策计算机系统诊断施肥后，不同树龄 PR107 橡胶树平均干含提高了 3.06%～6.99%，单株每年产量提高了 0.72～1.06 kg，增幅为 21.87%～23.24%。其中，树龄 10 a 的平均增产比率为 21.95%，单株增产 0.72 kg；树龄 15 a 的平均增产比率为 21.82%，单株增产 0.97 kg；树龄 19 a 的平均增产率为 22.41%，单株增产 1.02 kg；树龄 21 a 的平均增产率为 21.82%，单株增产 1.01 kg；树龄 27 a 的平均增产率为 24.14%，单株增产 1.06 kg。综上可知，新施肥标准，PR107 树龄为 10 a、15 a、19 a、21 a 和 27 a 的产量均高于原施肥标准，增产效果明显。

表 13-7　PR107 橡胶树产量比较

| 树龄 | 有效株数 | 处理 | 胶水（kg） | 干含（%） | 干胶（kg） | 单株产量（kg） | 平均增产率（%） |
|------|---------|------|-----------|----------|-----------|---------------|----------------|
| 10 a | 986 | 原施肥标准 | 1 249 | 32.36 | 404 | 0.41 | 21.95 |
|      | 928 | 新施肥标准 | 1 390 | 33.38 | 464 | 0.50 | |
| 15 a | 1 382 | 原施肥标准 | 2 270 | 33.49 | 760 | 0.55 | 21.82 |
|      | 1 374 | 新施肥标准 | 2 569 | 35.83 | 921 | 0.67 | |
| 19 a | 1 208 | 原施肥标准 | 2 041 | 34.33 | 701 | 0.58 | 22.41 |
|      | 1 130 | 新施肥标准 | 2 268 | 35.38 | 802 | 0.71 | |
| 21 a | 1 062 | 原施肥标准 | 1 799 | 32.46 | 584 | 0.55 | 21.82 |
|      | 1 060 | 新施肥标准 | 2 070 | 34.31 | 710 | 0.67 | |
| 27 a | 1 210 | 原施肥标准 | 2 099 | 33.43 | 702 | 0.58 | 24.14 |
|      | 1 076 | 新施肥标准 | 2 246 | 34.49 | 775 | 0.72 | |

## 二、RRIM600 产量分析

无性系 RRIM600 橡胶树产量结果如表 13-8 所示。运用橡胶林精准施肥决策计算机系统诊断施肥后，不同年龄 RRIM600 平均干含提高了 1.93%～4.97%，单株每年产量提高了 0.53～0.69 kg，增幅为 14.90%～28.57%。其中树龄 9 a 的平均增产率为 25.93%，单株增产 0.61 kg；树龄 12 a 的平均增产率为 20.00%，单株增产 0.53 kg；树龄 16 a 的平均增产率为 20.00%，单株增产 0.69 kg；

树龄 25 a 的平均增产率为 17.02%，单株增产 0.63 kg；树龄 27 a 的平均增产率为 14.89%，单株增产 0.65 kg。综上可知，新施肥标准，RRIM600 树龄为 9 a、12 a、16 a、25 a 和 27 a 的产量均高于原施肥标准，增产效果明显。

表 13-8  RRIM600 橡胶树产量比较

| 树龄 | 有效株数 | 处理 | 胶水（kg） | 干含（%） | 干胶（kg） | 单株产量（kg） | 平均增产率（%） |
|---|---|---|---|---|---|---|---|
| 9 a | 572 | 原施肥标准 | 588 | 26.25 | 154 | 0.27 | 25.93 |
| | 798 | 新施肥标准 | 987 | 27.50 | 271 | 0.34 | |
| 12 a | 586 | 原施肥标准 | 777 | 26.38 | 205 | 0.35 | 20.00 |
| | 595 | 新施肥标准 | 926 | 27.00 | 250 | 0.42 | |
| 16 a | 567 | 原施肥标准 | 817 | 27.75 | 227 | 0.40 | 20.00 |
| | 667 | 新施肥标准 | 1 099 | 29.13 | 320 | 0.48 | |
| 25 a | 537 | 原施肥标准 | 935 | 27.00 | 252 | 0.47 | 17.02 |
| | 556 | 新施肥标准 | 1 102 | 27.75 | 306 | 0.55 | |
| 27 a | 582 | 原施肥标准 | 1 057 | 25.88 | 274 | 0.47 | 14.89 |
| | 594 | 新施肥标准 | 1 216 | 26.38 | 321 | 0.54 | |

## 三、热研 7-33-97 产量分析

无性系热研 7-33-97 橡胶树产量结果如表 13-9 所示。运用橡胶林精准施肥决策计算机系统诊断施肥后，不同年龄热研 7-33-97 橡胶树干胶的单株产量为 1.05～3.64 kg，对照（习惯施肥）产量为 0.86～2.85 kg；平均单株增产为 0.45 kg，平均亩增产为 13.58 kg，平均增长率为 21.01%。其中树龄 6 a 的平均增产率为 22.09%，单株增产 0.19 kg；树龄 10 a 的平均增产率为 21.18%，单株增产 0.50 kg；树龄 14 a 的平均增产率为 27.72%，单株增产 0.79 kg；树龄 20 a 的平均增产率为 13.04%，单株增产 0.33 kg。综上可知，新施肥标准，热研 7-33-97 树龄为 6 a、10 a、14 a、20 a 的产量均高于原施肥标准，增产效果明显。

表 13-9  热研 7-33-97 橡胶树产量比较

| 树龄 | 有效株数 | 处理 | 单株产量（kg） | 亩产（kg） | 平均增产率（%） |
|---|---|---|---|---|---|
| 6 a | 783 | 原施肥标准 | 0.86 | 25.80 | 22.09 |
| | 814 | 新施肥标准 | 1.05 | 31.50 | |

（续）

| 树龄 | 有效株数 | 处理 | 单株产量<br>（kg） | 亩产<br>（kg） | 平均增产率<br>（%） |
|---|---|---|---|---|---|
| 10 a | 613 | 原施肥标准 | 2.36 | 70.80 | 21.18 |
|  | 589 | 新施肥标准 | 2.86 | 85.80 |  |
| 14 a | 568 | 原施肥标准 | 2.85 | 85.50 | 27.72 |
|  | 615 | 新施肥标准 | 3.64 | 109.20 |  |
| 20 a | 432 | 原施肥标准 | 2.53 | 75.90 | 13.04 |
|  | 497 | 新施肥标准 | 2.86 | 85.80 |  |

# 第四节　土壤肥力比较分析

## 一、PR107 橡胶园土壤肥力变化

PR107 橡胶园土壤养分含量结果如表 13 - 10 所示。运用橡胶林精准施肥决策计算机系统诊断施肥后，不同树龄 PR107 橡胶园土壤肥力有所提升，其中，硝态氮含量增加 0.60～1.66 mg/kg，增长率为 10.73%～32.11%；铵态氮含量增加 0.69～1.85 mg/kg，增长率为 11.00%～32.51%；速效磷含量增加 0.55～0.77 mg/kg，增长率为 15.29%～21.10%；速效钾含量增加 4.42～7.10 mg/kg，增长率为 19.89%～25.14%；有机质含量增加 0.02%～0.17%，增长率为 1.43%～11.81%。数据表明，新的营养诊断与施肥，补充了原有施肥量不足和施肥不及时，减少了胶树对土壤肥力的掠夺，使土壤有机质含量有所增加。

表 13 - 10　PR107 橡胶园土壤（0～40 cm）养分含量比较

| 树龄 | 处理 | 硝态氮<br>（mg/kg） | 铵态氮<br>（mg/kg） | 速效磷<br>（mg/kg） | 速效钾<br>（mg/kg） | 有机质<br>（%） |
|---|---|---|---|---|---|---|
| 10 a | 原施肥标准 | 5.59 | 5.69 | 3.65 | 19.65 | 1.44 |
|  | 新施肥标准 | 6.19 | 7.54 | 4.42 | 24.07 | 1.61 |
| 15 a | 原施肥标准 | 5.92 | 6.27 | 3.43 | 31.18 | 1.35 |
|  | 新施肥标准 | 6.94 | 6.96 | 3.98 | 36.66 | 1.43 |
| 19 a | 原施肥标准 | 5.03 | 8.04 | 3.99 | 30.76 | 1.26 |
|  | 新施肥标准 | 6.12 | 8.96 | 4.60 | 37.86 | 1.33 |
| 21 a | 原施肥标准 | 6.35 | 6.12 | 4.01 | 25.02 | 1.40 |
|  | 新施肥标准 | 7.51 | 7.06 | 4.66 | 31.31 | 1.42 |

（续）

| 树龄 | 处理 | 硝态氮<br>（mg/kg） | 铵态氮<br>（mg/kg） | 速效磷<br>（mg/kg） | 速效钾<br>（mg/kg） | 有机质<br>（%） |
|------|------|------|------|------|------|------|
| 27 a | 原施肥标准 | 5.17 | 5.25 | 3.04 | 34.28 | 0.91 |
|  | 新施肥标准 | 6.83 | 6.74 | 3.63 | 41.10 | 0.98 |

## 二、RRIM600 橡胶园土壤肥力变化

RRIM600 橡胶园土壤养分含量结果如表 13-11 所示。运用橡胶林精准施肥决策计算机系统诊断施肥后，不同树龄 RRIM600 橡胶园土壤肥力有所提升。其中硝态氮含量增加 0.79~1.05 mg/kg，增长率 18.28%~47.33%；铵态氮含量增加 1.02~2.30 mg/kg，增长率 19.92%~48.52%；速效磷含量增加 1.04~4.22 mg/kg，增长率 36.61%~58.60%；速效钾含量增加 10.37~32.12 mg/kg，增长率 21.61%~56.73%；有机质含量增加 0.19%~0.37%，增长率 24.18%~42.53%。该试验地砂质土较重，土壤肥力相对贫瘠，新的营养诊断与施肥，补充了原有施肥量不足和施肥不及时，故施肥后肥效显著。

**表 13-11  RRIM600 橡胶园土壤（0~40 cm）养分含量比较**

| 树龄 | 处理 | 硝态氮<br>（mg/kg） | 铵态氮<br>（mg/kg） | 速效磷<br>（mg/kg） | 速效钾<br>（mg/kg） | 有机质<br>（%） |
|------|------|------|------|------|------|------|
| 9 a | 原施肥标准 | 4.01 | 4.56 | 9.35 | 33.89 | 0.67 |
|  | 新施肥标准 | 5.06 | 5.84 | 13.57 | 45.35 | 0.86 |
| 12 a | 原施肥标准 | 3.92 | 4.74 | 5.79 | 56.61 | 1.09 |
|  | 新施肥标准 | 4.71 | 7.04 | 8.50 | 88.72 | 1.41 |
| 16 a | 原施肥标准 | 4.54 | 4.65 | 5.75 | 47.99 | 0.87 |
|  | 新施肥标准 | 5.37 | 6.65 | 9.05 | 58.36 | 1.24 |
| 25 a | 原施肥标准 | 2.24 | 4.72 | 5.87 | 39.78 | 0.80 |
|  | 新施肥标准 | 3.25 | 6.64 | 9.31 | 60.22 | 1.08 |
| 27 a | 原施肥标准 | 2.22 | 5.12 | 2.84 | 44.64 | 0.91 |
|  | 新施肥标准 | 3.27 | 6.14 | 3.88 | 55.15 | 1.13 |

## 三、热研 7-33-97 橡胶园土壤肥力变化

热研 7-33-97 橡胶园土壤养分含量结果如表 13-12 所示。运用橡胶林精准施肥决策计算机系统诊断施肥后，不同树龄热研 7-33-97 橡胶园土壤肥

力有所提升。其中硝态氮含量增加 0.76~1.01 mg/kg，增长率 16.93%~25.19%；铵态氮含量增加 1.33~1.46 mg/kg，增长率 22.93%~30.48%；速效磷含量增加 1.52~2.32 mg/kg，增长率 35.27%~41.34%；速效钾含量增加 7.42~17.57 mg/kg，增长率 22.20%~42.83%；有机质含量增加 0.14%~0.20%，增长率 13.59%~20.01%。

表 13-12　热研 7-33-97 橡胶园土壤（0~40 cm）养分含量比较

| 树龄 | 处理 | 硝态氮（mg/kg） | 铵态氮（mg/kg） | 速效磷（mg/kg） | 速效钾（mg/kg） | 有机质（%） |
|---|---|---|---|---|---|---|
| 6 a | 原施肥标准 | 4.49 | 4.79 | 6.08 | 25.02 | 0.99 |
| | 新施肥标准 | 5.25 | 6.25 | 8.40 | 32.44 | 1.15 |
| 10 a | 原施肥标准 | 4.60 | 5.15 | 4.31 | 41.02 | 1.14 |
| | 新施肥标准 | 5.44 | 6.54 | 5.83 | 58.59 | 1.33 |
| 14 a | 原施肥标准 | 4.47 | 5.93 | 4.55 | 36.79 | 1.00 |
| | 新施肥标准 | 5.37 | 7.29 | 6.38 | 44.96 | 1.20 |
| 20 a | 原施肥标准 | 4.01 | 5.07 | 4.62 | 30.27 | 1.03 |
| | 新施肥标准 | 5.02 | 6.40 | 6.53 | 42.77 | 1.17 |

## 四、橡胶园土壤 pH 变化

橡胶园土壤 pH 结果如表 13-13 所示。PR107 橡胶园土壤 pH 增加了 0.03~0.09，增长率为 0.68%~2.12%。其中树龄 10 a、15 a、19 a 均增加了 0.03，树龄 21 a 增加了 0.07，树龄 27 a 增加了 0.09。RRIM600 橡胶园土壤 pH 增加了 0.16~0.34，增长率为 3.49%~7.00%。其中树龄 9 a 增加了 0.16，树龄 12 a 增加了 0.26，树龄 16 a 增加了 0.18，树龄 25 a 增加了 0.34，树龄 27 a 增加了 0.21。热研 7-33-97 橡胶园土壤 pH 增加了 0.09~0.19，增长率为 2.14%~4.53%。其中树龄 6 a 增加了 0.09，树龄 10 a 增加了 0.14，树龄 14 a 增加了 0.10，树龄 20 a 增加了 0.19。按照新施肥标准施肥，土壤 pH 均增加，橡胶园土壤酸化趋势得到减缓。

表 13-13　不同施肥处理橡胶园土壤 pH 结果分析

| 处理 | PR107 | | RRIM600 | | 热研 7-33-97 | |
|---|---|---|---|---|---|---|
| | 树龄 | pH | 树龄 | pH | 树龄 | pH |
| 原施肥标准 | 10 a | 4.40 | 9 a | 4.59 | 6 a | 4.20 |
| 新施肥标准 | | 4.43 | | 4.75 | | 4.29 |

（续）

| 处理 | PR107 | | RRIM600 | | 热研 7 - 33 - 97 | |
|---|---|---|---|---|---|---|
| | 树龄 | pH | 树龄 | pH | 树龄 | pH |
| 原施肥标准 | 15 a | 4.19 | 12 a | 4.78 | 10 a | 4.19 |
| 新施肥标准 | | 4.22 | | 5.04 | | 4.33 |
| 原施肥标准 | 19 a | 4.33 | 16 a | 4.76 | 14 a | 4.25 |
| 新施肥标准 | | 4.36 | | 4.94 | | 4.35 |
| 原施肥标准 | 21 a | 4.10 | 25 a | 4.86 | 20 a | 4.19 |
| 新施肥标准 | | 4.17 | | 5.20 | | 4.38 |
| 原施肥标准 | 27 a | 4.25 | 27 a | 4.81 | — | — |
| 新施肥标准 | | 4.34 | | 5.02 | | — |

# 第五节　应用效益优势分析

## 一、基于养分循环的橡胶林施肥决策效益分析

橡胶树施肥量效益如表 13 - 14 所示。PR107 橡胶树单株肥料投入成本包括 N 肥 1.59 元、P 肥 0.34 元、K 肥 0.53 元，每株共计投入 2.46 元；单株增收 17.20 元，每亩增收 516.00 元；单株净增产值为 14.74 元，亩净增产值为 442.20 元。RRIM600 橡胶树单株肥料投入成本包括 N 肥 2.04 元、P 肥 0.47 元、K 肥 0.81 元，每株共计投入 3.32 元；单株增收 10.92 元，每亩增收 327.60 元；单株净增产值为 7.60 元，亩株净增产值为 228.00 元。热研 7 - 33 - 97 橡胶树单株肥料投入成本包括 N 肥 0.87 元、P 肥 0.74 元、K 肥 0.49 元，每株共计投入 2.10 元；单株增收 13.44 元，每亩增收 403.20 元；单株净增产值为 11.34 元，亩株净增产值为 340.20 元。运用橡胶林精准施肥决策计算机系统诊断，按时、按需科学施肥后，减少了肥料的浪费，增加了直接经济效益。

表 13 - 14　橡胶树施肥量效益比较

| 项目 | 科目 | PR107 | | RRIM600 | | 热研 7 - 33 - 97 | |
|---|---|---|---|---|---|---|---|
| | | 施肥量（kg） | 成本或效益（元） | 施肥量（kg） | 成本或效益（元） | 施肥量（kg） | 成本或效益（元） |
| 肥料投入成本 | N 肥-尿素 | 1.06 | 1.59 | 1.36 | 2.04 | 0.58 | 0.87 |
| | P 肥-过磷酸钙 | 0.68 | 0.34 | 0.94 | 0.47 | 1.49 | 0.74 |
| | K 肥-氯化钾 | 0.38 | 0.53 | 0.58 | 0.81 | 0.35 | 0.49 |
| | 小计 | — | 2.46 | — | 3.32 | — | 2.10 |

（续）

| 项目 | 科目 | PR107 施肥量 (kg) | PR107 成本或效益（元） | RRIM600 施肥量 (kg) | RRIM600 成本或效益（元） | 热研 7-33-97 施肥量 (kg) | 热研 7-33-97 成本或效益（元） |
|---|---|---|---|---|---|---|---|
| 增产效果 | 单株增产 | — | 17.20 | — | 10.92 | — | 13.44 |
|  | 亩增产 | — | 516.00 | — | 327.60 | — | 403.20 |
| 净增产值 | 单株增值 | — | 14.74 | — | 7.60 | — | 11.34 |
|  | 亩增值 | — | 442.20 | — | 228.00 | — | 340.20 |

说明：尿素价格按近 10 年均价 1 500 元/吨计，过磷酸钙 500 元/吨计，氯化钾 1 400 元/吨计；干胶价格按近 10 年均价 18 000 元/吨计，亩种植橡胶按 30 株计。

## 二、基于地力分区的橡胶园新配方施肥效益分析

橡胶园新配方施肥是 2005—2009 年通过 GIS 技术在海南植胶区进行大面积调查测土，运用地力分区（级）配方法与橡胶树叶片营养诊断法相结合，制定出海南岛不同生态区 16 个更加精细的橡胶园施肥新配方，并在海南农垦胶园开展了大量对比试验和示范应用，取得了较好的经济效益。

通过试验对比与推广应用（表 13-15），相比我国 20 世纪 90 年代橡胶营养诊断施肥方法，新配方施肥实施后，橡胶园干含提高 0.08%，单株干胶增产 0.53 kg，实际增产率 4.61%，净增产率 3.97%。示范区亩均增产干胶 15.90 kg，亩均增加产值 286.20 元，扣除增加投入的 19.50 元，增收节支 266.70 元，经济效益显著。

**表 13-15  橡胶园新配方施肥技术应用效益分析**

| 试验处理 | 干含（%） | 干胶产量（kg） | 相对增产率（%） | 实际增产率（%） | 净增产率（%） | 净增产干胶（kg） |
|---|---|---|---|---|---|---|
| 常规施肥 | 32.35 | 3.01 | 15.44 | 4.61 | 3.97 | 0.53 |
| 配方施肥 | 32.43 | 3.54 | 20.05 | | | |

| 试验处理 | 肥料投入（元） | 干胶产量（kg） | 增加肥料（元） | 增加干胶（元） | 节本增效（元） | 节本增效（元） |
|---|---|---|---|---|---|---|
| 常规施肥 | 2.39 | 3.01 | 0.65 | 9.54 | 8.89 | 266.70 |
| 配方施肥 | 3.04 | 3.54 | | | | |

说明：干胶 18.00 元/千克，尿素 1.88 元/千克，过磷酸钙 0.70 元/千克，氯化钾 2.60 元/千克，亩种植橡胶按 30 株计。

### 三、两种决策施肥应用效益对比分析

通过两种新施肥技术的应用效益比较分析，基于养分循环的橡胶林精准决策施肥相比分区配方施肥，在橡胶产量方面，干含增加 0.81%，每株干胶产量增加 0.24 kg，增产率提高 17.41%；在生产成本方面，每株减少化肥用量 0.42 元，按当时干胶每千克 18.00 元计，单株干胶产量增值 4.31 元，合计节本增效增加 4.73 元。按照亩种植橡胶树 30 株计，基于养分循环的橡胶林精准决策施肥，每亩可以获得净增产值 408.60 元，比新配方施肥增加 141.90 元，橡胶增产增效的经济效益更加显著（表 13-16）。

**表 13-16　两种施肥新技术应用效益对比**

| 试验处理 | 增加干含（%） | 增加干胶（kg） | 增产率（%） |
| --- | --- | --- | --- |
| 新配方施肥 | 0.08 | 0.53 | 4.61 |
| 养分循环决策施肥 | 0.89 | 0.77 | 22.02 |
| 对比分析 | 0.81 | 0.24 | 17.41 |

| 试验处理 | 增加肥料（元） | 增加干胶（元） | 节本增效（元） |
| --- | --- | --- | --- |
| 新配方施肥 | 0.65 | 9.54 | 8.89 |
| 养分循环决策施肥 | 0.23 | 13.85 | 13.62 |
| 对比分析 | −0.42 | 4.31 | 4.73 |

## 本 章 小 结

橡胶树作为一种以采集胶乳和收获木材为主要经济目标的经济作物，在长期持续的生产过程中，会大量消耗土壤中的养分。长期依赖乙烯利刺激割胶的做法，不仅加剧了橡胶树的营养失衡和生理疲劳状态，还导致死皮现象的加重，由此造成的经济损失每年高达 20 多亿元。然而，当前生产实践中所采用的营养诊断和施肥管理措施，尚无法及时有效地补充流失的养分，从而成为制约我国橡胶园可持续发展的关键因素，也是亟待解决的重要技术问题。

科学试验与生产实践均表明，施肥与橡胶树的生长及产胶量之间存在着紧密的关系。只有当橡胶树获得充足的肥料并保持养分间的均衡时，它们才能迅速生长并实现高产，进而增加经济收益。Pushparajah 研究表明，在马来西亚仅凭施肥一项（不包括土壤管理投资）就能使橡胶产量提升 20%，纯利润约增加 50%。目前，我国国营农场的橡胶园施肥主要遵循老一辈橡胶专家针对

海南岛不同土壤类型区制定的橡胶树专用肥料方案。这一方法早些年确实显著提升橡胶产量。然而，自橡胶专用肥的提出至今已过去二十多年，土壤和橡胶树的养分状况均发生了显著变化，原有的橡胶专用肥已经难以再有明显的增产效果。经过团队连续多年系统性的研究，我们发现当前生产中的施肥总量仅约为橡胶树实际需求量的1/3。考虑到养分的损失，实际补充到土壤中的有效肥量更是降至橡胶树需求量的1/10。特别是钙、镁肥的缺乏，已成为导致橡胶树因生理疲劳而诱发死皮病显著上升、橡胶园地力严重退化的根本原因。这充分说明，以往生产中的施肥量与橡胶树正常生长所需的养分数量之间存在巨大差距。而原有的固定配方、单一配方的施肥管理方式，已无法满足橡胶树的养分生理需求。因此，如何妥善解决橡胶园养分平衡与人类经济利益之间的矛盾，维护好橡胶园的生态环境和养分需求的动态平衡，成为科研工作和生产部门面临的重要任务。这包括研究如何按需施肥、缓解肥力下降、维护生态平衡、减少生产浪费和环境污染等问题。

本研究聚焦于近几十年来广泛推广的主要橡胶品种，结合不同的乙烯利刺激割胶制度，深入探讨了橡胶林生态系统的养分循环机制。本研究旨在揭示不同品系橡胶树在不同生长阶段对大量元素的具体需求规律，并通过模拟橡胶林生态系统养分循环的动态过程，综合考量树龄、季节、土壤等多重因素，开发出橡胶树精准施肥的计算机诊断系统。这一系统为生产实践中的科学、合理施肥提供了坚实的理论依据和技术支撑。通过运用橡胶营养诊断计算机系统进行营养诊断与施肥决策，有效地弥补了传统施肥方法的不足。初步应用结果显示，与原有施肥方法相比，橡胶树叶片的养分含量提升了5%以上，橡胶树茎围增长了40%以上，而干胶产量更是提高了10%～30%。考虑到海南主要植胶区现有农垦橡胶园面积达23.5万多公顷，若其中15.2万公顷的开割胶园采用本次研究的施肥方案，并假设每667平方米种植30株橡胶树进行施肥，则将有约6 840万株橡胶树需要施用化肥。基于这一计算，总肥料投入将达到17 989.20万元。预计干胶年总产量可提升至约5.42万吨，按每千克干胶18元的市场价计算，干胶总产值可达9.76亿元。综合考虑节约与增效，预计可节约增效约7.95亿元，折算到单株橡胶树上，即每株可节本增效11.80元。因此，利用橡胶林精准施肥决策计算机系统进行施肥诊断，不仅能够及时、足量地补充橡胶树所需的养分，提升橡胶园土壤肥力，减缓土壤酸化趋势，还对恢复橡胶园土壤健康、减少因施肥不当造成的资源浪费、保障橡胶树的高产稳产及促进橡胶产业的可持续发展具有重大的生态意义和经济价值。

# 参 考 文 献

安锋，谢贵水，蒋菊生，2005. 刺激割制下橡胶园养分状况及其与产量的关系 [J]. 热带作物学报，26 (3)：1-6.

巴特尔·巴克，张旭东，彭镇华，等，2007. 森林生态系统模型 PnET 及其应用 [J]. 中国农业气象，28 (2)：159-161.

贝美容，罗雪华，杨红竹，等，2018. 利用连续流动分析仪快速测定碱熔法土壤全磷 [J]. 热带作物学报，39 (11)：2290-2295.

贝美容，罗雪华，杨红竹，等，2019. 直接电位滴定法测定土壤有机质 [J]. 理化检验（化学分册），55 (5)：558-561.

蔡祖聪，2020. 浅谈"十四五"土壤肥力与土壤养分循环分支学科发展战略 [J]. 土壤学报，57 (5)：1128-1136.

曹建华，2008. 儋州地区橡胶无性系 PR107 养分生态学比较研究 [D]. 海南大学，博士学位论文.

曹建华，蒋菊生，谢贵水，等，2009. 橡胶人工林生态系统养分循环研究——无性系 PR107 氮素体循环 [J]. 中国农学通报，30 (12)：2091-2097.

曹建华，蒋菊生，杨怀，等，2008. 不同割制对橡胶树胶乳矿质养分流失的影响 [J]. 生态学报，28 (6)：2564-2570.

曹建华，蒋菊生，赵春梅，等，2007. 橡胶林生态系统养分循环研究进展 [J]. 热带农业科学，27 (3)：48-56.

曹建华，李小波，赵春梅，等，2007. 森林生态系统养分循环研究进展 [J]. 热带农业科学，27 (6)：68-79.

曹建华，林位夫，2004. 巴西橡胶芽接树砧木与接穗间的相互影响 [J]. 热带农业科学，4 (5)：56-68.

曹建华，陶忠良，蒋菊生，等，2010. 不同年龄橡胶树 PR107 养分利用效率研究 [J]. 热带作物学报，31 (12)：2091-2097.

曹建华，陶忠良，蒋菊生，等，2010. 不同年龄橡胶树各器官养分含量比较研究 [J]. 热带作物学报，31 (8)：1318-1323.

曹建华，陶忠良，赵春梅，等，2011. 不同树龄橡胶树枯落物养分归还比较 [J]. 热带作物学报，32 (1)：1-6.

曾宪海，陈俊明，罗雪华，等，2010. 砂培条件下橡胶树砧穗间矿质养分的积累与分布 [J]. 中国农学通报，26（5）：279-286.

陈辉，何方，2002. 锥栗人工林结果初期养分动态特征及其模拟 [J]. 应用生态学报，13 （5）：533-538.

陈灵芝，黄建辉，严昌荣，1997. 中国森林生态系统养分循环 [M]. 北京：气象出版社.

陈日升，康文星，周玉泉，等，2018. 杉木人工林养分循环随林龄变化的特征 [J]. 植物 生态学报，42（2）：173-184.

陈少三，1979. 同位素示踪在土壤肥料和作物营养研究中的应用 [J]. 湖北农业科学， （2）：17-19.

陈永娴，曹建华，陈俊明，等，2014. 不同树龄橡胶 RRIM600 养分含量比较研究 [J]. 热 带农业科学，34（4）：1-13.

陈永娴，曹建华，陈俊明，等，2014. 不同树龄橡胶 RRIM600 养分含量比较研究 [J]. 热 带农业科学，34（4）：1-8.

陈赞章，罗微，林清火，2008. 基于 GIS 的橡胶树精准施肥信息系统的设计与实现 [J]. 中国农学通报，（7）：473-477.

谌小勇，潘维俦，1989. 杉木人工林生态系统中氮素的动态特征 [J]. 生态学报，9（3）： 201-206.

程伯容，张金，1991. 长白山北坡针叶林下土壤淋洗液及土壤性质的初步研究 [J]. 土壤 学报，28（4）：372-381.

褚庆全，李林，2003. 地理信息系统在农业上的应用及其发展趋势 [J]. 中国农业科技导 报，（1）：22-26.

董世仁，沈国舫，聂道平，1986. 油松人工林养分循环的研究Ⅱ：油松人工林营养元素动 态特性 [J]. 北京林业大学学报，（1）：11-22.

杜海燕，王大鹏，王文斌，等，2015. 应用 $^{15}$N 示踪技术研究橡胶树幼苗对不同氮肥的吸 收和分配 [J]. 热带作物学报，36（6）：1019-1024.

费世民，1995. 火炬松人工林林木营养特性的研究 [J]. 林业科学，31（4）：299-309.

傅懋毅，方敏瑜，谢锦忠，等，1992. 竹林养分循环规律研究Ⅱ：毛竹林内降水的养分输 入及其林地径流的养分输出 [J]. 林业科学研究，5（5）：497-505.

甘健民，薛敬意，赵恒康，等，1995. 云南哀牢山大气降雨过程中养分输入及输出变化的 初步研究 [J]. 自然资源学报，10（1）：43-50.

高素华，1987. 用灰色系统 GM（1.1）模型预报橡胶产量 [J]. 热带作物学报，8（1）： 71-76.

高秀兵，李增平，2010. 海南橡胶树丛枝菌根真菌调查 [J]. 热带作物学报，31（10）： 1806-1812.

高志勤，罗汝英，1994. 宁镇丘陵区森林土壤渗滤水的性状 [J]. 南京林业大学学报，18

（2）：7-12.

郭澎涛，朱阿兴，李茂芬，等，2022. 基于环境与光谱相似性的橡胶树叶片磷含量局部估
　　测模型［J］. 农业工程学报，38（3）：204-211.

郭起荣，2000. FORCYTE 森林生态系统经营模拟模型［J］. 江西林业科技，（6）：43-46.

韩兴国，李凌浩，黄建辉，1999. 生物地球化学理论［M］. 北京：高等教育出版社.

何康，黄宗道，1987. 热带北缘橡胶树栽培［M］. 广州：广东科技出版社.

何向东，陆行正，罗伯业，等，1992. 海南橡胶树专用复合肥养分配比的研究［J］. 热带
　　作物研究，（2）：14-25.

何向东，陆行正，吴小平，等，1991. 海南岛胶园土壤肥力区划及其利用的研究［J］. 热
　　带作物研究，（1）：40-48.

何向东，吴小平，2002. 海南垦区胶园肥力演变探讨［J］. 热带农业科学，22（1）：
　　16-21.

何园球，王明珠，赵其国，等，1988. 我国热带亚热带森林土壤的水热动态［J］. 土壤，
　　20（5）：225-231.

胡建文，王庆成，马双娇，2020. 人工林精准施肥研究进展［J］. 世界林业研究，33（4）：
　　37-42.

胡耀华，王钊，舒宜通，等，1982. 橡胶树生物量分配及胶园生产率的研究［J］. 热带作
　　物学报，3（1）：15-26.

华南热带作物研究院粤西试验站和国营黎明农场，1981. 氮镁磷钾肥对橡胶幼树生长量、
　　叶片矿质养分含量和镁缺乏症的影响［J］. 热带作物学报（2）：25-33.

吉艳芝，2002. 施肥对落叶松人工林土壤肥力及生理活性影响的研究［D］. 东北林业大学，
　　硕士学位论文.

蒋菊生，王如松，2004. 海南橡胶产业生态（第一版）［M］. 北京：中国科学技术出版社.

蒋有绪，1981. 川西亚高山冷杉林枯枝落叶层的群落学作用［J］. 植物生态学与地植物学
　　丛刊，5（2）：89-98.

靳云铎，白彦锋，沈杨阳，等，2021. 施肥和凋落物添加对杉木人工林土壤养分和土壤微
　　生物特性的影响［J］. 华中农业大学学报，40（5）：72-80.

黎小清，余凌翔，李春丽，等，2012. 东风农场橡胶树施肥数据模型的建立和数据处理
　　［J］. 热带农业科学，35（4）：5-7；26，47.

李凌浩，1998. 武夷山甜槠林生态系统的养分平衡研究［J］. 植物生态学报，22（3）：
　　193-201.

李彭怡，王力前，黄志，2012. 橡胶树测土配方施肥技术配方肥推广模式探索［J］. 中国
　　热带农业，（3）：53-54.

李一鲲，2003. 云南橡胶园土壤［J］. 热带农业科学，（4）：9-14.

李贻铨，陈道东，纪建书，1993. 杉木中龄林施肥效应探讨［J］. 林业科学研究，6（4）：

390 - 396.

李贻铨，杨承栋，1998. 中国林木施肥与营养诊断研究现状 [J]. 世界林业研究，11（3）：59 - 66.

李英杰，支孝勤，马友华，等，2010. 测土配方施肥中信息技术的应用及发展 [J]. 农业网络信息，（2）：38 - 40.

李志辉，李跃林，谢耀坚，2000. 巨尾桉人工林营养元素积累、分布和循环的研究 [J]. 中南林学院学报，20（3）：11 - 19.

廖宝文，郑德璋，李云，等，1999. 不同类型海桑-秋茄人工林地上生物量及营养元素积累与分布 [J]. 应用生态学报，10（1）：11 - 15.

廖金凤，1999. 海南橡胶树枝和叶中的微量元素含量 [J]. 中山大学学报（自然科学版），38（2）：121 - 125.

廖利平，杨跃军，汪思龙，等，1999. 杉木、火力楠纯林及其混交林细根分布、分解与养分归还 [J]. 生态学报，19（3）：342 - 346.

林清火，林钊沐，茶正早，等，2012. 海南农垦橡胶树叶片钙镁含量年际变化分析 [J]. 热带农业科学，32（5）：4 - 8.

林清火，刘海林，黄艳艳，等，2018. 4 种缓控释氮肥的养分释放特征及肥效 [J]. 热带作物学报，39（9）：1718 - 1723.

刘崇群，宋星科，1986. 幼龄橡胶树根系活力分布的研究 [J]. 热带作物学报，7（1）：19 - 24.

刘广路，范少辉，漆良华，2010. 闽西北不同类型毛竹林养分分布及生物循环特征 [J]. 生态学杂志，29（11）：2155 - 2161.

刘广全，赵士洞，王浩，2001. 锐齿栎林非同化器官营养元素含量的分布 [J]. 生态学报，21（3）：422 - 429.

刘启明，王世杰，朴明春，等，2022. 稳定碳同位素示踪农林生态转换系统中土壤有机质的含量变化 [J]. 环境科学，23（3）：75 - 78.

刘世荣，1992. 兴安落叶松人工林生态系统营养元素生物地球化学循环特征 [J]. 生态学杂志，11（5）：1 - 6.

刘增文，李雅素，1999. 黄土残塬沟壑区刺槐人工林生态系统的养分循环通量与平衡分析 [J]. 生态学报，19（5）：632 - 634.

刘增文，李雅素，2003. 刺槐人工林养分利用效率 [J]. 生态学报，23（3）：444 - 449.

刘增文，李玉山，刘秉正，等，2000. 黄土残塬沟壑刺槐人工林生态系统的养分循环与动态模拟 [J]. 西北林学院学报，19（1）：1 - 5.

刘增文，赵先贵，2001. 森林生态系统养分循环特征参数研究 [J]. 西北林学院学报，16（4）：21 - 24.

刘增文，2008. 森林生态系统的物质积累与循环 [M]. 北京：中国林业出版社.

卢俊培，刘其汉，1989. 海南岛尖峰岭热带林凋落叶分解过程的研究［J］. 林业科学研究，
　2（1）：25-33.

卢漫，吴立潮，吴建平，等，2010. 泡桐幼龄林配方施肥的初步研究［J］. 中南林业科技
　大学学报，30（6）：55-59.

卢琦，罗天祥，庄嘉，1995. 桂东北栲树林营养元素的空间格局［J］. 生态学报，15（2）：
　156-164.

鲁如坤，2000. 土壤农业化学分析方法［M］. 北京：中国农业出版社.

鲁如坤，刘鸿翔，闻大中，等，1996. 我国典型地区农业生态系统养分循环和平衡研究
　［J］. 土壤通报，27（5）：197-199.

陆行正，何向东，王国烘，等，1986. 橡胶树营养诊断指导施肥开发研究综合报告［J］.
　热带作物研究，（6）：6-10.

陆行正，吴小平，何向东，1989. 海南岛胶园土壤的 K 素状况［J］. 热带作物学报，10
　（1）：17-24.

陆正行，何向东，陈玉才，等，1984. 橡胶树缺镁黄叶病早期诊断研究报告［J］. 热带作
　物研究，（3）：12-18.

栾乔林，李胜，罗微，等，2006. 基于 GIS 的橡胶树养分信息管理系统研究［J］. 安徽农
　业科学，34（11）：2586-2588.

罗微，林钊沐，茶正早，2006. 我国橡胶树测土营养诊断配方施肥的发展历程与趋势［C］.
　首届全国测土配方施肥技术研讨会论文集. 全国农业技术推广服务中心，174-178.

罗雪华，郭海超，王文斌，等，2011. Mehlich3—连续流动分析仪在砖红壤有效磷和有效钾
　测定上的应用［J］. 热带作物学报，32（7）：1265-1271.

罗雪华，刘云清，蔡秀娟，等，2006. 刺激割胶与 RRIM600 矿质养分流失的关系［J］. 热
　带农业科学，26（1）：1-5.

罗雪华，邹碧霞，吴菊群，等，2011. 氮水平和形态配比对巴西橡胶树花药苗生长及氮代
　谢、光合作用的影响［J］. 植物营养与肥料学报，17（3）：693-701.

马秀刚，2019. 落叶松人工林生态系统养分循环［J］. 农业与技术，39（3）：64-65.

麦全法，2015. 乙烯利刺激新割制下儋州橡胶林生态系统中钾钙镁循环特点研究［D］. 海
　南大学，博士学位论文.

莫江明，SANDRA B，孔国辉，等，1999. 鼎湖山马尾松林营养元素的分布和生物循环特
　征［J］. 生态学报，19（5）：635-640.

莫秀研，2018. 测土配方施肥技术在人工林栽培中的应用［J］. 乡村科技，（4）：50-51.

莫业勇，杨少琼，黎瑜，1999. 橡胶无性系 PR107 胶乳生理参数的季节性变化［J］. 热带
　作物学报，20（3）：12-15.

聂道平，1993. 不同立地条件的杉木人工林生产力和养分循环［J］. 林业科学研究，6
　（6）：643-649.

聂道平，沈国舫，董世仁，1986. 油松人工林养分循环的研究Ⅲ：养分元素生物循环和林分养分平衡 [J]. 北京林业大学学报，(2)：8-13.

潘超美，杨风，郑海水，等，2000. 橡胶林在间种砂仁与咖啡的模式下土壤微生物生物量 [J]. 土壤与环境，9 (2)：114-116.

潘中耀，2010. 橡胶树幼苗对不同形态$^{15}$N标记氮肥的吸收、分配和利用特性 [D]. 海南大学，硕士学位论文.

潘中耀，郭海超，王文斌，等，2010. 用$^{15}$N标记氮肥研究肥料氮素在幼苗橡胶树叶片中的动态变化 [J]. 热带作物学报，31 (8)：1312-1316.

彭少麟，刘强，2004. 森林凋落物对林地生境的效应 [J]. 应用生态学报，15 (1)：153-158.

秦钟，周兆德，陶忠良，2003. 橡胶林水分的分配特征 [J]. 热带作物学报，24 (2)：6-10.

任泳红，曹敏，唐建维，等，1999. 西双版纳季节雨林与橡胶多层林凋落物动态的比较研究 [J]. 植物生态学报，23 (5)：418-425.

阮元泽，2013. 刺激割制下海南儋州橡胶林生态系统氮磷循环研究 [D]. 海南大学，博士学位论文.

沈国舫，董世仁，聂道平，1985. 油松人工林养分循环的研究Ⅰ. 营养元素的含量及分布 [J]. 北京林业大学学报，(4)：1-14.

沈善敏，宇万太，张璐，等，1993. 杨树主要营养元素内循环及外循环研究 [J]. 应用生态学报，4 (1)：27-31.

施建平，孙波，杨林章，2003. 养分循环研究数据管理概念模型的构建 [J]. 应用生态学报，14 (11)：1873-1878.

苏祖注，1984. 橡胶树叶片营养诊断指导施肥应用推广成效 [J]. 福建热作科技，(4)：1-7.

孙凤霞，张伟华，徐明岗，等，2010. 长期施肥对红壤微生物生物量碳氮和微生物碳源利用的影响 [J]. 应用生态学报，21 (11)：2792-2798.

孙君莲，张培松，胡怀瑾，等，2009. 国营农场橡胶树精准施肥数据库的构建 [J]. 测绘与空间地理信息，32 (4)：33-37.

孙书存，陈灵芝，2001. 东灵山地区辽东栎叶养分的季节动态与回收效率 [J]. 植物生态学报，25 (1)：76-82.

谭云峰，黄建旗，陈新媛，等，1989. 油茶林生态系统中营养元素循环的研究 [J]. 生态学报，9 (3)：213-219.

唐群锋，覃姜薇，赵春梅，等，2013. 橡胶园优化施肥配方在海南龙江农场应用的经济效益分析 [J]. 广东农业科学，40 (15)：82-84.

唐树珺，1965. 应用土壤分析和叶片分析测定橡胶树需要的肥料 [J]. 世界热带农业信息，

10 - 11.

陶仲华，罗微，林钊沐，等，2009. 高产新品种橡胶树不同物候期叶片大量元素含量研究
[J]. 土壤通报，40（5）：1127 - 1130.

田大伦，杨晚华，方海波，1999. 第二代杉木幼林中降雨对养分的淋溶作用 [J]. 湖北民
族学院学报（自然科学版），17（1）：1 - 5.

王大鹏，王秀全，成镜，等，2013. 海南植胶区养分管理现状与改进策略 [J]. 热带农业
科学，33（9）：22 - 27.

王风友，1989. 森林凋落物研究综述 [J]. 生态学进展，6（2）：82 - 89.

王国烘，何向东，罗仲全，1982. 云南植胶区胶树营养状况的调查和施肥意见 [J]. 云南
热作科技，（2）：9 - 13.

王晶晶，林晓燕，吴炳孙，等，2022. 不同南药—橡胶复合系统下橡胶树叶片稳定碳同位
素及水分利用效率的变化 [J]. 热带农业工程，46（1）：7 - 14.

王晶晶，王文斌，罗微，2010. 南方长期作物配方施肥技术的问题与对策 [J]. 中国农学
通报，26（9）：220 - 225.

王军，周珺，刘子凡，等，2014. 橡胶树砧穗胶乳养分含量与产量的关系 [J]. 中国农学
通报，30（7）：17 - 21.

王巧环，刘志威，王甲因，等，1999. 海南农垦胶园土壤养分现状及平衡施肥 [J]. 热带
农业科学，（5）：8 - 14.

王文斌，郭海超，罗雪华，等，2011. 应用$^{15}$N尿素研究氮素在幼龄橡胶树中吸收和分配特
性 [J]. 热带作物学报，32（1）：7 - 10.

吴晓芙，胡曰利，1995. 林木施肥研究Ⅱ：施肥模型在杉木林中的应用 [J]. 中南林学院
学报，15（1）：1 - 8.

吴晓芙，胡曰利，2002. 林木生长与营养动态模型研究—立地养分效应配方施肥模型 [J].
中南林学院学报，22（3）：1 - 8.

夏菁，魏天兴，陈佳澜，等，2010. 黄土丘陵区人工林养分循环特征 [J]. 水土保持学报，
24（3）：90 - 93.

肖吉珍，黎仕聪，1991. 粤西、广西植胶区几种土壤类型的肥力特点及其对橡胶树生长、
产胶的影响 [J]. 热带作物研究，（1）：33 - 39.

肖祥希，2000. 马尾松人工林生态系统养分特性的研究 [J]. 福建林业科技，27（4）：
14 - 18.

谢贵水，陈帮乾，王纪坤，等，2010. 橡胶树光合与干物质积累模拟模型研究 [J]. 中国
农学通报，26（6）：317 - 323.

谢贵水，蒋菊生，林位夫，等，2003. PR107中龄开割橡胶树最佳割胶制度 [J]. 热带作物
学报，24（3）：13 - 17.

谢学方，蒋菊生，阮云泽，2010. 热研7 - 33 - 97橡胶人工林水文过程中的养分特征 [J].

热带农业工程, 34 (2): 51 - 54.

邢慧, 蒋菊生, 麦全法, 2012. 橡胶林钾素研究进展 [J]. 热带农业科学, 32 (4): 42 - 48.

徐凡珍, 胡古, 沙丽清, 2014. 施肥对橡胶人工林土壤呼吸、土壤微生物生物量碳和土壤养分的影响 [J]. 山地学报, 32 (2): 179 - 186.

徐应德, 1988. 一个有用的森林生态系统、农林复合系统的模拟模型 - FORCYTE [C]. 林农复合生态系统学术讨论会论文集. 东北林业大学出版社, 148 - 153.

薛利红, 杨林章, 李刚华, 2004. 遥感技术在精确施肥管理中的应用进展 [J]. 农业工程学报, 20 (5): 22 - 26.

薛欣欣, 吴小平, 罗微, 等, 2020. 橡胶凋落叶覆盖对胶园土壤部分理化性质的影响 [J]. 水土保持学报, 34 (1): 301 - 306.

闫小娟, 张鑫红, 罗微, 等, 2016. 中国主要橡胶种植区土壤微生物生物量研究 [J]. 西南大学学报 (自然科学版), 38 (7): 64 - 69.

颜元, 王绍强, 王义东, 等, 2011. 基于 PnET - CN 模型的亚热带人工针叶林生产力与固碳潜力模拟研究 [J]. 地理学报 (英文版), 21 (3): 458 - 474.

燕跃奎, 2014. 基于 GIS 的多作物精细化施肥管理研究 [D]. 海南大学, 硕士学位论文.

杨曾奖, 郑海水, 周再知, 等, 1997. 橡胶间种砂仁模式下凋落物的特征 [J]. 广东林业科技, 13 (4): 19 - 24.

杨关吕, 2021. 森林枯落物分解研究进展 [J]. 亚热带水土保持, 33 (3): 30 - 35.

杨俊诚, 李桂花, 姜慧敏, 等, 2019. 同位素示踪农业应用的研究热点 [J]. 同位素, 32 (3): 162 - 170.

杨玉盛, 林鹏, 郭剑芬, 2003. 格氏拷天然林与人工林凋落物数量、养分归还及凋落叶分解 [J]. 生态学报, 23 (7): 1278 - 1289.

伊守东, 2004. 红松和落叶松人工林养分生态学比较研究 [D]. 东北林业大学, 博士学位论文.

尤佳, 郑吉, 康宏樟, 等, 2021. 应用模型模拟施肥对杉木人工林生态系统的影响 [J]. 东北林业大学学报, 49 (12): 58 - 65; 114.

袁建, 江洪, 接程月, 等, 2012. FORECAST 模型在全球针叶林生态系统研究中的应用 [J]. 浙江林业科技, 32 (6): 67 - 74.

袁晓军, 曹建华, 陈俊明, 2017. 橡胶林养分循环数学模拟模型的构建 [J]. 热带作物学报, 38 (8): 1418 - 1422.

翟永功, 1994. 同位素示踪技术在农业中的应用 [J]. 世界农业, (3): 302.

张昌顺, 李昆, 2005. 人工林养分循环研究现状与进展 [J]. 世界林业研究, 18 (4): 35 - 39.

张福锁, 陈新平, 沈其荣, 等, 2005. 土壤肥力与养分循环研究发展战略 [C]. 中国土壤科学的现状与展望，173-180.

张少若，1996. 热带作物营养与施肥［M］. 北京：中国农业出版社.

张胜男，闫德仁，袁立敏，2018. 森林土壤微生物分布及其功能特征研究进展［J］世界林业研究，31（5）：19-25.

张万儒，1991. 森林土壤研究的进展［J］. 土壤，23（4）：214-217.

张希彪，上官周平，2006. 黄土丘陵区油松人工林与天然林养分分布和生物循环比较［J］. 生态学报，26（2）：373-382.

张扬，张林平，李冬，2018. 菌根真菌对森林养分循环潜在贡献的研究进展［J］. 生物灾害科学，41（3）：169-175.

张耀华，华元刚，林钊沐，等，2009. 水肥耦合对橡胶苗根系形态及活力的影响［J］. 广东农业科学，（3）：78-82.

张以山，袁晓军，曹建华，2017. 基于橡胶林生态系统养分循环的效益分析研究［J］. 热带农业科学，37（9）：1-5.

张永发，吴小平，王文斌，等，2019. 不同氮水平下橡胶树氮素贮藏及翌年分配利用特性［J］. 热带作物学报，40（12）：2313-2320.

赵春梅，曹建华，李晓波，等，2012. 橡胶林枯落物分解及其氮素释放规律研究［J］. 热带作物学报，33（9）：1535-1539.

赵春梅，曹建华，李晓波，等，2014. 不同品系橡胶人工林养分循环比较研究［J］. 广东农业科学，41（9）：72-75.

赵春梅，蒋菊生，曹建华，2009. 橡胶林氮素研究进展［J］. 热带农业科学，29（3）：44-49.

赵春梅，蒋菊生，曹建华，等，2009. 橡胶人工林生态系统氮素循环模型［J］. 林业资源管理，（3）：66-70.

赵春梅，蒋菊生，曹建华，等，2009. 橡胶人工林养分循环通量及特征［J］. 生态学报，29（7）：3782-3789.

赵春梅，李晓波，曹建华，等，2012. 森林生态系统养分动态模拟研究进展［J］. 广东农业科学，（20）：166-169.

赵春梅，王文斌，茶正早，2021. 我国天然橡胶林养分管理研究现状［J］. 热带农业科学，41（2）：10-16.

赵春梅，王文斌，张永发，等，2021. 不同母质橡胶林土壤真菌群落结构特征及其与土壤环境因子的相关性［J］. 南方农业学报，52（7）：1869-1876.

赵春梅，张永发，罗雪华，等，2021. 海南不同母质橡胶人工林土壤微生物群落功能特征［J］. 热带作物学报，42（1）：283-289.

赵广亮，王继兴，王秀珍，等，2006. 油松人工林密度与养分循环关系的研究［J］. 北京林业大学学报，28（4）：39-44.

赵其国, 1996. 现代土壤学与农业持续发展 [J]. 土壤学报, 33 (1): 1 - 12.

郑定华, 麦全法, 符钦掌, 等, 2008. 橡胶园生产动态管理 SD 模型的构建及其应用 [J]. 热带农业科学, 28 (2): 48 - 54.

郑鹏, 谭德冠, 孙雪飘, 等, 2009. 橡胶树内生真菌 ITBB 2 - 1 的形态学和分子生物学鉴定 [J]. 热带作物学报, 30 (3): 314 - 319.

中国热带农业科学院, 华南热带农业大学, 1998. 中国热带作物栽培学 [M]. 北京: 中国农业出版社.

钟敬义, 黎仕聪, 林钊沐, 等, 1992. 橡胶高产专用复合肥的研制应用效果 [J]. 热带作物研究, (3): 12 - 25.

钟庸, 2010. 橡胶人工林生态系统磷素循环研究 [D]. 海南大学, 硕士学位论文.

周珺, 2008. 巴西橡胶树 N、P、K 高效利用砧木材料筛选方法的研究 [D]. 海南大学, 博士学位论文.

周再知, 郑海水, 杨曾奖, 等, 1997. 橡胶-砂仁复合系统生物产量、营养元素空间格局的研究 [J]. 生态学报, 17 (3): 225 - 233.

周再知, 郑海水, 尹光天, 等, 1995. 橡胶树生物量估测的数学模型 [J]. 林业科学研究, 8 (6): 624 - 629.

周宗哲, 2009. 桉树人工林施肥方案的灰色决策分析 [J]. 福建林业科技, 36 (4): 117 - 120.

朱智强, 蒋菊生, 2010. 3 - PG 生长模型及其在橡胶树栽培领域的应用 [J]. 热带农业科学, 30 (7): 4 - 7.

DUVIGEAUD P, 1974. 温带落叶松矿质元素的生循环 [M]. 植物生态学译丛 (第一集), 北京: 科学出版社.

DUVIGNEAUD P, DENAEYER - DE SMET S, 1982. 陆地生态系统矿质循环 [M]. 植物生态学译丛 (第四集), 陈佐忠, 译. 北京: 科学出版社.

Harides G, 1980. 肥料对胶树生长和产量的影响 [J]. 热带作物译丛, (1): 9 - 16.

KOTHANDARAMAN, 梁天锡, 1982. 贝氏固氮菌的固氮作用及其在橡胶树根际和土壤中的存活情况 [J]. 热带作物译丛, 22 - 24.

Yew, F. K, 魏美庆, 1985. 马来西亚胶园的土壤管理 [J]. 热带作物译丛, (3): 11 - 14.

ABRAHAM, CHUDEK J A, 2008. Studies on litter characterization using $^{13}$C NMR and assessment of microbial activity in natural forest and plantation crops (teak and rubber) soil ecosystems of Kerala [J]. Plant and Soil, 303 (2): 265 - 273.

AERTS R, 1990. Nutrient use efficiency in evergreen and deciduons species from heathands [J]. Oecologia, 84: 391 - 397.

ATTOE E E, AMALU U C, 2005. Evaluation of phosphorus status of some soils under estate rubber (Hevea brasiliensis Muel. Argo.) trees in southern Cross River State [J].

Global Journal of Agricultural Sciences，4（1）：55－61.

BEDFORD B L，WALBRIDGE M R，ALDOUS A，1999. Patterns in nutrient availability and plant diversity of temperate North American wetlands ［J］. Ecology，80：2151－2169.

CHAPIN F S，1980. The mineral nutrition of wild plants ［J］. Annual Review of Ecology and Systematics，11：233－260.

COSTANZA V，NEUMAN C E，1990. Optimizing the process of forest fertilization as a control system ［J］. Fertilizer Research，23（3）：151－164.

DATTA S C，2002. Threshold levels of release and fixation of phosphorus：Their nature and method of determination ［J］. Communication of soil sciences and plant analysis，33：213－227.

DE VRIES F T，GRIFFITHS R I，KNIGHT C G，et al.，2020. Harnessing rhizosphere microbiomes for drought－resilient crop production ［J］. Science，368（6488）：270－274.

FINKEL O M，SALAS－GONZALEZ I，CASTRILLO G，et al，2020. A single bacterial genus maintains root growth in a complex microbiome ［J］. Nature，587（7832）：103－108.

KHANNA P K，1998. Nutrient cycling under mixed－species tree systems insoutheast Asia ［J］. Agroforestry systems，38：99－102.

KIMMINS J P，MAILLY D，SEELY B，1999. Modelling forest ecosystem net primary production：the hybrid simulation approach used in FORECAST ［J］. Ecological Modelling，122（3）：195－224.

LEE A H，1987. Forest Nutrition Management ［J］. Forest Science，33（4）：1105－1106.

MENG Q Y，WANG H Y，WANG Z Q，2002. K cycle of rubber tea chicken agroforestry model in tropical areas of China ［J］. Transactions of the Chinese Society of Agricultural Engineering，18（1）：115－117.

MURBACH M R，BOARETTO A E，MURAOKA T，et al，2003. Nutrient cycling in a RRIM600 clone rubber plantation ［J］. Scientia Agricola，60（2）：353－357.

OLSON J S，1963. Energy storage and the balance of producer and decomposer in ecological system ［J］. Ecology，44（2）：322－331.

OUIMET R，MOORE J D，2015. Effects of fertilization and liming on tree growth，vitality and nutrient status in boreal balsam fir stands ［J］. Forest Ecology and Management，345：39－49.

RAVANBAKHSH M，SASIDHARAN R，VOESENEK L A C J，et al，2017. ACC deaminase－producing rhizosphere bacteria modulate plant responses to flooding ［J］. Journal of Ecology，105（4）：979－986.

SALIFU F，TIMMER V R，2003. Optimizing nitrogen loading of Picea mariana seedlings during nursery culture [J]. Canadian Journal of Forest Research，33（7）：1287 - 1294.

SHANKAR M，TANKESWAR G，CHAUDHURI D，2002. Response of Hevea to fertilizers in Northern West Bengal [J]. Natural Rubber Research，15（2）：119 - 128.

SILVA C G，ARSECULARATNE B P M，Wickremasinghe L J，1979. Radiotracer studies for determining the active root distribution of Hevea brasiliensis using $^{32}$P [J]. Atomic Energy in Food and Agriculture，565 - 571.

WILLIAMS R F，1955. Redistribution of mineral elements during development [J]. Annual Review of Plant Physiology，6：25 - 42.

**图书在版编目（CIP）数据**

天然橡胶林生态系统养分循环研究与应用 / 赵春梅，
曹建华，刘以道著. -- 北京：中国农业出版社，2024.
7. -- ISBN 978-7-109-32401-5

Ⅰ. S794.1

中国国家版本馆 CIP 数据核字第 2024WF0504 号

---

中国农业出版社出版

地址：北京市朝阳区麦子店街 18 号楼

邮编：100125

责任编辑：李　梅　　文字编辑：李海锋

版式设计：杨　婧　　责任校对：张雯婷

印刷：北京中兴印刷有限公司

版次：2024 年 7 月第 1 版

印次：2024 年 7 月北京第 1 次印刷

发行：新华书店北京发行所

开本：700mm×1000mm　1/16

印张：16

字数：288 千字

定价：88.00 元

---